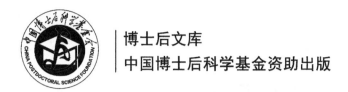

博士后文库
中国博士后科学基金资助出版

# 超临界水环境材料腐蚀理论及应用

李艳辉 著

科学出版社
北京

## 内 容 简 介

本书针对先进超(超)临界火电机组、超临界水冷核电机组及一系列国际前沿超临界水处理技术发展中的材料腐蚀共性关键问题，重点开展了各类超临界水环境中材料腐蚀的行为规律、诊断理论、预测方法及防护应用研究，获得了近纯、含盐非氧化性、高氧复杂超临界水环境中材料腐蚀的典型特性及机理；揭示了近纯超临界水环境合金氧化膜的点缺陷类型及生长物化基础过程，建立了超临界水环境合金腐蚀点缺陷理论，并进行了多因素耦合作用下合金腐蚀行为预测；分析了亚/超临界水环境在线腐蚀研究的基础方法及应用，提出了新型耐蚀高安全性超临界水氧化处理系统的开发思路。

本书可供材料腐蚀与防护、超临界流体技术等相关领域的科技工作者和管理人员参考，也可供高等院校能源动力、材料、化工、环境等专业的师生阅读。

**图书在版编目（CIP）数据**

超临界水环境材料腐蚀理论及应用 / 李艳辉著. —北京：科学出版社，2024.6

（博士后文库）

ISBN 978-7-03-077864-2

Ⅰ. ①超… Ⅱ. ①李… Ⅲ. ①超临界-水环境-工程-材料-腐蚀-研究 Ⅳ. ①TB304

中国国家版本馆 CIP 数据核字（2024）第 024000 号

责任编辑：杨 丹 罗 瑶 / 责任校对：王萌萌
责任印制：吴兆东 / 封面设计：陈 敬

科学出版社 出版
北京东黄城根北街 16 号
邮政编码：100717
http://www.sciencep.com

固安县铭成印刷有限公司印刷
科学出版社发行 各地新华书店经销

\*

2024 年 6 月第 一 版 开本：720×1000 1/16
2024 年 9 月第二次印刷 印张：16 1/2
字数：326 000
**定价：180.00 元**
（如有印装质量问题，我社负责调换）

## "博士后文库"编委会

**主　任**　李静海

**副主任**　侯建国　李培林　夏文峰

**秘书长**　邱春雷

**编　委**(按姓氏笔划排序)

　　　　　王明政　王复明　王恩东　池　建
　　　　　吴　军　何基报　何雅玲　沈大立
　　　　　沈建忠　张　学　张建云　邵　峰
　　　　　罗文光　房建成　袁亚湘　聂建国
　　　　　高会军　龚旗煌　谢建新　魏后凯

# "博士后文库"序言

1985年,在李政道先生的倡议和邓小平同志的亲自关怀下,我国建立了博士后制度,同时设立了博士后科学基金。30多年来,在党和国家的高度重视下,在社会各方面的关心和支持下,博士后制度为我国培养了一大批青年高层次创新人才。在这一过程中,博士后科学基金发挥了不可替代的独特作用。

博士后科学基金是中国特色博士后制度的重要组成部分,专门用于资助博士后研究人员开展创新探索。博士后科学基金的资助,对正处于独立科研生涯起步阶段的博士后研究人员来说,适逢其时,有利于培养他们独立的科研人格、在选题方面的竞争意识以及负责的精神,是他们独立从事科研工作的"第一桶金"。尽管博士后科学基金资助金额不大,但对博士后青年创新人才的培养和激励作用不可估量。四两拨千斤,博士后科学基金有效地推动了博士后研究人员迅速成长为高水平的研究人才,"小基金发挥了大作用"。

在博士后科学基金的资助下,博士后研究人员的优秀学术成果不断涌现。2013年,为提高博士后科学基金的资助效益,中国博士后科学基金会联合科学出版社开展了博士后优秀学术专著出版资助工作,通过专家评审遴选出优秀的博士后学术著作,收入"博士后文库",由博士后科学基金资助、科学出版社出版。我们希望,借此打造专属于博士后学术创新的旗舰图书品牌,激励博士后研究人员潜心科研,扎实治学,提升博士后优秀学术成果的社会影响力。

2015年,国务院办公厅印发了《关于改革完善博士后制度的意见》(国办发〔2015〕87号),将"实施自然科学、人文社会科学优秀博士后论著出版支持计划"作为"十三五"期间博士后工作的重要内容和提升博士后研究人员培养质量的重要手段,这更加凸显了出版资助工作的意义。我相信,我们提供的这个出版资助平台将对博士后研究人员激发创新智慧、凝聚创新力量发挥独特的作用,促使博士后研究人员的创新成果更好地服务于创新驱动发展战略和创新型国家的建设。

祝愿广大博士后研究人员在博士后科学基金的资助下早日成长为栋梁之才,为实现中华民族伟大复兴的中国梦做出更大的贡献。

中国博士后科学基金会理事长

# 前　言

面向世界科技前沿、人民生命健康及国家重大需求，超临界水氧化处理有机危废、超临界水气化有机质制氢、超临界水冷核电机组等系列国际前沿超临界水技术及高灵活性先进超(超)临界火电机组正蓬勃发展或持续升级。材料腐蚀是制约一系列新型超临界水技术、先进超临界火电机组发展的共性关键问题。本书瞄准超临界水环境金属材料国际前沿，聚焦亚/超临界水环境材料腐蚀及防护问题，深入论述了各类亚/超临界水环境典型铁/镍基合金腐蚀的微纳尺度过程，创建了超临界水环境合金腐蚀行为描述与诊断的统一理论——超临界水环境合金腐蚀点缺陷理论，开发了耐蚀性、高可靠性的超临界水技术应用新工艺，对于深化亚/超临界水环境腐蚀理论、保障超临界水技术装备安全运行，具有重要意义。

本书从不同的工程背景出发，系统深入地论述了不同超临界水环境中典型铁/镍基合金的腐蚀行为机理、诊断模型、预测方法及防控应用，主要内容如下：①探究了近纯超临界水合金氧化的早期行为规律，钝性合金表面保护性富铬氧化膜内层的形成特征及与合金基体成分的关系；揭示了近纯超临界水中合金早期氧化机理，以及氧化膜开裂、剥落机理。②发现了含盐非氧化性超临界水环境中多种铁/镍合金的腐蚀规律，揭示了硫化物对合金腐蚀的加速规律及硫化物腐蚀的内在机理，建立了含硫化物非氧化性超临界水环境中的腐蚀预测模型。③探究了高氧复杂超临界水环境中合金的腐蚀特性，揭示了强氧化性超临界水环境中铁/镍基合金的腐蚀层生长机理及熔融盐作用下镍基合金腐蚀机理，提出了系列装置腐蚀防控新技术、新方法。④探究了氧化膜内外层的点缺陷类型，建立了基体/氧化膜界面处金属侧原子向膜内阳离子转化的界面反应，提出了氧化膜内/外层界面处外层阳离子空位消耗、内层阳离子间隙消耗与阳离子空位生成的界面反应，构建了近纯超临界水环境中氧化膜生长的物化基础。⑤在亚临界水环境氧化膜生长点缺陷模型的基础上，从超临界水环境下合金腐蚀的微纳尺度本质过程、高/低密度超临界水环境中腐蚀机理的本质差异，创建了高/低密度超临界水环境描述及解析合金腐蚀的点缺陷统一理论——超临界水环境合金腐蚀点缺陷理论。⑥建立了微观过程清晰且物理意义明确的原子级动力学模型、膜内/外层厚度动力学模型；基于模糊曲线分析与大数据机器学习，建立多因素耦合作用下的超临界水环境材料腐蚀数据人工神经网络预测模型。⑦总结分析了亚/超临界水环境中电化学腐蚀在线研究的基础方法及理论，弥补了传统离线表征研究方法的不足，有力推动高温高压复杂流体环境合金腐蚀电化学原位研究方法的发展。⑧在分析超临界水氧化系统中的腐蚀和安全问题的基础上，提出了超临界水氧化反应系统的新型开发设计思路，形成了具有腐蚀及堵塞高效防控、有机废物低成本彻底降解、超压保护和紧急泄压、系统能量可靠深度利用、安全自动化控制程度高等多功能的高效安全超临界水氧化处理新工艺。

本书相关研究是在国家自然科学基金青年项目(22008190)、中国博士后科学基金首批站前特别资助项目(2019TQ0248)及第 66 批面上项目(2019M663735)、陕西省自然科学基金青年项目(2020JQ-038)等支持下完成的。

感谢中国博士后科学基金会的资助及支持，博士后工作使我的科学研究迈向了一个崭新的阶段。博士后工作的顺利完成，离不开导师西安交通大学王树众教授、苏光辉教授的悉心指导与热切关怀，在此向他们表示最衷心的感谢并致以最诚挚的敬意。感谢美国加州大学伯克利分校 Digby D. Macdonald 教授一直以来的真诚交流与合作，感谢徐东海教授、公彦猛教授、郭洋副教授、唐兴颖副教授、张洁副教授、徐甜甜讲师、杨健乔助理教授等的关心与帮助，感谢家人对我的关怀和支持。研究生丁邵明在资料整理、图表绘制等方面做出了贡献，白周央、高鹏飞、邢利梅、于智红、张一楠等在文字梳理方面提供了帮助，向他们一并表示感谢。

由于作者水平有限，书中难免有疏漏或不足之处，恳请读者批评指正。

# 目　　录

"博士后文库"序言
前言

## 第 1 章　绪论 ··············································································· 1
### 1.1　超临界水及其应用 ······························································· 1
#### 1.1.1　超临界水 ···································································· 1
#### 1.1.2　超临界水的应用 ·························································· 2
### 1.2　水蒸气及亚临界水环境中合金腐蚀研究现状 ······························ 6
#### 1.2.1　水蒸气占优环境合金腐蚀 ·············································· 6
#### 1.2.2　亚临界水环境合金腐蚀 ················································· 8
### 1.3　超临界水环境合金腐蚀与防护的研究现状 ······························· 9
#### 1.3.1　近纯超临界水环境合金腐蚀 ·········································· 9
#### 1.3.2　含盐非氧化性超临界水环境合金腐蚀 ···························· 10
#### 1.3.3　氧化性超临界水环境合金腐蚀 ······································ 12
#### 1.3.4　超临界水氧化处理系统中的典型防腐策略 ······················ 13
### 1.4　本书主要内容 ·································································· 17
参考文献 ····················································································· 18

## 第 2 章　超临界水环境典型用材及其腐蚀关键环境因素 ······················· 23
### 2.1　超临界水环境典型用材的种类与使用场景 ······························ 23
#### 2.1.1　低合金耐热钢 ··························································· 23
#### 2.1.2　铁素体-马氏体耐热钢 ················································ 27
#### 2.1.3　奥氏体耐热钢 ··························································· 29
#### 2.1.4　镍基合金 ································································· 35
#### 2.1.5　其他材料 ································································· 38
#### 2.1.6　典型使用场景 ··························································· 39
### 2.2　材料腐蚀的关键环境因素 ··················································· 40
#### 2.2.1　温度 ······································································· 40
#### 2.2.2　压力 ······································································· 41
#### 2.2.3　pH ········································································· 42
参考文献 ····················································································· 43

# 第3章 近纯超临界水环境材料腐蚀特性及氧化膜行为机理 … 44

## 3.1 铁马氏体钢腐蚀特性 … 44
### 3.1.1 氧化动力学 … 44
### 3.1.2 氧化膜表面形貌及成分 … 45
### 3.1.3 氧化膜结构 … 51

## 3.2 奥氏体钢腐蚀特性 … 53
### 3.2.1 氧化动力学 … 53
### 3.2.2 氧化膜表面形貌及成分 … 55
### 3.2.3 氧化膜结构 … 66

## 3.3 材料早期氧化机理 … 71
### 3.3.1 铁马氏体钢 … 71
### 3.3.2 奥氏体钢 … 72

## 3.4 氧化膜开裂和剥落机理 … 74

参考文献 … 77

# 第4章 含盐非氧化性超临界水环境材料腐蚀特性及机理 … 82

## 4.1 亚/超临界水中无机盐的特性与影响 … 82
### 4.1.1 典型无机盐的基本特性 … 82
### 4.1.2 典型无机盐对材料腐蚀行为的影响 … 83

## 4.2 硫化物-有机质-超临界水共存条件下典型铁/镍基合金腐蚀特性 … 85
### 4.2.1 腐蚀动力学 … 85
### 4.2.2 剧增腐蚀合金特性 … 87
### 4.2.3 非剧增腐蚀合金特性 … 89

## 4.3 含硫化物超临界水环境合金腐蚀机理与微纳尺度过程 … 91
### 4.3.1 合金腐蚀机理分析 … 91
### 4.3.2 合金腐蚀微纳尺度过程 … 93

## 4.4 典型影响因素与腐蚀防控建议 … 95
### 4.4.1 合金元素及温度的影响规律 … 95
### 4.4.2 腐蚀防控建议 … 99

参考文献 … 100

# 第5章 高氧复杂超临界水环境合金腐蚀特性及机理 … 103

## 5.1 高氧超临界水环境合金腐蚀特性及腐蚀层生长机理 … 104
### 5.1.1 铁基合金腐蚀特性 … 105
### 5.1.2 镍基合金腐蚀特性 … 108
### 5.1.3 腐蚀层的形成与生长机理 … 110
### 5.1.4 超临界水氧化反应体系的防腐思考 … 115

5.2 高氧复杂超临界水环境盐沉积层对镍基合金腐蚀行为的影响⋯⋯⋯⋯ 116
    5.2.1 腐蚀行为特征⋯⋯⋯⋯⋯⋯⋯⋯⋯⋯⋯⋯⋯⋯⋯⋯⋯⋯⋯⋯⋯⋯⋯⋯ 116
    5.2.2 腐蚀产物⋯⋯⋯⋯⋯⋯⋯⋯⋯⋯⋯⋯⋯⋯⋯⋯⋯⋯⋯⋯⋯⋯⋯⋯⋯⋯ 122
    5.2.3 合金元素的作用⋯⋯⋯⋯⋯⋯⋯⋯⋯⋯⋯⋯⋯⋯⋯⋯⋯⋯⋯⋯⋯⋯⋯ 123
    5.2.4 共存溶解氧的影响⋯⋯⋯⋯⋯⋯⋯⋯⋯⋯⋯⋯⋯⋯⋯⋯⋯⋯⋯⋯⋯⋯ 124
5.3 高氧复杂超临界水环境熔融盐作用下的合金腐蚀特性及机理⋯⋯⋯⋯ 124
    5.3.1 腐蚀形貌特性⋯⋯⋯⋯⋯⋯⋯⋯⋯⋯⋯⋯⋯⋯⋯⋯⋯⋯⋯⋯⋯⋯⋯⋯ 124
    5.3.2 腐蚀组分特性⋯⋯⋯⋯⋯⋯⋯⋯⋯⋯⋯⋯⋯⋯⋯⋯⋯⋯⋯⋯⋯⋯⋯⋯ 126
    5.3.3 腐蚀层结构分布特性⋯⋯⋯⋯⋯⋯⋯⋯⋯⋯⋯⋯⋯⋯⋯⋯⋯⋯⋯⋯⋯ 129
    5.3.4 合金元素腐蚀机理⋯⋯⋯⋯⋯⋯⋯⋯⋯⋯⋯⋯⋯⋯⋯⋯⋯⋯⋯⋯⋯⋯ 130
    5.3.5 侵蚀性离子的影响机制⋯⋯⋯⋯⋯⋯⋯⋯⋯⋯⋯⋯⋯⋯⋯⋯⋯⋯⋯⋯ 133
参考文献⋯⋯⋯⋯⋯⋯⋯⋯⋯⋯⋯⋯⋯⋯⋯⋯⋯⋯⋯⋯⋯⋯⋯⋯⋯⋯⋯⋯⋯⋯ 134

# 第6章 近纯超临界水环境合金氧化膜的点缺陷类型及生长物化基础过程⋯ 140
6.1 氧化膜外层点缺陷类型⋯⋯⋯⋯⋯⋯⋯⋯⋯⋯⋯⋯⋯⋯⋯⋯⋯⋯⋯⋯⋯ 140
6.2 氧化膜内层点缺陷类型⋯⋯⋯⋯⋯⋯⋯⋯⋯⋯⋯⋯⋯⋯⋯⋯⋯⋯⋯⋯⋯ 142
    6.2.1 氧化膜内层生长的供氧体形式⋯⋯⋯⋯⋯⋯⋯⋯⋯⋯⋯⋯⋯⋯⋯⋯⋯ 142
    6.2.2 氧化膜内层金属阳离子的点缺陷类型⋯⋯⋯⋯⋯⋯⋯⋯⋯⋯⋯⋯⋯⋯ 144
6.3 氧化膜生长物化基础过程⋯⋯⋯⋯⋯⋯⋯⋯⋯⋯⋯⋯⋯⋯⋯⋯⋯⋯⋯⋯ 145
    6.3.1 氧化膜生长物化基础过程的构建⋯⋯⋯⋯⋯⋯⋯⋯⋯⋯⋯⋯⋯⋯⋯⋯ 145
    6.3.2 基于氧化膜生长物化基础过程的膜演变行为⋯⋯⋯⋯⋯⋯⋯⋯⋯⋯⋯ 147
参考文献⋯⋯⋯⋯⋯⋯⋯⋯⋯⋯⋯⋯⋯⋯⋯⋯⋯⋯⋯⋯⋯⋯⋯⋯⋯⋯⋯⋯⋯⋯ 150

# 第7章 超临界水环境合金腐蚀点缺陷理论⋯⋯⋯⋯⋯⋯⋯⋯⋯⋯⋯⋯⋯⋯⋯ 153
7.1 超临界水环境合金腐蚀点缺陷模型基础⋯⋯⋯⋯⋯⋯⋯⋯⋯⋯⋯⋯⋯ 155
    7.1.1 界面电势降⋯⋯⋯⋯⋯⋯⋯⋯⋯⋯⋯⋯⋯⋯⋯⋯⋯⋯⋯⋯⋯⋯⋯⋯⋯ 156
    7.1.2 界面反应速率常数⋯⋯⋯⋯⋯⋯⋯⋯⋯⋯⋯⋯⋯⋯⋯⋯⋯⋯⋯⋯⋯⋯ 157
    7.1.3 界面电流⋯⋯⋯⋯⋯⋯⋯⋯⋯⋯⋯⋯⋯⋯⋯⋯⋯⋯⋯⋯⋯⋯⋯⋯⋯⋯ 162
7.2 基于原子尺度腐蚀过程的氧化膜生长理论⋯⋯⋯⋯⋯⋯⋯⋯⋯⋯⋯⋯ 165
    7.2.1 稳态下阻挡层的增厚⋯⋯⋯⋯⋯⋯⋯⋯⋯⋯⋯⋯⋯⋯⋯⋯⋯⋯⋯⋯⋯ 165
    7.2.2 膜外层的生长⋯⋯⋯⋯⋯⋯⋯⋯⋯⋯⋯⋯⋯⋯⋯⋯⋯⋯⋯⋯⋯⋯⋯⋯ 166
    7.2.3 低密度超临界水环境合金的氧化增重⋯⋯⋯⋯⋯⋯⋯⋯⋯⋯⋯⋯⋯⋯ 167
    7.2.4 阻挡层等体积生长现象的内在机理⋯⋯⋯⋯⋯⋯⋯⋯⋯⋯⋯⋯⋯⋯⋯ 168
7.3 基于电化学阻抗谱的氧化膜诊断理论⋯⋯⋯⋯⋯⋯⋯⋯⋯⋯⋯⋯⋯⋯ 169
    7.3.1 腐蚀体系总阻抗模型⋯⋯⋯⋯⋯⋯⋯⋯⋯⋯⋯⋯⋯⋯⋯⋯⋯⋯⋯⋯⋯ 169
    7.3.2 阻挡层的电容评估方法⋯⋯⋯⋯⋯⋯⋯⋯⋯⋯⋯⋯⋯⋯⋯⋯⋯⋯⋯⋯ 170
    7.3.3 法拉第阻抗的建立⋯⋯⋯⋯⋯⋯⋯⋯⋯⋯⋯⋯⋯⋯⋯⋯⋯⋯⋯⋯⋯⋯ 171

参考文献 ·········· 178

# 第8章 多因素耦合作用下的合金腐蚀行为预测 ·········· 181
## 8.1 原子级动力学模型对合金腐蚀行为的预测 ·········· 182
### 8.1.1 基于点缺陷腐蚀理论的原子级动力学模型构建 ·········· 182
### 8.1.2 微观腐蚀过程的解析及预测 ·········· 183
### 8.1.3 微观模型用于宏观腐蚀行为的预测 ·········· 186
## 8.2 基于机器学习的多因素耦合作用下的合金腐蚀行为仿真 ·········· 190
### 8.2.1 人工神经网络反向传播方法 ·········· 191
### 8.2.2 数据收集和预处理 ·········· 193
### 8.2.3 人工神经网络模型构建 ·········· 194
### 8.2.4 数据的模糊曲线分析 ·········· 195
### 8.2.5 多因素耦合作用下的关键腐蚀因素识别 ·········· 196
### 8.2.6 多因素耦合作用下的氧化增重影响 ·········· 197
参考文献 ·········· 205

# 第9章 亚/超临界水环境在线腐蚀研究的基础方法及应用 ·········· 210
## 9.1 电化学在线测试电极 ·········· 210
### 9.1.1 三电极体系 ·········· 211
### 9.1.2 经典高温参比电极 ·········· 211
## 9.2 电位-pH 图 ·········· 214
## 9.3 基于电化学噪声分析的腐蚀速率原位测试 ·········· 215
参考文献 ·········· 222

# 第10章 新型耐蚀高安全性超临界水氧化处理系统的开发 ·········· 225
## 10.1 关键问题及解决思路 ·········· 226
### 10.1.1 换热器和反应器的腐蚀 ·········· 226
### 10.1.2 换热器的堵塞 ·········· 227
### 10.1.3 氧化剂加速腐蚀 ·········· 228
### 10.1.4 超压保护和紧急泄压 ·········· 229
## 10.2 系统工艺的新型开发 ·········· 230
### 10.2.1 关键工艺参数的影响及优化 ·········· 231
### 10.2.2 新型工艺设备及控制策略 ·········· 238
参考文献 ·········· 243

# 第11章 展望 ·········· 246

编后记 ·········· 249

# 第1章 绪 论

## 1.1 超临界水及其应用

### 1.1.1 超临界水

水在自然界中通常具有固(冰)、液(水)、气(水蒸气/蒸汽)三种形态。水的沸点随压力升高而增大,高温高压水指温度高于常压下沸点(100℃)的高压液态水,其包括亚临界水与超临界水。亚临界水指温度介于常压沸点(100℃)及水临界点温度(374.15℃)的高压液态水,超临界水(supercritical water,SCW)是指温度与压力均在临界点(374.15℃、22.12MPa)以上的特殊状态水,水的相图见图1-1。

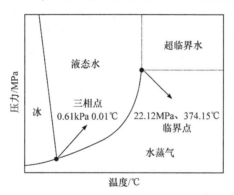

图1-1 水的相图

超临界水是一种不同于普通液态水和水蒸气,具有优良特性的特殊状态水。早在20世纪50年代,德国、美国先后开发超临界火电机组,将超临界水应用于工业生产。2005年,德国地球化学家Andrea Koschinsky首次在大西洋海底观察到自然状态下的超临界水。超临界水具有优越的导热、蓄热能力,已被广泛用作大型热力火电机组及未来超临界水冷堆核电站的热力介质[1]。此外,超临界水的主要物性参数,如密度、黏度、水的离子积($K_W$)和介电常数均明显下降,扩散系数较高,传质性能好,可与氧气、氮气等非极性气体及绝大多数有机物完全互溶等系列特性,推动了超临界水作为反应物、反应媒介在有机污染物无害化处理与资源化利用、新材料制备、新能源合成等领域的迅速应用。

超临界水温度高、压力高,具有完全不同于水蒸气、常压高温水、亚临界水的特殊性质，极具腐蚀性。超(超)临界火电机组、超临界水冷堆皆以超临界水为热力介质，其结构材料在超临界水中的腐蚀问题已成为影响新型高效火电、核电技术发展的关键问题[2,3]。超临界水还可以作为反应媒介[4]，已被广泛应用于超临界水气化有机质制备清洁可燃气[5]，超临界水热合成制取纳米金属氧化物粉体[6]，超临界水氧化高效降解各类高浓度有机废液及污泥[7]，以及超临界水热液化制油、超临界水提质稠油等系列绿色化工过程。

### 1.1.2 超临界水的应用

**1. 超(超)临界火电机组**

超临界火电机组指锅炉出口工质参数高于水临界点的机组，而国际上并未对超超临界机组给出明确的物理定义，我国将超(超)临界发电机组定义为主蒸汽压力大于27MPa，或者主蒸汽压力大于24MPa且主蒸汽温度和再热蒸汽温度都高于580℃的机组。高参数锅炉出口的超临界水进入汽轮机并驱动其带动发电机转动，从而实现热能向电能的转化。汽轮机出口蒸汽在凝汽器处冷凝为液态水，再由给水泵送回锅炉进行循环，实现煤炭化学能向电能的持续转化。带入凝汽器的废热通过冷却系统(由循环水、循环水泵等组成)排入周围环境，燃煤超(超)临界火电机组如图1-2所示。机组效率随锅炉出口工质温度、压力的升高而增大，传统机组锅炉出口介质参数为580℃、18.5MPa，其发电效率约37%。若将锅炉出口参数提到593℃/30MPa(超临界水)，机组发电效率将提高约6%，若进一步提高温度至650℃时，机组发电效率将高于45%[3,8,9]。

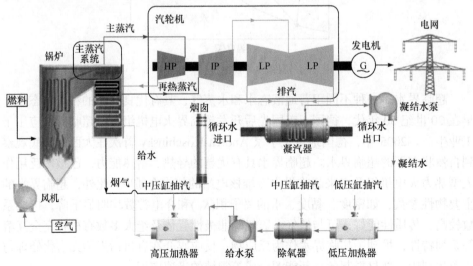

图1-2 燃煤超(超)临界火电机组示意图[10]

HP-高压缸；IP-中压缸；LP-低压缸

为实现高效率低排放煤炭发电技术,大容量高参数超(超)临界机组是目前世界火电发展的重要趋势[11,12]。超临界机组的主蒸汽压力通常为24MPa左右,主蒸汽温度和再热蒸汽温度为538~560℃,其中超临界机组的典型参数(主蒸汽压力、主蒸汽温度、再热蒸汽温度)为24.1MPa、538℃、538℃,对应的发电效率约为41%。超超临界机组的主蒸汽压力为25~31MPa,主蒸汽温度和再热蒸汽温度为580~610℃,对应的热效率比超临界机组的高4%左右。对于超超临界机组,其蒸汽参数越高,热效率也越高。热力循环分析表明,在超超临界机组参数范围的条件下,主蒸汽压力提高1MPa,机组的热耗率就可下降0.13%~0.15%;主蒸汽温度每提高10℃,机组的热耗率就可下降0.25%~0.30%;再热蒸汽温度每提高10℃,机组的热耗率就可下降0.15%~0.20%。在一定的范围内,如果采用二次再热,则其热耗率可较采用一次再热的机组下降1.4%~1.6%。当前世界主要经济体开展的700℃等级先进超超临界技术研发,可以认为是超超临界技术发展的重要方向。我国于2010年成立"国家700℃超超临界燃煤发电技术创新联盟",研发700℃高效超超临界发电技术。发展700℃高效超超临界发电技术不仅有利于提高机组热效率,降低发电煤耗,缓解煤炭供应日趋紧张的局势,同时也是减少有害气体$SO_2$和$NO_x$等排放的重要途径[13]。然而,目前超超临界机组发展主要受材料的限制,因此高耐温、高耐蚀性、抗氧化材料的研发是未来的研究重点。

2. 超临界水冷核电机组

当前核电机组堆型通常为轻水堆(light water reactors, LWR),可分为两种:沸水堆(boiling water reactor, BWR)和压水堆(pressurized water reactor, PWR)。前者产生约7.6MPa、290℃的饱和蒸汽,经过汽水分离器和蒸汽干燥器,分离出来的蒸汽推动汽轮机-发电机发电。我国商业核电站主要采用PWR,其包括冷却水回路及二回路,见图1-3(a)。堆芯处核燃料裂变释放热量并传递给一回路高压冷却水(15~16MPa),实现其从290℃附近升温至约330℃[14]。主泵推动高压冷却水在一回路内循环流动,在蒸汽发生器处一回路冷却剂将热量传递给二回路,产生约6.8MPa、285℃的高压蒸汽;接着,其驱动汽轮机-发电机旋转,实现核裂变能向电能的转化。BWR与PWR技术较为成熟,但发电效率通常低于33%[15]。超临界水冷堆是在现有轻水堆与超临界火电技术基础上发展起来的革新设计,图1-3(b)为超临界水冷堆示意图。堆芯处亚临界水(280℃、25MPa)吸收核裂变能而升温转变为超临界水(600~620℃、25MPa),进而推动汽轮机-发电机发电,自身发生降温降压,之后再由循环泵升压至25MPa送入核反应堆,实现持续进行的发电过程。超临界水冷堆系统简单、发电效率有望提高至45%[16],且可以借鉴BWR、PWR及超临界火电机组的设计、建造、运行经验,是最有发展前景的第四代先进核裂变能利用系统。

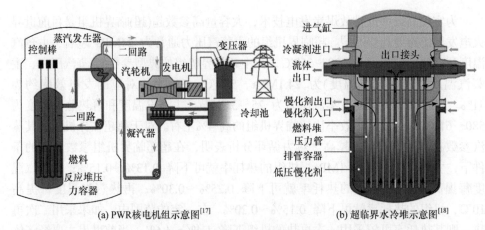

(a) PWR核电机组示意图[17]　　(b) 超临界水冷堆示意图[18]

图 1-3　PWR 核电机组及超临界水冷堆示意图

无论是大型超临界火电技术的发展，还是核电上轻水堆向超临界水冷堆的升级革新，都面临热力工质参数升高引发的高温超临界水中受热面腐蚀加剧的问题。发电装备热力介质含有微量水处理添加剂及残留的微克每升溶解氧，此处定义为近纯超临界水。因此，为了制订运行维护措施，以保证服役中超临界火电机组安全运行，指导未来超超临界机组和超临界水冷堆用材选择与合金优化，推动高效发电技术发展，探究近纯超临界水中典型合金的氧化膜成形与生长规律及其微观机理势在必行。

3. 超临界水气化技术

超临界水气化技术是利用超临界水的特殊性质，在不加入氧化剂的前提下，将反应物泵入超临界水气化反应器使其热解气化，以制取高热值气体，如氢气、甲烷和一氧化碳等[19]。该技术不仅可以直接气化石油、煤等化石燃料[20]，还可以在处理污泥、油泥、有机废水等有机废物的过程中获取可燃气体[21]。然而，无论化石燃料还是各类有机废物，往往含有多种无机盐；此外，物料中卤素、硫、磷等杂原子在超临界水气化反应过程中极可能产生无机酸，从而形成含无机盐的复杂超临界水环境，加剧该环境下相关设备的腐蚀损伤[22]。

4. 超临界水氧化技术

20 世纪 80 年代初期，基于超临界水可与非极性分子(如 $O_2$)、绝大多数有机物完全互溶并且迅速反应的特殊性质，美国麻省理工学院 Modell 教授首次提出超临界水氧化技术[23]。随着超临界水氧化作为一种有效的废物销毁技术得到更广泛的认可，相关研究工作在 20 世纪 90 年代得到加强。最初激发超临界水氧化研究应用的是减少核清洁计划产生的混合放射性/有机废物。美国国防部的几个部门在

20 世纪 90 年代对超临界水氧化的潜力产生了兴趣,并启动了一些项目,以探索和开发其在大学和商业层面上用于处理各种军事废物的用途。特别地,为了销毁化学品和过时的常规弹药,美国国防高级研究计划局(DARPA)对超临界水氧化技术特别关注。20 世纪 90 年代初,美国国家研究委员会(NRC)对超临界水氧化技术作为焚化替代品的潜力进行了有力评估。之后,美国陆军开始关注超临界水氧化对化学武器的销毁能力,美国海军也开始关注使用超临界水氧化销毁船上废物,美国空军测试了使用超临界水氧化销毁火箭发动机推进剂的情况[24]。

1994 年,泰来环保科技有限公司(Eco Waste Technologies,成立于 1990 年)在得克萨斯州奥斯汀为 Huntsman 化学公司设计并建造了第一座商业超临界水氧化工厂,它是超临界水氧化商业化进程中的一个重要里程碑。该工厂主要用于处理含有醇类的实验室废水,从超临界水氧化的角度来看,这种进料相对来说是良性的(即没有腐蚀性物质或盐形成),但该工厂在 1999 年被关闭。在 20 世纪 90 年代,其他几家成熟的公司也参与了超临界水氧化商业化应用的工作,包括至今仍在活跃的公司,如通用原子公司、斯坦福国际研究院(SRI)和 Chematur Engineering AB 公司。这些公司都开发了基于超临界水氧化工艺的独特装置,不同之处主要在于如何控制腐蚀和盐沉积,以及针对不同类型的进料(如液体与泥浆、高盐与无盐物料)。

20 世纪 90 年代末~21 世纪初,多年的研究和开发使超临界水氧化技术日渐成熟,对核心原理有了更好的理解,并改进了技术以缓解腐蚀和盐沉积问题,这使得超临界水氧化技术的重点从基础研究转向全面应用。1998~2002 年,世界各地共建成七座规模化的超临界水氧化工厂,用于处理各种工业废水、污水、污泥和炸药。此后,三座超临界水氧化装置被永久关闭,其中有至少两座关闭的原因是机械或操作问题。两个相关的超临界水氧化装置供应商(Foster Wheeler 和 HydroProcessing)停产。2004 年和 2005 年,法国和日本分别新增两套超临界水氧化装置并投入运营。因此,尽管超临界水氧化装置的大规模应用存在一定困难,但由于其很大的客户量,仍然有公司对该技术提供支持,有少量新工厂建成并投入使用。

我国约从 2000 年开始对超临界水氧化技术展开研究,其中西安交通大学、上海交通大学、天津大学、中国科学院山西煤炭化学研究所等单位的研究成果较为丰富,国内正在进行超临界水氧化技术工业化应用的推进。西安交通大学在 2009 年率先建成国内首套 3t/d 城市污泥超临界水氧化处理中试示范装置[25],推动了超临界氧化处理工艺的工业化应用,具有较大的工程价值。

大量研究及工程化实践证明,超临界水氧化技术可以清洁、高效地实现各类高浓度有机废液及污泥的无害化降解和能源化利用[4,6,26,27]。氧化剂和有机污染物完全溶解于超临界水,并发生均相氧化反应,从而迅速、彻底地将有机污染物转

化成无害化的 $CO_2$、$N_2$、$H_2O$ 等小分子化合物，氯转化成含氯离子的金属盐，绝大多数氮转化成氮气，硫转化成硫酸盐，磷转化成磷酸盐[7,22,28,29]，代表性超临界水氧化技术工艺流程见图 1-4。超临界水氧化具有显著的技术优势：①反应速率极快，在几秒至几分钟的停留时间内，绝大多数有机物的去除率可超过 99.99%[27,30]；②反应系统封闭，处理过程无异味，不会产生二次污染[23]；③能耗低。当废水中有机物的质量分数大于约 3%时，即可以依靠反应过程中释放的反应热来维持反应所需的热量平衡，无须外部热源或者辅助燃料[31]。美国国家关键技术所列的六大领域之一"能源与环境"中指出，超临界水氧化技术是 21 世纪最有前途的废物处理技术。美国麻省理工学院(MIT)能源实验室 William Peters 认为超临界水氧化技术处理过程中的能量循环利用及产生的大量有用副产品，如 $CO_2$ 和回用水，进一步加强了其优势[26]。

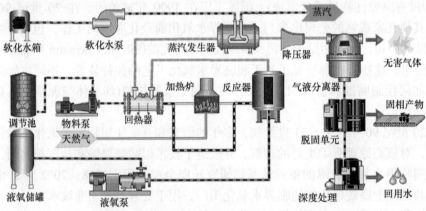

图 1-4　代表性超临界水氧化技术工艺流程图

对于超临界水氧化处理有机污染物体系，氧化剂(通常为空气或者纯氧)的存在使其成为氧化性超临界水环境，进一步加剧了该环境下装备结构材质的腐蚀，已成为制约超临界水氧化技术大规模工业化发展的关键问题[22,32]。

## 1.2　水蒸气及亚临界水环境中合金腐蚀研究现状

按照腐蚀介质差异，狭义的金属高温氧化可分为三类：纯氧或者空气中氧化、水蒸气或亚临界水中氧化、超临界水环境下氧化。纯氧或者空气中氧化奠定了高温氧化领域的理论基础，一定程度上水蒸气及亚临界水中氧化为超临界水环境下氧化研究提供了更直接的借鉴意义。

### 1.2.1　水蒸气占优环境合金腐蚀

一般认为，高温水蒸气会显著加快合金的高温氧化。许多在高温干燥氧化性

气氛中能够生长 $Cr_2O_3$ 保护膜的铁基合金,在潮湿气氛下其保护膜难以生长或不能保持稳定,且氧化机理也有很大差异。一般地,合金腐蚀速率随水蒸气含量增加而增大,直到水蒸气含量足够高时才趋于稳定。相对于干燥气氛,潮湿气氛下的合金需要更高含量的铬和铝才能选择性氧化形成保护性氧化物 $Cr_2O_3$ 和 $Al_2O_3$。Fujii 和 Meussner 开展了 1100℃氩-水蒸气(水蒸气体积分数小于 10%)混合环境下 Fe-Cr 合金(铬的质量分数为 15%)氧化实验,并得到了类似的结果[33]。Fujii 和 Meussner 指出,对于所有合金试样,氧化膜由一个致密的 FeO 外层和 FeO + Fe-Cr 尖晶石内层组成。随水蒸气压力增加,腐蚀速率增大。Fujii 认为氧化膜内层中氧向内传输对膜生长至关重要[33,34]。Rahmel 与 Tobolski 研究发现,水蒸气促进了合金内氧化,即加速了氧向内传递;$H_2+H_2O$ 混合气体存在于 FeO 层内空洞中,其通过氧化还原反应加速了氧向内供给,即 Rahmel-Tobolski 机理[35]。

1. 固态生长机理

依据Atkinson论述,气相环境下铁/镍基合金表面氧化膜通常呈现双层结构[36]。该氛围下氧化膜固态生长机理受到国内外学者广泛认可[3,36,37]。载氧组分 $H_2O$ 或者 $O_2$ 在合金表面分解,继而发生氧原子离子化及氧离子化学吸附[38,39],所需电子由金属提供,并穿过氧化膜迁移至氧化膜/环境界面。Fe-Cr 合金化学吸附氧离子并进入尖晶石晶格,从而形成 $Fe_3O_4$ 新层。在基体/氧化膜界面处,氧化膜中氧离子进入基体表面层铁晶格,开始形成新的尖晶石晶格。按这种方式,氧化膜内外两层从初始金属表面分别向内、向外生长,生长前沿分别位于基体/氧化膜、氧化膜/环境两个界面处。对于铁马氏体钢[又称"铁素体-马氏体耐热钢"]与普通粗晶粒奥氏体钢,尽管氧化膜内/外层组分皆为尖晶石相,然而膜外层氧化物富含铁空位,膜内层以间隙铁离子和氧空位为特征。此外,膜内层通常还含有基体中其他大多数合金元素。氧化膜内/外层界面往往位于合金腐蚀前的原始表面,且具有多孔性[3]。

2. 水蒸气作用机理

在固态生长机理的基础上,针对水蒸气对合金高温氧化特性的各种影响,国内外学者提出了多种水蒸气作用机理。①分解机理[34,35]认为基体/氧化膜界面处或者氧化膜内空洞内/外侧存在氧分压差异,导致靠近腐蚀气氛的外侧氧化物分解而释放载氧体及金属阳离子,前者在 $H_2O$、$H_2$ 协同作用下促进氧原子向内传递,而金属阳离子向外迁移至氧化膜/气体界面。②缺陷机理[40]。氢以质子或者羟基的形式溶入氧化膜,导致膜内缺陷密度增大,加剧阳离子向外扩散。③挥发物形成和挥发机理。Asteman 等[41]研究了奥氏体耐热钢的蒸气氧化行为,认为挥发性 $CrO_2(OH)_2$ 可以在氧化膜晶界处形成,挥发性组分气压使得氧化膜爆裂。对于保护性氧化铬层，当其表面以 $CrO_2(OH)_2$、$CrO_3$ 形式向周围环境挥发，且基体具有足够的 Cr 以维持 $Cr_2O_3$ 在基体/氧化膜界面不断生成，最终可以获得氧化膜厚度稳定的 $Cr_2O_3$ 层。Atkinson[36]研究 Ar+40%$H_2O$ 氛围下铁马氏体钢氧化行为时，通过气相质谱技术检测到了挥发性产物 $CrO_3(g)$、$CrO_2OH(g)$ 和 $CrO_2(OH)_2(g)$，挥发性产物的生成时间随温度升高而缩短，改变了氧化膜内组分传输机理，且加速了氧化膜破裂，这也是判定挥发性产物存在的直接实验依据。Othman 等[42]通过实验检测得出 $CrO_3$ 含量非常少，$CrO_2(OH)_2$ 起主要作用。水蒸气体系下，所有含 Cr 挥发性产物的自由能计算结果也表明 $CrO_2(OH)_2$ 是最稳定的。④氧化性气体穿透机理。Shen 等[39]研究了水蒸气氛围下 Fe-Cr 合金由钝性向活性氧化转变的动力学规律，指出动力学转变后钝化阶段形成的 $Cr_2O_3$ 膜中出现允许 $H_2O$ 渗透的微裂纹、微通道等缺陷，渗透进入的 $H_2O$ 加速了膜底部基体 Fe 氧化，最终导致"瘤状"富铁、多孔、非保护性氧化膜的形成。研究表明，干燥环境下氧气很少穿透氧化膜，而在潮湿环境下氧气很容易穿透氧化层[43]。因此，水蒸气可以促进氧化膜中裂纹和孔洞的产生，阻碍氧化膜自愈合，从而加速基体氧化。⑤增强的表面反应及水分子在氧化膜内层的优先吸附[44]。⑥生长应力引发氧化膜开裂。此外，相对于氧气，Essuman 等认为水蒸气作为供氧体加速了中等铬含量(铬质量分数在 10%～20%)Fe-Cr 合金中的铬内氧化，该效应的根本原因是水蒸气增加了合金中氧气的溶解度及其扩散系数[45]。

### 1.2.2 亚临界水环境合金腐蚀

目前，我国核电堆型主要为压水堆，其一回路管线、压力容器等构件皆服役于高温亚临界水环境。高压构件存在或者潜在的多种环境腐蚀开裂问题对核电站安全运行构成了致命威胁。对该问题深入认识的必要性，推动着对高温亚临界水中材料环境损伤及应力腐蚀开裂方面的持续研究。高温亚临界水环境中合金表面氧化膜多为双层结构：富 Cr 内层、富 Fe 氧化物(不锈钢)或者富 Ni 氧化物(镍基合金)外层。氧化膜内层厚度通常为 50～100nm，其氧化物晶粒粒径约 0～200nm[46]；膜内外层往往皆含有空洞或者其他缺陷[46,47]。

针对高温亚临界水中合金表面氧化膜生长过程，国际上提出了不同的解释模型，主要分为三种：①Robertson 模型[47,48]从亚临界水中氧化物生长过程与高温水蒸气氛围下的相似性推理而来，这一模型主要利用了扩散原理，认为氧化膜内外层增厚均为固态生长过程。对于不锈钢，氧化膜内层的生长前沿位于基体/氧化膜界面，氧离子向内传递及水穿过氧化膜内微小孔洞到达该界面从而提供所需氧原子；氧化膜外层的形成主要是源自金属离子，特别是 Fe 沿着晶格边界向外扩散，氧化膜外层主要成分为 $Fe_3O_4$。②Winkler 模型[49]认为不锈钢表面氧化膜内外层都是金属溶解-氧化物/氢氧化物沉淀的结果。氧化膜内层中尖晶石相溶解度随 Cr 含量升高而降低，是 Winkler 模型的基础。以 288℃、9MPa 高温纯水(溶解氧含量为 2mg·L$^{-1}$)改性 304 不锈钢表面的氧化膜为例[46]，金属在腐蚀活性位处发生溶解，活性位处溶液中金属阳离子浓度增加，使得金属氧化物/氢氧化物在这些位置的沉淀成为可能。氧化物的沉淀顺序与其自身形成自由能有关，具有负自由能绝对值较大的氧化物首先发生沉淀，解释了不同合金元素在氧化膜厚度方向上的浓度分布。同时，活性腐蚀位和膜外层/水相界面间存在金属阳离子的浓度梯度，阳离子在溶液中以离子迁移的形式向外输送，其中一部分以 $Fe_3O_4$ 或 $FeCr_2O_4$(极少量)形式在氧化膜表面的层流边界层沉淀，从而形成、增厚了由较大氧化物晶粒构成的氧化膜外层[46]。③混合模型，即 Robertson 模型(描述膜内层生长)和 Winkler 模型(描述膜外层形成)结合[50,51]。Robertson 模型和 Winkler 模型皆主要利用了扩散原理，Robertson 模型是从基体及氧化膜内不同金属元素扩散速率差异性角度进行分析的，而 Winkler 模型是从不同氧化物形成自由能的角度出发，前者很好地解释了氧化膜内层富 Cr、外层富 Fe 的现象，后者阐述了氧化膜外层氧化物颗粒较粗大、膜内层颗粒较小的原因。该模型认为氧化膜内层增厚为固态生长机理，而水溶液中金属阳离子的沉淀引发膜外层生长[50]，已得到高温、高密度水环境下铁/镍基合金腐蚀特性相关研究工作者的普遍认可[43,50,51]。

## 1.3 超临界水环境合金腐蚀与防护的研究现状

超临界水具有优异的物化特性，其应用已遍及能源、环境、新材料、化工等领域。相对于其他常见的超临界流体，如超临界二氧化碳、超临界乙醇等，超临界水具有更高的临界温度、临界压力，以及相对更强的侵蚀性。超临界水环境中有关装备制造用材的腐蚀是超临界水在各个领域中应用的共性关键问题。

典型超临界水应用领域的关键装备腐蚀环境见表 1-1。

**表 1-1 典型超临界水应用领域的关键装备腐蚀环境**

| 腐蚀环境 | 腐蚀环境组分 | 应用领域 |
| --- | --- | --- |
| 近纯超临界水 | 超临界水、微克每升级溶解氧(除氧)、去离子水 | 超临界电站机组 |
| 含盐非氧化性超临界水 | 超临界水、有机物、大量无机盐 | 超临界水气化 |
| 氧化性超临界水 | 超临界水、有机物、高浓度氧化剂、大量无机盐 | 超临界水氧化 |

### 1.3.1 近纯超临界水环境合金腐蚀

近纯超临界水环境合金腐蚀是大型热力发电系统与各类超临界水反应系统都

无法回避的基础腐蚀问题。2005年起，国内外学者针对超临界水中耐热钢(包括铁马氏体钢与奥氏体钢)及镍基合金的氧化特性开展了详细的实验研究[52-59]。400～600℃脱氧超临界水中，铁马氏体钢如 T91、P92、HCM12A、NF616 等的氧化动力学遵循近抛物线规律，氧化增重量随温度升高而增大，其表面氧化膜通常为三层结构：等轴小粒径 $Fe_3O_4$ 和 $FeCr_2O_4$ 构成的氧化膜内层；部分富铬氧化物与未氧化基体晶粒组成的扩散层；垂直于试样表面的柱状晶及少量存在于内/外层界面处的细小晶粒构成外层，主要为 $Fe_3O_4$[57-59]。对于奥氏体钢，其耐蚀性整体优于铁马氏体钢；然而，其氧化膜表面粗糙、形貌不均匀且易发生氧化膜外层的开裂剥落[58,59]。经长期暴露后，300 系列不锈钢氧化膜多呈现双层或者三层结构：内层为 Fe-Cr 尖晶石相，外层为 $Fe_3O_4$ 层，$Fe_2O_3$ 单独组成最外层或者以氧化物颗粒的形式分散于 $Fe_3O_4$ 层表面[10,58,60]。镍基合金是先进超(超)临界火电站锅炉及超临界水冷堆的候选材质，且已成为超临界水氧化反应系统中主流结构材质[61-63]。近纯超临界水环境镍基合金表面氧化膜一般为极薄的富铬氧化物内层+富镍氧化物外层，或者单层 $Cr_2O_3$，其腐蚀增重量极小，有时还可能呈现出微量的腐蚀减重，耐蚀性通常优于服役于同工况下的奥氏体钢[63]。

关于近纯超临界水中耐热钢表面氧化膜的生长机理，国内外学者认识较为统一，即与气相氛围下相似，氧化膜增厚遵循固态生长机理。膜内层的生长归结为载氧体($OH^-$、$O^{2-}$、$H_2O$ 等)向内传递，部分产生于合金/氧化膜界面的金属阳离子穿越氧化膜内层，向外供给氧化膜外层促使其不断生长[64-66]；膜内层为保护层，通过阻碍阴阳离子的迁移，实现膜底层合金基体氧化速率的显著降低[3,65,67]。然而，应当为氧化膜内层生长负责的具体载氧体形式尚无定论。喷丸、晶粒细化等表面处理手段可以增强超临界水中奥氏体钢的抗氧化性[3,58,68-71]，然而对铁马氏体钢的作用效果不明显，甚至恶化且导致 9Cr 铁马氏体钢氧化增重量显著增加[72]。这很可能源自奥氏体钢、铁马氏体钢早期成膜过程的差异，喷丸等表面处理工艺旨在细化合金表面晶粒，加速保护性连续氧化膜的生成。然而，现有实验研究主要关注经较长时间(>100h)暴露后合金表面双层或三层结构氧化膜的物相组成、截面结构特征及增厚机理等[3,15,52,58,60,65,73-76]。因此，对于多层结构氧化膜形成的前期，超临界水中耐热钢表面氧化膜的早期(5～120h)演变规律及形成机理鲜有报道，值得探究。

### 1.3.2 含盐非氧化性超临界水环境合金腐蚀

超临界水反应体系下合金腐蚀特性研究主要集中在超临界水氧化降解有机污染物领域。水临界点以上温度、压力、氧化剂引发的强氧化性苛刻环境，加上物料组分的复杂性，往往对系统内结构材料腐蚀失效构成了极大的风险。结构材料腐蚀已成为制约超临界水氧化技术大规模商业化实践的关键问题[7,22]。超临界水与攻击性组分联合作用下的合金腐蚀，是超临界水氧化、超临界水气化等资源化与无害化处理各类有机质工艺中的常见问题，是超临界水反应体系下的共性腐蚀问题。

21世纪以来，伴随着近纯超临界水中铁/镍基合金腐蚀相关研究成果的不断涌现，国内外学者针对性地开展了超临界水反应体系下材料腐蚀机理的细致研究。大量研究表明，Cr、Ni是决定高温超临界水中不锈钢和镍基合金耐蚀性的关键性合金元素，因为Cr、Ni可以分别形成氧化物$Cr_2O_3$、NiO或$Ni(OH)_2$，这是一类覆盖性良好的固态物质，能将金属表面和腐蚀性介质相对隔开，从而起到保护底部合金基体的作用[77]。系列报道探究了$Cl^-$、$NO_3^-$、$SO_4^{2-}$、$PO_4^{3-}$对超临界水环境下合金腐蚀特性的影响规律[78-81]。$OH^-$起钝化作用，一定浓度的$OH^-$(对应常温下溶液pH<12)有利于金属表面保护膜的形成，从而将腐蚀性组分与基体隔离，缓解基体的进一步腐蚀[80]；但是过高浓度的$OH^-$易导致保护膜中有效抗腐蚀元素Cr与Mo发生过钝化溶解，恶化合金耐蚀性。此外，低密度超临界水中高浓度$OH^-$可能以碱金属氢氧化物的形式析出，易诱使氧化铝等发生熔融碱腐蚀。亚临界水或高密度超临界水中，$Cl^-$易被耐热钢及镍基合金表面的氧化膜吸附，膜中$O^{2-}$很容易被$Cl^-$替代，形成可溶性氯化物，使钝化膜遭到破坏从而加剧金属腐蚀。在HCl溶液中，所有测试温度范围内钛和钛合金皆呈现出很好的耐蚀性。Foy等[82]采用钛合金反应器，在250~500℃、65MPa工况下分别开展了三氯乙烯与三氯乙烷的水热氧化实验，并检测指出钛合金的腐蚀速率仅为0.038~0.356mm·$a^{-1}$。因此，对于含氯物料引发的结构材料腐蚀问题，使用钛合金内衬是一种潜在的解决方案。然而，对于含$F^-$高密度、含酸低密度的超临界水环境，钛及钛合金并未表现出令人满意的耐蚀性，见表1-2。$NO_3^-$、$SO_4^{2-}$通常无诱发氧化膜破裂的不利影响，但是$SO_4^{2-}$可能导致盐沉积问题，继而引发盐垢下腐蚀。亚临界水或者高密度超临界水中$PO_4^{3-}$可与合金溶解所释放出的金属离子结合成难溶或者微溶物，促使合金表面的二次钝化，从而缓解合金基体腐蚀[22,83,84]。

表1-2 不同亚/超临界水环境中镍基合金与钛的耐蚀性对比[85]

| 材料类型 | $T<T_c$，高密度 | | $T>T_c$，低密度 | |
| --- | --- | --- | --- | --- |
| | 耐蚀性好 | 耐蚀性差 | 耐蚀性好 | 耐蚀性差 |
| 镍基合金 | $H_3PO_4$、HF、碱性溶液 | HCl、HBr | 所有酸 | $c(H_3PO_4)>0.1$mol·$kg^{-1}$、NaOH |
| 钛 | 所有酸 | $F^-$ | HCl | $H_2SO_4$、$H_3PO_4$ |

注：$c(i)$表示$i$的浓度；$T_c$表示水的临界温度。

物料中硫化物对超临界水环境中不锈钢及镍基合金的腐蚀特性影响为还原性

超临界水环境中合金腐蚀的常见共性问题，但相关研究成果较少。考虑到钢厂脱硫废水、含硫农药生成废液、石油化工企业脱硫醇装置排出废液、高含量硫酸盐废水厌氧处理池的底泥等含高浓度硫化物废液的普遍存在，明确硫化物对铁/镍基合金腐蚀行为的影响规律及作用机制十分必要，对于以无害化与资源化利用该类物料为目标的超临界水氧化、超临界水气化装备选材具有重要的工程价值，还有助于丰富高温硫化腐蚀理论。

### 1.3.3 氧化性超临界水环境合金腐蚀

Ampornrat 等[86]开展了溶解氧量(dissolved oxygen，DO)对超临界水中铁马氏体钢腐蚀特性的影响研究，发现 2000μg·L$^{-1}$ 时氧化增重量最大，25μg·L$^{-1}$ 次之，300μg·L$^{-1}$ 最小，100μg·L$^{-1}$ 氧化增重量和 300μg·L$^{-1}$ 时很接近。适当的溶解氧量可促进致密氧化膜的快速形成，以减缓膜底合金基体的氧化。Chen 等[87]实验研究了 500℃、两种溶解氧量(25μg·L$^{-1}$、2mg·L$^{-1}$)超临界水环境 T91 的腐蚀特性，认为高溶解氧量促进了腐蚀外层的多孔性、$Fe_2O_3$ 表面层的生成及氧化膜与基体的分离。此外，Briceno 等[74]发现较高的溶解氧量还能诱导铬元素向外扩散，使得氧化膜外层含有一定量的铬元素。Briceno 指出，溶解氧量小于 8mg·L$^{-1}$ 时对奥氏体钢腐蚀增重行为似乎没有明显的影响[74]。Chang 等[88]研究了不同溶解氧量超临界水(700℃、24.5MPa)中镍基合金 625(Inconel 625)的腐蚀特性，表明随溶解氧量由 0.15mg·L$^{-1}$ 增加至 8.3mg·L$^{-1}$，Inconel 625 腐蚀速率加快；高溶解氧量下腐蚀层结构为内层 $Cr_2O_3$、外层 $Ni(Cr,Fe)_2O_4$，然而低溶解氧量下由于 NiO 的低稳定性，未检测到氧化膜外层。

超临界水氧化工艺所处理有机污染物的化学需氧量(chemical oxygen demand，COD)通常为几千至数万毫克每升。假定氧化系数为 1.1，则超临界水氧化反应起始时刻反应器内溶解氧量为几千至数万毫克每升，反应后出水中溶解氧量为几十至数千毫克每升。Gao 等[89]、Sun 等[90]分别研究了不锈钢 316(316SS)、Inconel 625 在 400℃/450℃/500℃、24MPa、2%(质量分数)$H_2O_2$(相当于溶解氧量约 6000mg·L$^{-1}$)超临界水中的腐蚀机制，并认为氧化膜的生长遵循混合机理，即氧化膜内层增厚为固态生长机理，而外层生长依靠金属氧化物或氢氧化物的沉淀。然而，2009 年 Sun 等[91]指出 2%(质量分数)$H_2O_2$ 超临界水中不锈钢腐蚀过程与气相氛围中相似，应为氧化膜固态生长机理。当前关于强氧化性超临界水环境中合金表面氧化膜外层形成机理的认识并不统一。探究强氧化性超临界水环境中铁/镍基合金表面氧化膜外层的生长过程，乃至整个氧化膜的生长机理，对于丰富超临界水环境腐蚀理论，指导苛刻超临界水环境的耐蚀合金开发，具有极其重要的意义。

### 1.3.4 超临界水氧化处理系统中的典型防腐策略

**1. 工艺段选材**

超临界水氧化处理废物系统的工作温度一般在 400~600℃，物料进入反应器之前的升温、流出反应器后的降温过程中存在较高的腐蚀风险，所以超临界水氧化系统的腐蚀及防护问题必须结合其工艺流程，考虑从室温升温至 600℃、再降温至近似室温的系统全流程。目前，关于超临界水氧化处理有机废物系统候选材料的研究，主要涉及镍基合金、铁基合金、陶瓷复合材料、钛合金、锆合金、贵金属、钽和铌。通过大量的研究发现，任何一种材料都不能承受所有超临界水氧化(SCWO)工况下的腐蚀，每种超临界水氧化条件下都有其相对适宜的用材组合[32,92,93]。国内外主要研究学者有德国 Karlsruhe 研究所 P. Kritzer 和 N. Boukis、美国麻省理工学院(MIT)的 D. B. Mitton 和 R. M. Latanision、美国加利福尼亚大学伯克利分校的 Digby D. Macdonald、加拿大英属哥伦比亚大学 E. Asselin、日本先进化学研究所 R. Fujisawa、韩国 Yousei 大学 Hyeon-Cheol Lee 和 Sang-Ha Son、西安交通大学王树众与李艳辉、东华大学马承愚和中国科学院金属研究所韩恩厚与吴欣强等。

唐兴颖等对关于超临界水氧化条件材料腐蚀文献中的选材情况进行总结归纳发现[94]，腐蚀研究中选择镍基合金的频率最高，占 46.0%；其次为不锈钢，占 21.8%；钛及钛合金占 14.5%，居第三位，如图 1-5 所示。在镍基合金中 Inconel 625 是使用频率最高的材料；其次为 Hastelloy C-276 占 25.0%；Inconel 600 和 Hastelloy G-30 分别占 3.9%和 5.3%。

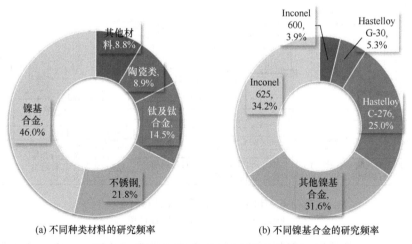

(a) 不同种类材料的研究频率　　(b) 不同镍基合金的研究频率

图 1-5　超临界水氧化腐蚀文献中的选材情况

通过表 1-3 对不同材料在超临界水氧化条件下的腐蚀行为特点进行总结分析，根据超临界水氧化系统中各工段温度参数及介质参数差异，图 1-6 给出了超临界水氧化系统中七个典型工段，即氧气预热管路、低温物料预热管路、亚临界物料加热管路、超临界物料加热管路、反应器、蒸汽输运管路及气液分离单元的选材建议。

表 1-3 不同材料在超临界水氧化条件下的腐蚀行为特点[94,95]

| 材料类型 | 优点 | 缺点 |
| --- | --- | --- |
| 316L | 廉价、易加工 | 不耐杂原子 |
| Inconel 625 | 高温高强度、超临界条件下耐蚀性强 | 亚临界条件下耐蚀性弱于超临界条件 |
| Hastelloy C-276 | 亚临界条件下耐蚀性强 | 高温机械性能弱、抗氧化能力较弱 |
| 钛及钛合金 | 亚临界、超临界条件下均耐蚀性强 | 高温机械强度弱 |
| 铌、钽、锆 | 耐蚀性强 | 机械强度弱，可用作内衬 |
| 铂等贵金属 | 耐蚀性强 | 价格昂贵，不易大量使用 |
| 陶瓷 | 良好的惰性、耐蚀性 | 难加工、不耐杂原子腐蚀 |

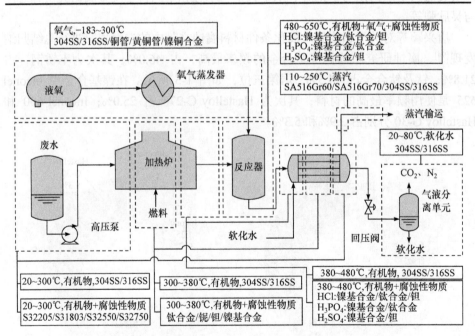

图 1-6 超临界水氧化系统工艺选材建议
304SS-不锈钢 304；316SS-不锈钢 316

(1) 氧气预热管路。氧气预热管路适用的条件为 25MPa、−183~300℃，该管路将会以较高的流速输送氧气，建议选择含铜的合金材料(如 Monel 400)并控制氧气流速小于 3.5m/s，尽可能防止氧气在高压、高流速的条件下与材料内部所含的碳发生反应引发事故。

(2) 低温物料预热管路。低温物料预热管路适用的条件为 25MPa、20~300℃，当该管路中物料不含卤素等腐蚀成分时，管材可选用奥氏体不锈钢 304 和 316。但是当物料中含有卤素时，管材可考虑选用双相不锈钢 S32550、S32750 或钛材等，实际选用时需注意这些材料耐蚀性对 pH 的敏感性。

(3) 亚临界物料加热管路。25MPa、300~380℃是该管路适用的条件。当管路中物料不含卤素等腐蚀成分时，管材可选用奥氏体不锈钢 304、316。当物料中含有卤素时，管材应该选用钛合金、铌、钽和镍基合金，但钛合金、铌和钽通常只适用于内衬。

(4) 超临界物料加热管路。25MPa、380~480℃是超临界物料预热管路适用的条件，当管路中的物料不含卤素等腐蚀成分时，管材可选用奥氏体不锈钢 304 和 316。当物料中含有 HCl 时，管材可选用镍基合金、钛合金和钽；当物料中含有 $H_2SO_4$ 时，管材可选用镍基合金和钽；当物料中含有 $H_3PO_4$ 时则应选用钛合金和镍基合金，但是钛合金和钽通常只适用于内衬。

(5) 反应器。25MPa、480~650℃是超临界水反应器的通常反应条件，当反应器里有物料和氧气时，腐蚀介质和氧气会协同腐蚀反应器，反应器的腐蚀加剧。当物料中含有 HCl 时，管材可选用镍基合金、钛合金和钽；当物料中含有 $H_2SO_4$ 时，管材可选用镍基合金和钽；当物料中含有 $H_3PO_4$ 时则应该选用镍基合金和钛合金，但是钛合金和钽通常只适用于内衬。

(6) 蒸汽输运管路。一般情况下其条件为大于 10MPa，温度在 110~250℃，根据蒸汽参数的不同，管材的选用也不同。蒸汽输运管路中为较为干净的软化水，因此管路可用碳钢和低合金钢，如 SA516Gr60 和 SA516Gr70 等，奥氏体不锈钢 304 和 316 也适用。

(7) 气液分离单元。常压且温度范围在 20~80℃是气液分离单元适用的条件，气液分离单元中为经超临界水氧化处理后的软化水，此处选用奥氏体不锈钢 304 和 316 较为合适。

2. 设备及工艺开发优化

超临界水氧化反应条件集合了高温、高压和强氧化性的特点，在处理含杂原子和低 pH 的物料时，超临界水氧化系统反应器等设备会面临更高的腐蚀风险。为解决这个严重的腐蚀问题，国内外学者研究了许多腐蚀防控技术。腐蚀防控技术主要包括隔离腐蚀介质与设备、利用材料的耐蚀性、操作处理控制腐蚀。表 1-4 列出了超临界水氧化系统腐蚀控制方法。

表 1-4　超临界水氧化系统腐蚀控制方法[32,95]

| 类型 | 方法 | 目的 | 应用实例 |
| --- | --- | --- | --- |
| 隔离腐蚀介质与设备 | 蒸发壁反应器 | 利用水膜保护反应器 | Foster Wheeler、FZK、ETH、CEA |
| | 流动固相吸附氧化反应 | 固相吸附腐蚀介质 | SRI、MHI |
| | 旋流式反应器 | 利用旋流作用使反应流体离开反应器器壁 | Barber |
| 利用材料的耐蚀性 | 选用耐蚀性材料构建系统 | 耐蚀性材料构建设备系统 | Kritzer |
| | 内衬(耐蚀性或牺牲性) | 耐蚀性材料制造内衬 | Modar、GA、Chematur Technologies、Los Alamos、FZK、CEA |
| | 涂层(耐蚀性材料) | 耐蚀性涂层 | Modar、GA |
| 操作处理控制腐蚀 | 预中和 | 加碱 | Modar、GA、Foster Wheeler |
| | 低温预热 | 保护预热系统 | Modar、GA、Foster Wheeler |
| | 稀释腐蚀性介质浓度 | 将高腐蚀性废水与低腐蚀性废水掺混 | GA |
| | 流体稀释降温 | 反应器出口流体加入冷却水,迅速降温和稀释 | Modar、GA、Forter Wheeler、Chematur Technologies |
| | 最优化操作参数 | 降低反应的苛刻性 | 第 2 章 |
| | 避免腐蚀性介质进料 | 限制腐蚀性的物料进料 | MODEC、HydroProcessing、Eco Waste Technologies、GA |
| | 预处理去除腐蚀介质 | 在反应器前进行预处理 | Modar |

注:Foster Wheeler-福斯特惠勒公司;FZK-德国卡尔斯鲁厄研究中心;ETH-瑞士苏黎世联邦理工学院;CEA-原子能委员会;SRI-斯坦福国际研究院;MHI-三菱重工;GA-通用原子能公司;Los Alamos-洛斯阿拉莫斯国家实验室;MODEC-三井海洋公司;HydroProcessing-水力联合处理公司;Eco Waste Technologies-泰来环保科技有限公司。

(1) 隔离腐蚀介质与设备包括蒸发壁反应器、流动固相吸附氧化反应及旋流式反应器。蒸发壁反应器主要是利用水膜保护反应器,蒸发壁位于反应核心区域与反应器承压壁之间,从外侧渗入的洁净流体在蒸发壁内侧形成干净水膜,隔离腐蚀性成分和承压壁;还可以利用在反应过程中形成强吸附能力的固体将完成氧化反应的组分吸附在固体表面,从而起到隔离氧化反应与反应器承压壁的作用;旋流式反应器通过机械作用在反应器内部形成内旋流,使流体远离反应器器壁。

(2) 利用材料的耐蚀性包括选用耐蚀材料构建设备系统,增强系统的耐蚀性;选用低机械强度、强耐蚀性材料作为内衬,该内衬具有阻隔高腐蚀性流体的作用;可选用耐蚀性和绝热涂层,除了有阻隔腐蚀性流体的作用外,还具有隔绝热量降低器壁温度的作用。

(3) 操作处理控制腐蚀包括预中和、低温预热、稀释腐蚀性介质浓度、流体稀释降温、最优化操作参数(温度、压力、初始 pH)、避免腐蚀性介质进料及通过预处理去除腐蚀介质。该类技术主要是主动通过技术手段降低反应苛刻度和从物料中去除腐蚀介质。

## 1.4 本书主要内容

超临界水已被广泛应用于超(超)临界火电机组、超临界水冷核电机组、超临界水氧化降解有机废物等先进/新型超临界水技术。材料腐蚀问题是制约各类超临界水技术发展的共性关键问题。本书瞄准亚/超临界水环境材料腐蚀及防护问题，揭示了从简单到复杂的各类超临界水环境中典型铁/镍基合金腐蚀的基本机理，构建了描述与解析超临界水环境合金腐蚀微观过程的点缺陷腐蚀理论，形成并验证了多套腐蚀微纳尺度过程的诊断模型及算法，提出了具有独立自主知识产权的超临界水处理系统腐蚀防控新技术、新装备及新工艺，对于推动新型超临界水技术的突破性发展意义重大。主要研究内容如下：

(1) 针对代表性铁马氏体钢 T91、奥氏体钢 TP347H，分别研究近纯超临界水中材料氧化动力学及表面氧化膜的形貌、组分、结构随暴露时间的演变过程，揭示近纯超临界水中奥氏体钢、铁马氏体钢这两大类耐热钢的早期成膜机制，解释表面工程处理对二者抗氧化性作用效果差异的本质原因。

(2) 探究含盐非氧化性超临界水环境中硫化物作用下镍基合金(Inconel 600 与 Incoloy 825)的腐蚀动力学、表面形貌、腐蚀层结构及其物相组成，阐明非氧化超临界水环境中硫化物加剧氧化膜内微粒迁移的腐蚀机理，建立铁-镍-铬合金腐蚀产物预测模型；探究典型高氧复杂超临界水环境中铁镍基合金腐蚀特性，揭示氧化性超临界水环境中腐蚀外层的形成机理与整体的生长机理，腐蚀外层中片状富铬氧化物出现、消失的本质微观过程，以及熔融盐强化侵蚀性离子的影响机制。

(3) 辨析氧化膜内点缺陷特征，提出氧化膜内点缺陷生成与湮灭的微观界面反应，建立近纯超临界水环境中氧化膜生长的微观物化基础，为探究超临界水环境中的合金腐蚀机理及全面构建腐蚀点缺陷理论提供了重要的基础理论指导。

(4) 构建超临界水环境合金腐蚀点缺陷理论：解释常见腐蚀现象——氧化膜内层等体积生长的理论，建立微观过程清晰且物理意义明确的氧化膜生长速率微分动力学模型及诊断氧化膜特性的阻抗模型。

(5) 基于超临界水环境合金腐蚀点缺陷理论，建立微观过程清晰且物理意义明确的原子级动力学模型，实现腐蚀数据的微观定量解析，弥补超临界水环境中解析合金腐蚀微观过程的成套理论与算法的缺失；采用模糊曲线分析，建立基于人工神经网络仿真及模糊曲线分析的多因素耦合作用下耐热钢腐蚀行为预测模型，并预测获得了溶解氧量、温度、流速的耦合作用机制。

(6) 聚焦超临界水氧化处理有机危废系统面临的装备腐蚀及盐沉积堵塞问题，构建超临界水环境中不同压力下腐蚀敏感温度区间的识别方法，提出解耦关键腐蚀条件(溶解氧量、水密度)的超临界水氧化反应后流体的间接回热工艺与脱氧方法、物料/氧化剂分级混合的设计思路；形成具有腐蚀及堵塞高效防控、有机废物低成本彻底降解、超压保护和紧急泄压、系统能量可靠深度利用、安全自动化控制等功能的超临界水氧化处理新技术、新装备、新工艺。

## 参 考 文 献

[1] Macdonald D D. Understanding the corrosion of metals in really hot water [J]. PowerPlant Chemistry, 2013, 6(15): 400-443.

[2] Allen T R, Chen Y, Ren X, et al. 5.12 - Material performance in supercritical water [J]. Reference Module in Materials Science and Materials Engineering, 2012, 5: 279-326.

[3] Viswanathan R, Sarver J, Tanzosh J M. Boiler materials for ultra-supercritical coal power plants—Steamside oxidation[J]. Journal of Materials Engineering and Performance, 2006, 15(3): 255-274.

[4] Brunner G. Supercritical process technology related to energy and future directions—An introduction[J]. Journal of Supercritical Fluids, 2015, 96: 11-20.

[5] Guo Y, Wang S Z, Xu D H, et al. Review of catalytic supercritical water gasification for hydrogen production from biomass [J]. Renewable and Sustainable Energy Reviews, 2010, 14(1): 334-343.

[6] Adschiri T, Lee Y W, Goto M, et al. Green materials synthesis with supercritical water [J]. Green Chemistry, 2011, 13(6): 1380-1390.

[7] Marrone P A. Supercritical water oxidation-current status of full-scale commercial activity for waste destruction [J]. Journal of Supercritical Fluids, 2013, 79: 283-288.

[8] Viswanathan R, Bakker W. Materials for ultrasupercritical coal power plants-boiler materials: Part 1 [J]. Journal of Materials Engineering and Performance, 2001, 10(5): 81-95.

[9] Holcomb G R. High pressure steam oxidation of alloys for advanced ultra-supercritical conditions [J]. Oxidation of Metals, 2014, 82(3-4): 271-295.

[10] Wang D, Wu X, Shen J. An efficient robust predictive control of main steam temperature of coal-fired power plant [J]. Energies, 2020, 13(15): 1-24.

[11] 何维, 朱骅, 刘宇钢, 等. 超超临界发电技术展望 [J]. 能源与环保, 2019, 41(6): 77-81.

[12] 王倩, 王卫良, 刘敏, 等. 超(超)临界燃煤发电技术发展与展望 [J]. 热力发电, 2021, 50(2): 1-9.

[13] 王婷, 郭馨, 殷亚宁, 等. 浅析700℃超超临界锅炉关键技术 [J]. 电站系统工程, 2021, 37(6): 15-17.

[14] Sarrade S, Féron D, Rouillard F, et al. Overview on corrosion in supercritical fluids [J]. The Journal of Supercritical Fluids, 2017, 120: 335-344.

[15] Rodriguez D, Merwin A, Chidambaram D. On the oxidation of stainless steel alloy 304 in subcritical and supercritical water [J]. Journal of Nuclear Materials, 2014, 452(1-3): 440-445.

[16] U.S. Nuclear Energy Research Advisory Committee. A Technology Roadmap for Generation Ⅳ Nuclear Energy Systems[R]. Washington: The Generation Ⅳ International Forum, 2002.

[17] Pioro I L, Kirillov P L. Additional Materials (Schematics, Layouts, T-s Diagrams, Basic Parameters, and Photos) on Thermal and Nuclear Power Plants[M]//Handbook of Generation Ⅳ Nuclear Reactors. Cambridge: Woodhead Publishing, 2016.

[18] Domínguez A N, Onder N, Rao Y, et al. Evolution of the Canadian SCWR fuel-assembly concept and assessment of the 64 element assembly for thermalhydraulic performance [J]. CNL Nuclear Review, 2016, 5(2): 221-238.

[19] Kruse A. Hydrothermal biomass gasification [J]. Journal of Supercritical Fluids, 2009, 47(3): 391-399.

[20] Basu P, Mettanant V. Biomass gasification in supercritical water—A Review [J]. International Journal of Chemical Reactor Engineering, 2009, 7(1): 1-63.

[21] Yesodharan S. Supercritical water oxidation: An environmentally safe method for the disposal of organic wastes [J]. Current Science, 2002, 82(9): 1112-1122.

[22] Vadillo V, Sanchez-Oneto J, Ramon P J, et al. Problems in supercritical water oxidation process and proposed solutions[J]. Industrial and Engineering Chemistry Research, 2013, 52(23): 7617-7629.

[23] Modell M. Design of Suspension Flow Reactors for SCWO [C].Takamatsu: Proceedings of the Proceedings of Second International Conference on Solvothermal Reactions, 1996.

[24] Cohen L S, Jensen D, Lee G, et al. Hydrothermal oxidation of Navy excess hazardous materials [J]. Waste Management, 1998, 18(6): 539-546.

[25] Xu D, Wang S, Tang X, et al. Design of the first pilot scale plant of China for supercritical water oxidation of sewage sludge [J]. Chemical Engineering Research and Design, 2012, 90(2): 288-297.

[26] Barner H, Huang C, Johnson T, et al. Supercritical water oxidation: An emerging technology [J]. Journal of Hazardous Materials, 1992, 31(1): 1-17.

[27] Veriansyah B, Kim J-D. Supercritical water oxidation for the destruction of toxic organic wastewaters: A review [J]. Journal of Environmental Sciences, 2007, 19(5): 513-522.

[28] Martin A, Bermejo M D, Cocero M J. Recent developments of supercritical water oxidation: A patents review [J]. Recent Patents on Chemical Engineering, 2011, 4(3): 219-230.

[29] Brunner G. Near and supercritical water. Part Ⅱ: Oxidative processes [J]. The Journal of Supercritical Fluids, 2009, 47(3): 382-390.

[30] Eliaz N, Mitton D B, Latanision R M. Review of materials issues in supercritical water oxidation systems and the need for corrosion control [J]. Transactions of the Indian Institute of Metals, 2003, 56(3): 305-314.

[31] Bermejo M, Cocero M. Supercritical water oxidation: A technical review [J]. AIChE Journal, 2006, 52(11): 3933-3951.

[32] Marrone P A, Hong G T. Corrosion control methods in supercritical water oxidation and gasification processes [J]. The Journal of Supercritical Fluids, 2009, 51(2): 83-103.

[33] Fujii C T, Meussner R A. Oxide structures produced on iron-chromium alloys by a dissociative mechanism [J]. Journal of the Electrochemical Society, 1963, 110(12): 1195-1204.

[34] Fujii C T, Meussner R A. The mechanism of the high-temperature oxidation of iron-chromium alloys in water vapor[J]. Journal of the Electrochemical Society, 1964, 111(11): 1215-1221.

[35] Rahmel A, Tobolski J. Einfluss von wasserdampf und kohlendioxyd auf die oxydation von eisen in sauerstoff bei hohen temperaturen[J]. Corrosion Science, 1965, 5 (5): 333-346.

[36] Atkinson A. Transport processes during the growth of oxide films at elevated temperature [J]. Reviews of Modern Physics, 1985, 57(2): 437-470.

[37] Fry A, Osgerby S, Wright M. Oxidation of Alloys in Steam Environments—A Review[R]. Middlesex: NPL Materials

Centre, 2002.

[38] Over H, Seitsonen A P. Oxidation of metal surfaces [J]. Science, 2002, 297(5589): 2003-2005.

[39] Shen J, Zhou L J, Li T F. High-temperature oxidation of Fe-Cr alloys in wet oxygen [J]. Oxidation of Metals, 1997, 48(3): 347-356.

[40] Young D J. Effects of Water Vapour on Oxidation[M]//High Temperature Oxidation and Corrosion of Metals (Second Edition). Amsterdam: Elsevier, 2016.

[41] Asteman H, Svensson J E, Johansson L G, et al. Indication of chromium oxide hydroxide evaporation during oxidation of 304L at 873 K in the presence of 10% water vapor [J]. Oxidation of Metals, 1999, 52(1-2): 95-111.

[42] Othman N K, Zhang J, Young D J. Temperature and water vapour effects on the cyclic oxidation behaviour of Fe-Cr alloys [J]. Corrosion Science, 2010, 52(9): 2827-2836.

[43] Kuang W, Wu X, Han E H, et al. The mechanism of oxide film formation on Alloy 690 in oxygenated high temperature water [J]. Corrosion Science, 2011, 53(11): 3853-3860.

[44] Ehlers J, Young D J, Smaardijk E J, et al. Enhanced oxidation of the 9%Cr steel P91 in water vapour containing environments [J]. Corrosion Science, 2006, 48(11): 3428-3454.

[45] Essuman E, Meier G H, Żurek J, et al. Enhanced internal oxidation as trigger for breakaway oxidation of Fe-Cr alloys in gases containing water vapor [J]. Scripta Materialia, 2007, 57(9): 845-848.

[46] Stellwag B. The mechanism of oxide film formation on austenitic stainless steels in high temperature water [J]. Corrosion Science, 1998, 40(2-3): 337-370.

[47] Robertson J. The mechanism of high-temperature aqueous corrosion of stainless-steels [J]. Corrosion Science, 1991, 32(4): 443-465.

[48] Robertson J. The mechanism of high temperature aqueous corrosion of steel [J]. Corrosion Science, 1989, 29(11-12): 1275-1291.

[49] Winkler R, Huttner F, Michel F. Reduction of corrosion rates in the primary circuit of pressurized water reactors in order to limit radioactive deposits [J]. VGB Kraftwerkstech, 1989, 69(5): 527-531.

[50] Lister D H, Davidson R D, Mcalpine E. The mechanism and kinetics of corrosion product release from stainless-steel in lithiated high-temperature water [J]. Corrosion Science, 1987, 27(2): 113-140.

[51] Tapping R L, Davidson R D, Mcalpine E, et al. The composition and morphology of oxide-films formed on type-304 stainless-steel in lithiated high-temperature water [J]. Corrosion Science, 1986, 26(8): 563-576.

[52] Bischoff J, Motta A T. Oxidation behavior of ferritic-martensitic and ODS steels in supercritical water [J]. Journal of Nuclear Materials, 2012, 424(1-3): 261-276.

[53] Bischoff J, Motta A T. EFTEM and EELS analysis of the oxide layer formed on HCM12A exposed to SCW [J]. Journal of Nuclear Materials, 2012, 430(1-3): 171-180.

[54] Bischoff J, Motta A T, Comstock R J. Evolution of the oxide structure of 9CrODS steel exposed to supercritical water[J]. Journal of Nuclear Materials, 2009, 392(2): 272-279.

[55] Bischoff J, Motta A T, Comstock R J, et al. Corrosion of ferritic-martensitic steels in steam compared to supercritical water [J]. Transactions of the American Nuclear Society, 2010, 102: 804-805.

[56] Bischoff J, Motta A T, Eichfeld C, et al. Corrosion of ferritic-martensitic steels in steam and supercritical water [J]. Journal of Nuclear Materials, 2013, 441(1-3): 604-611.

[57] Ren X, Sridharan K, Allen T R. Corrosion of ferritic-martensitic steel HT9 in supercritical water [J]. Journal of Nuclear Materials, 2006, 358(2-3): 227-234.

[58] Hansson A N, Danielsen H, Grumsen F B, et al. Microstructural investigation of the oxide formed on TP347HFG during long-term steam oxidation [J]. Materials and Corrosion, 2010, 61(8): 665-675.

[59] Hansson A N, Korcakova L, Hald J, et al. Long term steam oxidation of TP347HFG in power plants [J]. Materials at High Temperatures, 2005, 22(3-4): 263-267.

[60] Rodriguez D, Chidambaram D. Oxidation of stainless steel 316 and Nitronic 50 in supercritical and ultrasupercritical water [J]. Applied Surface Science, 2015, 347: 10-16.

[61] Ren X, Sridharan K, Allen T R. Corrosion behavior of alloys 625 and 718 in supercritical water [J]. Corrosion, 2007, 63(7): 603-612.

[62] Chang K H, Huang J H, Yan C B, et al. Corrosion behavior of alloy 625 in supercritical water environments [J]. Prog Nucl Energy, 2012, 57: 20-31.

[63] Behnamian Y, Mostafaei A, Kohandehghan A, et al. A comparative study of oxide scales grown on stainless steel and nickel-based superalloys in ultra-high temperature supercritical water at 800℃ [J]. Corrosion Science, 2016, 106: 188-207.

[64] Zhang N, Xu H, Li B, et al. Influence of the dissolved oxygen content on corrosion of the ferritic-martensitic steel P92 in supercritical water [J]. Corrosion Science, 2012, 56: 123-128.

[65] Was G S, Teysseyre S, Jiao Z. Corrosion of austenitic alloys in supercritical water [J]. Corrosion, 2006, 62(11): 989-1005.

[66] Zhu Z, Xu H, Jiang D, et al. Influence of temperature on the oxidation behaviour of a ferritic-martensitic steel in supercritical water [J]. Corrosion Science, 2016, 113: 172-179.

[67] Zhang Q, Yin K, Tang R, et al. Corrosion behavior of Hastelloy C-276 in supercritical water [J]. Corrosion Science, 2009, 51(9): 2092-2097.

[68] Tan L, Ren X, Sridharan K, et al. Effect of shot-peening on the oxidation of alloy 800H exposed to supercritical water and cyclic oxidation [J]. Corrosion Science, 2008, 50(7): 2040-2046.

[69] Li Y H, Wang S Z, Sun P P, et al. Research on a surface shot peeling process for increasing the anti-oxidation property of Super304H steel in high-temperature steam [J]. Advanced Materials Research, 2014, 908: 77-80.

[70] Yuan J, Wu X, Wang W, et al. The effect of surface finish on the scaling behavior of stainless steel in steam and supercritical water [J]. Oxidation of Metals, 2013, 79(5-6): 541-551.

[71] Payet M, Marchetti L, Tabarant M, et al. Corrosion mechanism of a Ni-based alloy in supercritical water: Impact of surface plastic deformation [J]. Corrosion Science, 2015, 100: 47-56.

[72] Ren X, Sridharan K, Allen T R. Effect of grain refinement on corrosion of ferritic-martensitic steels in supercritical water environment [J]. Mater Corros, 2010, 61(9): 748-755.

[73] Sun C, Hui R, Qu W, et al. Progress in corrosion resistant materials for supercritical water reactors [J]. Corrosion Science, 2009, 51(11): 2508-2523.

[74] Briceno D G, Blazquez F, Maderuelo A S. Oxidation of austenitic and ferritic/martensitic alloys in supercritical water[J]. Journal of Supercritical Fluids, 2013, 78: 103-113.

[75] Choudhry K I, Mahboubi S, Botton G A, et al. Corrosion of engineering materials in a supercritical water cooled reactor: Characterization of oxide scales on alloy 800H and stainless steel 316 [J]. Corrosion Science, 2015, 100: 222-230.

[76] Xiangyu Z, Enhou H, Xinqiang W. Corrosion behavior of alloy 690 in aerated supercritical water [J]. Corrosion Science, 2013, 66: 369-379.

[77] Kritzer P, Boukis N, Dinjus E. The corrosion of nickel-base alloy 625 in sub- and supercritical aqueous solutions of oxygen: A long time study [J]. Journal of Materials Science Letters, 1999, 18(22): 1845-1847.

[78] Kritzer P, Boukis N, Dinjus E. Corrosion of alloy 625 in high-temperature, high-pressure sulfate solutions [J]. Corrosion, 1998, 54(9): 689-699.

[79] Kritzer P, Boukis N, Dinju S E. The corrosion of nickel-base alloy 625 in sub- and supercritical aqueous solutions of $HNO_3$ in the presence of oxygen [J]. Journal of Materials Science Letters, 1999, 18(10): 771-773.

[80] Kritzer P, Boukis N, Dinju E. Corrosion of alloy 625 in aqueous solutions containing chloride and oxygen [J]. Corrosion, 1998, 54(10): 824-834.

[81] Tang X Y, Wang S Z, Qian L L, et al. Corrosion behavior of nickel base alloys, stainless steel and titanium alloy in supercritical water containing chloride, phosphate and oxygen [J]. Chemical Engineering Research and Design, 2015, 100: 530-541.

[82] Foy B R, Waldthausen K, Sedillo M A, et al. Hydrothermal processing of chlorinated hydrocarbons in a titanium reactor [J]. Environmental Science Technology, 1996, 30(9): 2790-2799.

[83] Kritzer P, Boukis N, Dinjus E. The corrosion of alloy 625 (NiCr22Mo9Nb; 2.4856) in high-temperature, high-pressure aqueous solutions of phosphoric acid and oxygen. Corrosion at sub- and supercritical temperatures [J]. Materials and Corrosion-Werkstoffe und Korrosion, 1998, 49(11): 831-839.

[84] Tang X Y, Wang S Z, Xu D H, et al. Corrosion behavior of Ni-based alloys in supercritical water containing high concentrations of salt and oxygen [J]. Industrial and Engineering Chemistry Research, 2013, 52(51): 18241-18250.

[85] Kritzer P, Dinjus E. An assessment of supercritical water oxidation (SCWO)- Existing problems, possible solutions and new reactor concepts [J]. Chemical Engineering Journal, 2001, 83(3): 207-214.

[86] Ampornrat P, Was G S. Oxidation of ferritic-martensitic alloys T91, HCM12A and HT-9 in supercritical water [J]. Journal of Nuclear Materials, 2007, 371(1-3): 1-17.

[87] Chen Y, Sridharan K, Allen T. Corrosion behavior of ferritic-martensitic steel T91 in supercritical water [J]. Corrosion Science, 2006, 48(9): 2843-2854.

[88] Chang K H, Chen S M, Yeh T K, et al. Effect of dissolved oxygen content on the oxide structure of alloy 625 in supercritical water environments at 700℃ [J]. Corrosion Science, 2014, 81: 21-26.

[89] Gao X, Wu X, Zhang Z, et al. Characterization of oxide films grown on 316L stainless steel exposed to $H_2O_2$-containing supercritical water [J]. Journal of Supercritical Fluids, 2007, 42(1): 157-163.

[90] Sun M, Wu X, Zhang Z, et al. Analyses of oxide films grown on alloy 625 in oxidizing supercritical water [J]. Journal of Supercritical Fluids, 2008, 47(2): 309-317.

[91] Sun M, Wu X, Zhang Z, et al. Oxidation of 316 stainless steel in supercritical water [J]. Corrosion Science, 2009, 51(5): 1069-1072.

[92] Kritzer P, Boukis N, Dinjus E. Factors controlling corrosion in high-temperature aqueous solutions: A contribution to the dissociation and solubility data influencing corrosion processes [J]. The Journal of Supercritical Fluids, 1999, 15(3): 205-227.

[93] Aukrust E, Bjorge B, Flood H, et al. Activities in molten salt mixtures of potassium-lithium-halide mixtures—A preliminary report [J]. Annals of the New York Academy of Sciences, 79(11): 830-837.

[94] Tang X Y, Wang S Z, Qian L L, et al. Corrosion properties of candidate materials in supercritical water oxidation process [J]. Journal of Advanced Oxidation Technologies, 2016, 19(1): 141-157.

[95] 黄晓慧, 王增长, 崔文全, 等. 超临界水氧化过程中的腐蚀控制方法 [J]. 工业水处理, 2013, (12): 6-10.

# 第 2 章　超临界水环境典型用材及其腐蚀关键环境因素

## 2.1　超临界水环境典型用材的种类与使用场景

超临界水环境潜在用材主要包括低合金耐热钢、铁素体-马氏体耐热钢、奥氏体不锈钢(奥氏体耐热钢)、镍基合金、贵金属、陶瓷、钽和铌等。随着服役超临界水温度的不断提高，低合金钢、铁素体-马氏体钢、奥氏体不锈钢、镍基合金依次成为近纯超临界水环境有关装备制造用材的主体。为保证服役安全性能，复杂超临界水环境(指含有无机盐、有机废物、氧化剂等两种及以上的超临界水环境)中服役装备往往采用奥氏体不锈钢、镍基合金、贵金属、钽和铌等材料制造。本章介绍超临界水环境系列典型材料的当前/潜在应用领域及基本特性。部分典型材料的化学成分质量分数见表 2-1。

### 2.1.1　低合金耐热钢

在火电厂锅炉中低合金耐热钢(Cr 质量分数不高于 3%，Mo 质量分数不高于 1%)大量应用于承压部件，尤其是过热器、再热器的低温区域及水冷壁，而且在联箱和管道中是比较常见的。对于低合金耐热钢，一般要求温度 450℃以下有良好的抗拉强度(120MPa)，焊接性能要求在焊后无须进行热处理，可以通过堆焊或喷涂获得优异的抗烟气腐蚀性能，抗蒸汽氧化特性良好。

低合金耐热钢的典型钢种及最高使用温度如下：15Mo 不高于 530℃、12CrMo 不高于 540℃、15CrMo 不高于 540℃、12Cr1MoV 不高于 580℃、15Cr1Mo1V 不高于 580℃、10CrMo910 不高于 580℃。此外，其他典型钢种有 T12、T2、T22、T23、T24 等。

低合金耐热钢中的 P2、12Cr1MoV 等长期以来作为锅炉的主要材料。日本住友金属工业株式会社(简称"住友公司")在 T22(2.25Cr-1Mo)钢的基础上吸收了我国 G102(12Cr2MoWVTiB)钢的优点，改进研发了 T23、P23，将 T22 碳质量分数从 0.08%~0.15%降低至 0.04%~0.10%，以 W 取代部分 Mo 并添加 Nb、V 提高了材料蠕变强度。同时，欧洲也开发了 T4、P4，通过 V、Ti、B 的多元微合金化来提高抗蠕变性。由于 C 质量分数降低，加工性能和焊接性能优于 G102 钢，可以焊前不预热，焊后不热处理。在 550℃时 T23 的许用应力接近 T91，而在

表 2-1 典型材料化学成分质量分数

(单位：%)

| 材料牌号 | C | Si | Mn | P | S | Ni | Cr | Cu | Mo | V | Nb | N | B | Al | Ti | Fe | 其他 |
|---|---|---|---|---|---|---|---|---|---|---|---|---|---|---|---|---|---|
| 12CrMoV | 0.08~0.15 | 0.17~0.37 | 0.40~0.70 | — | — | — | 0.30~0.60 | — | 0.25~0.35 | 0.15~0.30 | — | — | — | — | — | 余量 | — |
| T22 | 0.05~0.15 | <0.50 | 0.30~0.60 | <0.025 | <0.025 | — | 1.90~2.60 | — | 0.87~1.13 | — | — | — | — | — | — | 余量 | — |
| T91 | 0.08~0.12 | 0.20~0.50 | 0.30~0.60 | <0.020 | <0.010 | <0.40 | 8.00~9.50 | — | 0.85~1.05 | 0.18~0.25 | 0.06~0.10 | 0.03~0.07 | — | <0.04 | — | 余量 | — |
| HCM12A | 0.07~0.14 | <0.50 | <0.70 | <0.02 | <0.01 | <0.50 | 10.00~12.50 | 0.30~1.70 | 0.25~0.60 | 0.15~0.30 | 0.04~0.10 | 0.04~0.10 | <0.005 | <0.04 | — | 余量 | W1.50~2.50 |
| 316 | <0.08 | <1.00 | <2.00 | <0.035 | <0.030 | 10.00~14.00 | 16.00~18.50 | — | 2.00~3.00 | — | — | — | — | — | — | 余量 | — |
| TP304H | 0.04~0.10 | <0.75 | <2.00 | <0.045 | <0.030 | 8.00~10.50 | 18.00~20.00 | — | — | — | — | — | — | — | — | 余量 | — |
| TP347H | 0.04~0.10 | <0.75 | <2.00 | <0.040 | <0.030 | 9.00~13.00 | 17.00~20.00 | — | — | — | 0.06~0.10 | — | — | — | — | 余量 | — |
| TP347HFG | 0.07~0.13 | <0.6 | <0.30 | <0.030 | <0.030 | 9.00~13.00 | 17.00~19.00 | — | — | — | 0.80 | — | — | — | — | 余量 | — |
| Super304H | 0.07~0.13 | <0.30 | <1.00 | <0.040 | <0.010 | 7.50~10.50 | 17.00~19.00 | 2.50~3.50 | — | — | 0.30~0.60 | 0.05~0.12 | 0.001~0.010 | 0.003~0.030 | — | 余量 | — |
| HR3C | 0.04~0.10 | <0.75 | <2.00 | <0.030 | <0.030 | 17.00~23.00 | 24.00~26.00 | — | — | — | 0.20~0.60 | 0.15~0.35 | — | — | — | 余量 | — |
| NF709 | <0.10 | <1.00 | <1.50 | <0.030 | — | 22.00~28.00 | 19.00~23.00 | — | 1.00~2.00 | — | 0.10~0.40 | 0.10~0.25 | 0.002~0.010 | — | <0.20 | 余量 | — |
| Tempaloy A-3 | 0.03~0.10 | <1.00 | <2.00 | <0.040 | <0.030 | 14.50~16.50 | 21.0~23.0 | — | — | — | 0.50~0.80 | 0.10~0.20 | 0.001~0.005 | — | — | 余量 | — |
| Save 25 | 0.10 | 0.10 | 1.00 | — | — | 18.00 | 23.00 | 3.50 | — | — | 0.45 | 0.20 | — | — | — | 余量 | W2.5 |
| Inconel 600 | 0.07 | 0.24 | 0.26 | 0.009 | 0.001 | 余量 | 14.97 | 0.15 | — | — | — | — | — | 0.27 | 0.004 | 8.26 | — |

续表

| 材料牌号 | C | Si | Mn | P | S | Ni | Cr | Cu | Mo | V | Nb | N | B | Al | Ti | Fe | 其他 |
|---|---|---|---|---|---|---|---|---|---|---|---|---|---|---|---|---|---|
| Incoloy 800 | ≤0.10 | ≤1.00 | ≤1.50 | ≤0.030 | ≤0.015 | 30.00~35.00 | 19.00~23.0 | — | — | — | — | — | — | — | — | 余量 | — |
| Incoloy 825 | ≤0.025 | ≤0.5 | ≤1.0 | — | — | 38.00~46.00 | 19.50~23.5 | 1.50~3.00 | 2.5~3.5 | — | — | — | — | ≤0.2 | 0.6~1.2 | 余量 | Co<1.0 |
| Inconel 625 | ≤0.1 | ≤0.50 | ≤0.50 | ≤0.015 | ≤0.015 | >58.0 | 20.00~23.0 | — | 8.0~10.0 | — | 3.15~4.15 (+Ta) | — | — | ≤0.4 | ≤0.4 | ≤5.0 | Co<0.1 |
| Inconel 690 | 0.023 | 0.07 | 0.23 | 0.006 | 0.002 | 余量 | 30.39 | 0.02 | — | — | — | — | — | 0.22 | 0.26 | 8.88 | — |
| Inconel 718 | 0.08 | 0.35 | 0.35 | 0.015 | 0.015 | 50~55 | 17.00~21.0 | 0.30 | 2.8~3.30 | — | 4.75~5.50 | — | 0.006 | 0.20~0.8 | 0.65~1.15 | 余量 | Mg 0.01 Co 1.00 |
| HR6W | ≤0.10 | ≤1.0 | ≤1.50 | — | — | 余量 | 21.50~24.5 | — | — | — | 0.10~0.35 | ≤0.02 | 0.0005~0.006 | — | 0.05~0.20 | 20.00~27.00 | W6.00~8.00 |

600℃时 T23 的蠕变强度要比 T22 高 93%，与 G102 钢相当。T24 钢是在 T22 钢的基础上改进的，增加了 V、Ti、B 质量分数，减少了 C 质量分数，提高了蠕变断裂强度。T23 和 T24 这两种钢具有优异的焊接性能，无须焊后热处理即可将接头硬度控制在 350～360HV$_{10}$ 以下。T23、T24 钢是超临界、超超临界锅炉水冷壁的最佳选择材料，也可应用于壁温低于 600℃的过热器、再热器管；P23 可以用于壁温低于 600℃的联箱，这几种钢可取代 10CrMo910、12Cr1MoV 等材料作为亚临界机组的高温管道和联箱，降低壁厚。

低合金耐热钢的低碳质量分数，使碳化物相减少，不易发生珠光体球化、珠光体石墨化，有利于组织的稳定性。低合金耐热钢保持 α 铁的体心立方结构，其合金元素的扩散速率远小于 γ 相 Fe-Cr 合金。

### 1. T22

T22 是美国机械工程师学会(ASME)SA213(SA335)规范材料，我国国家标准《高压锅炉用无缝钢管》(GB 5310—2023)的纳标钢。在 Cr-Mo 钢系列中，T22 的热强度比较高，同一温度下的持久强度和许用应力甚至比 9Cr-1Mo 钢还要高，因此其在国外火电、核电和压力容器上都得到广泛的应用。T22 技术经济性不如我国的 12Cr1MoV，因此国内的火电锅炉制造中应用较少，只是在用户要求时才采用(特别是按 ASME 规范设计制造时)。该钢对热处理不敏感，有较高的持久塑性和良好的焊接性能。T22 小口径管主要用于金属壁温 580℃以下的过热器和再热器等受热面管等，P22 大口径管则主要用于金属壁温不超过 565℃的过热器/再热器联箱和主蒸汽管道。

### 2. 12Cr1MoV

12CrMoV 和 12Cr1MoV 都是珠光体型耐热钢，其中 12Cr1MoV 比 12CrMoV 的 Cr 质量分数相对高一些，具有更高的抗氧化性及热强度，蠕变强度与持久强度很接近，并在持久拉伸的情况下具有更高的塑性；钢的工艺性与焊接性良好，但焊前需预热至 300℃，焊后需除应力处理。12Cr1MoV 是 GB 5310—1995 的纳标钢，是耐高温、耐高压的材料，是国内高压、超高压、亚临界电站锅炉过热器、集箱和主蒸汽管道广泛采用的钢种。12Cr1MoV 化学成分和力学性能与 12CrMoV 板材基本相同。12Cr1MoV 化学成分简单，总合金质量分数在 2%以下，为低碳、低合金的珠光体型热强钢，其中的钒能与碳形成稳定的碳化物(VC)，可使钢中的铬与钼优先固溶存在于铁素体中，且减慢了铬和钼从铁素体到碳化物的转移速率，使钢在高温下更为稳定。12Cr1MoV 的合金元素总量仅为国外广泛使用的 2.25Cr-1Mo(T22)钢的一半，但 580℃时 10 万 h 持久强度却比后者高 40%；而且其生产工艺简单，焊接性能良好，只要严格控制热处理工艺，就能得到满意的综合性能和热强度。电站实际运行表明：12Cr1MoV 主蒸汽管道在 540℃安全运行 10 万 h 后，仍可继续使用。12Cr1MoV 大口径管主要用作蒸汽参数 565℃以下的集箱、主蒸汽管道等，小口径管用于金属壁温在 580℃以下的锅炉受热面管等。

### 2.1.2 铁素体-马氏体耐热钢

Cr 质量分数在 9%～12%的铁素体-马氏体耐热钢，用于锅炉的许多部件，其中有锅炉管、联箱和管道等。铁素体-马氏体耐热钢在高温时为 γ+α(或 δ)两相状态，快冷时发生 γ-M 转变，铁素体仍被保留，常温组织为马氏体和铁素体，由于成分及加热温度不同，组织中的铁素体含量可在百分之几至百分之几十变化。锅炉用马氏体耐热钢，要求运行温度下组织稳定性、焊接性能良好、$Ac_1$ 温度(钢加热时，珠光体开始向奥氏体转变的温度)较高和IV型裂纹敏感性较低、抗蒸汽氧化性能和抗疲劳性能良好等。这类耐热钢的典型钢种有 T91、P91、T92、P92、E911、T122、P122 等。

20 世纪 80 年代，美国研发了 T91、P91 钢，属于质量分数 9%的 Cr 钢，综合性能较好，我国将其广泛应用在亚临界和超临界机组中。T92、P92(NF616)是在 T91、P91 的基础上以 W 取代部分 Mo 而得到的新型钢种；E911 是欧洲生产的一种合金，其结构和高温性能与 T92、P92 非常接近。T122 钢也是在 HCM12 钢基础上提高 W 质量分数，降低 Mo 质量分数，此外还加入了 1%(质量分数)Cu 研发的质量分数 12%的 Cr 钢，这样就不会出现 δ 铁素体，韧性也进一步得到了提高。T92、P92、E911、T122 和 P122 的性能相对于 T91、P91 都有所改进，可将其用于蒸汽温度小于 620℃超超临界机组的联箱和高温蒸汽管道。超过 620℃ 9Cr 钢的抗氧化能力会显著下降，只能用 12Cr 系列钢或奥氏体钢。

在 T92、P92、E911 和 T122、P122 这几种铁马氏体钢的基础上提高 W 的质量分数并加入 Co，研发了 NF45 和 Save12 等性能更好的马氏体耐热钢，预计可以使用在 650℃。Save12 包括质量分数 2%的 Co 和 3%的 W，Ta 和 Nb 含量较 HCM12A 少。铁素体热强钢的现状及发展过程如图 2-1 所示。

总的来说，铁马氏体钢在 600℃工作的蠕变强度从 60MPa 发展到 150MPa 经历了 4 个阶段。阶段一是向 9Cr、12Cr 钢中加入 Mo、V 和 Nb；阶段二是控 C，并继续加入 Nb 和 V；阶段三是用部分 W 取代 Mo；阶段四是加入更多的 W 和 Co[1]。W、Co、Mo 的加入主要起固溶强化的作用，V、Nb 通过形成碳化物起到沉淀型强化的作用。长期蠕变和回火的过程中 V 还能形成 VN，比 VC 析出相具有更佳的强化效果。Cr 起到固溶强化的作用，提高材料的蠕变强度，同时对抗氧化性和耐蚀性也具有重要作用。Ni 提高材料韧性但是降低蠕变强度，用 Cu 替代少量 Ni 可以提高蠕变强度。C 能形成碳化物沉淀，但考虑到焊接的需要，C 加

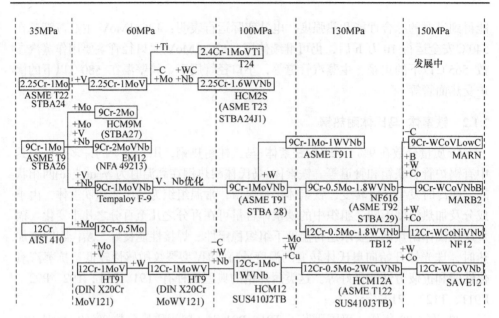

图 2-1 铁素体热强钢的发展过程

DIN-德国国家标准；ASME-美国材料与试验协会标准；NFA-法国国家标准

入量需受到限制。B 元素进入 $M_{23}C_6$ 结构中并偏聚在 $M_{23}C_6$ 晶界处，降低了 $M_{23}C_6$ 的长大程度，可以提高 VN 的形核率，从而提高材料持久强度。Co 是奥氏体稳定剂，回火时可提高材料的回火稳定性；Co 同样可提高回火时碳化物的形核率；同时，由于 Co 不同于合金碳化物，提高了 C 的活动能力，可以减缓钢在二次硬化中合金碳化物的长大。

1. T91、P91

T91、P91 是美国能源部委托橡树岭国家实验室(ORNL)与燃烧工程公司(CE)联合研究得用于快速中子增殖反应堆计划的钢材，T91、P91 是在 9Cr1Mo 钢的基础上改进而研发的新型 9Cr-1Mo 钢，新钢种综合早期 9Cr 和 12Cr 钢的性能，有良好的焊接性。T91、P91是在T9(9Cr-1Mo)钢的基础上，限制碳质量分数上下限，更加严格控制 P 和 S 等残余元素质量分数的同时，添加了微量 N(质量分数在 0.030%～0.070%)及微量的强碳化物形成元素(质量分数 0.18%～0.25%V 和 0.06%～0.10% Nb)，达到细化晶粒的目的，从而形成新型铁素体型耐热合金钢。从技术和经济角度分析，这 2 种钢与 EM12 比，Mo 质量分数减少一半，Nb、V 质量分数也较低。1982 年，美国橡树岭国家实验室进行了对比实验，发现这种改进的 9Cr-1Mo 钢优于 EM12 和 F12。1983 年，美国 ASME 认定这类钢为 T91、P91，即 SA213-T91、SA335-P91。1987 年，法国瓦卢瑞克公司针对 T91、P91 与 F12、EM12 的比较评估研究，也认为 T91、P91 有明显优点，强调要从 EM12 转为使用 T91、P91。20 世纪 80 年代末，德国也从 F12 转向 T91、P91。我国将该钢纳入 GB 5310—2023 中，牌号定为 10Cr9Mo1VNb；国际标准 ISO/DIS9329-2 将该钢列为 X10CrMoVNb9-1。

因 T91、P91 含铬量(质量分数 9%)较高，抗氧化、耐蚀性、高温强度及非石墨化倾向均优于低合金钢，元素钼(质量分数 1%)主要提高高温强度，并抑制铬钢的热脆倾向。与 T9 相比，改善了焊接性能和热疲劳性能，T91、P91 在 600℃时持久强度是 T9 的 3 倍，且保持了 T9(9Cr-1Mo)钢优良的高温耐蚀性；与奥氏体不锈钢相比，T91、P91 膨胀系数小、热传导性能好、有较高的持久强度，经实验该钢在 593℃工作 10 万 h 条件下的持久强度达到 100MPa，故具有较好的综合力学性能，且时效前后的组织和性能稳定，具有良好的焊接性能和工艺性能，较高的持久强度及抗氧化性，韧性也较好。T91 钢可用于壁温≤600℃的过热器、再热器管，P91 钢可用于壁温≤600℃的联箱和蒸汽管道。正回火态下强度水平 $\sigma_s \geq 415$MPa，$\sigma_b \geq 585$MPa；塑性 $\delta \geq 20$。

在 P91 基础上用 W 替代 Mo 形成的合金 NF616(T92、P92)有更高的许用应力，可以在 620℃运行。E911 是欧洲生产的一种合金，其结构和高温强度与 NF616 非常接近。

2. HCM12A

HCM12A 钢是日本住友公司和三菱重工共同开发的 12%(质量分数)铬的高合金马氏体钢。HCM12 钢是在 HT91 钢的基础上研发的，由于 HT91 钢的焊接性能较差，通过降低 HT91 钢的 C 质量分数来提高焊接性，并添加 W、V、Nb，得到了 HCM12 钢，它属于 δ 铁素体-马氏体钢。HCM12 焊接性能优异，制造的水冷壁无须进行焊后热处理。HCM12 钢比 HT91 钢具有更高的蠕变强度、更强的抗氧化性和耐蚀性，HCM12 适用于 24.2MPa/566℃/566℃超临界机组的过热器、再热器高温段、汽水分离器、主汽再热汽管道。该钢中质量分数高达 30%的 δ 铁素体使其加工较困难，且当温度高于 550℃时蠕变强度将大幅度降低[2]。在 HCM12 的基础上，进一步调整成分，提高 W 质量分数至 2%左右、降低 Mo 质量分数至 0.25%～0.60%，并加入质量分数 1%左右的 Cu 和微量 N、B，形成以 W 为主的 W-Mo 复合固溶强化、氮的间隙固溶强化、铜相和碳氮化物的弥散沉淀强化等多种强化，研发了 12%(质量分数)Cr 的低碳合金耐热钢 T122。T122 是在 HCM12 的基础上研发的，故又称为 HCM12A，T122 的蠕变强度进一步提高，伴随着 δ 铁素体的消失。T122 韧性更好，除了具有 HCM12 的功能外，更适用于 620℃以下的厚壁部件。

### 2.1.3 奥氏体耐热钢

从承压蠕变强度角度看，T91 的温度极限约 600℃，NF616、HCM12A 和

E911 也只能承受 620℃的温度极限。当温度高于 620℃时，需要用奥氏体耐热钢。奥氏体耐热钢是基体为奥氏体组织的耐热钢，在 600℃以上有较好的高温强度和组织稳定性，主要用于过热器、再热器。奥氏体耐热钢的典型钢种主要包括 TP304H、TP321H、TP316H、TP347H、TP347HFG、Super304H、HR3C 等。所有奥氏体钢可以看作是在 18Cr-8Ni(AISI302，AISI 为美国钢铁学会标准)基础上发展起来的，分为 15%(质量分数)Cr 钢、18%(质量分数)Cr 钢、20%~25%(质量分数)Cr 钢和高 Cr-高 Ni 4 类。15%Cr 钢由于耐蚀性较低，尽管强度很高但应用很少。18%Cr 钢可应用在普通蒸汽条件下，18%Cr 钢包括 TP304H、TP321H、TP316H 和 TP347H，这 4 种钢中强度最高的是 TP347H，在 TP347H 的基础上通过特殊热处理和热加工达到更细的晶粒度等级(8 级以上)，可以得到 TP347HFG 细晶钢。TP347HFG 相较于 TP347H 的蠕变强度和抗氧化性都有提高，同时也可提高过热器管的稳定性，目前在国外的超超临界机组得到了大量应用。基于 TP304H，通过 Ti、Cu、N 合金化可以得到 18Cr10NiNbTi(Tempaloy A-1) 和 18Cr9NiCuNbN(Super304H)。这两种钢的强度都比 TP304H 高，而且经济性也好。

20%~25%Cr 钢和高 Cr-高 Ni 钢耐蚀性和抗蒸汽氧化性也较好，但相对于强度来说，价格过于昂贵限制了其使用。最新开发的 20%~25%Cr 钢包括 25Cr-20NiNbN(TP310NbN)、20Cr-25NiMoNbTi(NF709)、22Cr-15NiNbN(Tempaloy A-3) 和更高强度级别的 22.5Cr18.5NiWCuNbN(SAVE 25)，这些钢通过奥氏体稳定元素 N、Cu 取代 Ni 来降低成本，都具有优异的高温强度和相对低廉的成本。图 2-2

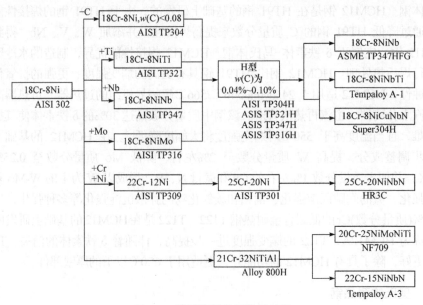

图 2-2　奥氏体耐热钢发展过程
$w(i)$-i 的质量分数

展示了奥氏体耐热钢的发展过程。奥氏体耐热钢的晶体结构为面心立方结构，这类钢含有较多扩大γ区和稳定奥氏体的元素(如 C、N、Ni、Mn)，在高温时均为γ相，冷却时由于 Ms 点(奥氏体开始向马氏体转变的温度)在室温以下，所以在常温下具有奥氏体组织。

### 1. TP304H

TP304H 是 ASME SA-213 标准中的成熟钢种，为含有较多 Cr 和 Ni 的奥氏体不锈钢；我国 GB 5310—2023 中的 1Cr18Ni9 与该钢类似。TP304H 具有良好的组织稳定性、较高的持久强度、抗氧化性，同时具有良好的弯管和焊接工艺性等加工性能，但对晶间腐蚀和应力腐蚀较为敏感。由于合金元素较多，TP304H 容易产生加工硬化，使其切削加工较难进行；此外，其热膨胀系数高，导热性差。

### 2. TP347H

TP347H 也是 ASME SA-213 标准中的钢号，为铬镍铌奥氏体不锈钢。我国 GB 5310—2023 将该钢纳入标准，牌号为 1Cr19Ni11Nb，此钢也为成熟钢种。其中，Cr 的主要作用是提高钢的抗氧化性和耐蚀性，Ni 的主要作用是改善钢的工艺性能和提高钢的热强度，Mn 的主要作用是强化金属基体固溶体，Nb 的主要作用是提高钢的热稳定性。该钢是用铌稳定的奥氏体钢，故具有较好的抗晶间腐蚀性能、较高的持久强度、良好的组织稳定性和抗氧化性，此外还具有良好的弯管和焊接性能，其综合性能优于 TP304H。TP347H 合金元素较多，与 TP304H 一样，容易产生加工硬化，使其切削加工较难进行；其热膨胀系数高，导热性差；在与异种钢焊接并在高温下使用时，须考虑两种材料的膨胀系数和高温强度匹配问题。TP347H 性能优良，主要用于制造亚临界、超临界压力参数的大型发电锅炉的高温过热器、高温再热器、屏式过热器的高温段及各种耐高温高压的管件等部件；对于承压部件，最高工作温度可达 650℃；对于抗氧化部件，其最高抗氧化使用温度可达 850℃。由于具有奥氏体不锈钢的缺点，TP347H 用于承压部件上时，同样有可能在某种程度上被 T92 和 HCM12A 部分替代。焊接时必须进行背面充氩保护，以防止焊缝根部氧化烧损影响现场施工，特别是锅炉临检时的焊接质量及进度。管道材料 SA-213TP347H 的焊接材料最好采用 E347H-16 或 ER347H。

目前，600MW 亚临界受热面仅有少部分管段采用 TP347H，而超临界机组锅炉内的末级过热器管、高温再热器管等大多采用 TP347H 奥氏体不锈钢来替代 T91 马氏体耐热钢，以提高管道承受高温的能力。

### 3. TP347HFG

为进一步提高锅炉用不锈钢管的高温蠕变强度、高温耐蚀性和抗蒸汽氧化性能，日本投入了大量的人力、物力和财力，对原有的 SA213-TP304H、SA213-TP347H、SA213-TP310H 三种奥氏体不锈钢进行改进，开发综合性能良好的超临界、超超临界锅炉用不锈钢管的新材料，即 Super 304H、细晶粒 TP347H（TP347HFG）、HR3C 三种新型不锈钢。

TP347HFG 与 TP347H 成分相差不大，它们之间的差异主要体现在加工制造和处理工艺上。TP347HFG 是通过特定的热加工和热处理工艺得到的细晶奥氏体热强钢。住友公司通过改善 TP347H 制造工艺，将软化处理温度提高到 1250～1300℃，使得 NbC 这类 MX 型碳化物充分固溶析出，固溶处理温度基本保持不变，析出大量 NbC 质点阻碍了最终固溶处理过程中奥氏体晶粒的长大。新工艺得到的晶粒度等级超过 8 级，进而得到了 TP347HFG。细晶强化效果明显，NbC 固溶更加充分，细小弥散分布的 MX 型碳化物的强化效果使得这种钢的蠕变断裂强度得到了很大的提高，有良好抗高温蠕变、抗疲劳的性能。晶粒细化后有利于 Cr 穿过晶界向表面扩散形成致密的 $Cr_2O_3$ 保护层从而防止被蒸汽氧化，降低蒸汽侧氧化。TP347HFG 也有比 TP347H 更高的短时拉伸性能、抗高温氧化特性和抗高温蒸汽腐蚀特性。TP347HFG 焊接时适宜采用更低的焊接热输入和更低的层间温度。作为 18Cr-8Ni 型不锈钢的最佳改良钢种，TP347HFG 比其他 18Cr-8Ni 型奥氏体不锈钢更适合作为蒸汽温度为 565～620℃的超超临界末级过热器和末级再热器候选材料。

### 4. Super304H

20 世纪 80 年代末，日本住友金属工业株式会社和三菱重工在 TP304H 的基础上，通过适当降低 Mn 的质量分数上限，并分别加入 3%(质量分数)Cu、0.45%(质量分数)Nb 以及微量的 N 开发出一种新型奥氏体不锈钢 Super304H，其公称成分为 0.1C-18Cr-9Ni-3Cu-Nb-N。其中，Cu 的主要作用是提高钢的蠕变断裂强度，蠕变中 Cu 的富集相在奥氏体钢 Super304H 基体中微细分散析出，产生沉淀强化作用，从而大幅度提高了材料的蠕变断裂强度；Nb 和 N 元素的主要作用是在钢中形成 NbC、NbN 和 NbCrN 等，同样产生沉淀强化作用，从而提高钢的高温强度和持久塑性，得到高的许用应力。Super304H 的塑性与 TP304H 相当，许用应力比 TP304H 高约 20%，高温下蠕变断裂强度比 TP304H 高约 20%，是 18Cr-8Ni 型奥氏体不锈钢最优异的钢种。已经纳入日本工业标准(JIS)，2000 年 3 月由 ASME 规范案例 2328 予以确认，并于 2008 年列入 ASME SA-213M 标准，UNS 号为 S30432。同时，Super304H 钢也列入我国 GB 5310—2023 标准中。在世界范围内主要生产该钢的有日本住友公司和德国 DMV 钢管公司[3]。

Super304H 的最高使用蒸汽温度为 620℃[4]。Super304H 的持久强度高，组织稳定性好，抗蒸汽氧化性能较好，耐蚀性好，焊接性能和冷热加工性能与奥氏体钢 TP347H 相当，几乎与细晶粒的 TP347HFG 相同。Super304H 价格上比 TP347H 约高 9%，但可使管道壁厚减薄约 20%，可以大大减少钢的消耗量，性价比较高。Super304H 焊接时的熔敷金属应选择与母材成分相同且杂质含量低的材料或镍基焊接材料，否则容易出现焊接裂纹、接头腐蚀和焊缝脆化等现象。理论上 Inconel 82 和 Inconel 625 焊丝都可用于 Super304H 的焊接，原则上焊后不需进行热处理。

Super304H 在日本电站锅炉过热器、再热器上的应用较为广泛。Super304H 在日本火力发电厂主要用于制造超(超)临界锅炉过热器和再热器的高温段等部件。Super304H 在我国也有较为广泛的应用，如华能玉环电厂、华能德州电厂及禹州电厂二期等。Super304H 由于性能优良，从经济性和可靠性来看，它都应是今后超(超)临界机组锅炉中过热器和再热器钢管的重要甚至主力品种材料。表 2-2 为部分 18Cr-8Ni 奥氏体钢许用应力的比较。

表 2-2　18Cr-8Ni 奥氏体钢许用应力比较　　　　(单位：MPa)

| 温度/℃ | TP304H | TP347H | TP347HFG | Super304H |
| --- | --- | --- | --- | --- |
| 550 | 92 | 112 | 121 | 112/128 |
| 600 | 64 | 91 | 108 | 108/121 |
| 650 | 42 | 54 | 66 | 78/78 |

5. HR3C

HR3C(25Cr-20NiNbN)是日本住友公司将 Nb、N 合金元素添加到 TP310 钢内复合得到的一种新型奥氏体耐热钢。在 ASME 标准中，HR3C 的材料牌号为 SA312-TP310NbN，在 JIS 中，其牌号为 SUS310JITB。18Cr-8Ni 型(TP304H 或 TP347H 等)在含硫较多的环境中无足够的耐蚀性，TP310 型钢有足够的耐蚀性，但持久强度和许用应力较低，所以研制开发了高 Cr 高 Ni 的奥氏体不锈钢 HR3C 钢。为了提高 TP310 钢的高温性能，需要对钢材进行强化。强化机理主要是利用钢中 NbCrN 化合物、含 Nb 的碳氮化物及 $M_{23}C_6$ 的析出使钢具有更高的高温使用强度。由于服役过程中析出了 NbCrN，HR3C 钢的蠕变断裂强度得到了提高。同时，加入微量的 N 可以抑制 σ 相的形成，从而改善 HR3C 钢的韧性。HR3C 钢的拉伸性能、持久强度都比常规的 18Cr-8Ni 不锈钢及 Super304H 高，但塑性比常规的 18Cr-8Ni 不锈钢低；由于 HR3C 的高 Cr 质量分数，其抗氧化性和高温耐蚀性都要比常规的 18Cr-8Ni 不锈钢好。HR3C 的组织稳定性好，并且许用应力相对 TP310H 有很大的提高。HR3C 焊接时的焊接材料选用 Inconel 82 或 Inconel 625 两种。HR3C 与 Super 304H 等奥氏体钢一样，原则上不要求进行焊后热处理。HR3C 钢的综合性能比 TP300 系列奥氏体钢中的 TP304H、TP321H、TP347H 的任何一种都更为优良。因此，钢材的向火侧抗烟气腐蚀和内壁抗蒸汽氧化性都不足时可使用HR3C。由于HR3C良好的高温使用性能，其在超临界及超超临界机组中的应用具有广泛的前景。HR3C主要用于制造超临界压力参数的大型发电锅炉或循环流化床锅炉温度不超过700℃的高温过热器、高温再热器、屏式过热器的高温段，以及各种耐高温、高压、高硫或高氯环境腐蚀的管件等。目前，华能玉环电厂在超超临界机组中使用了HR3C作为末级再热器管材[5]。

### 6. NF709

NF709(20Cr-25NiMoNbTi)为20%～25%(质量分数)Cr钢，是日本新日铁在Alloy 800H基础上改进成分，严格控制杂质，并采用复合-多元的强化手段研制而成的，是专用于超超临界机组锅炉的新型奥氏体不锈钢，现主要在日本电站锅炉的过热器和再热器试运行。

由于NF709中的Ni、Cr质量分数较多，此外还加入了Mo、Nb、Ti、N和B。在NF709中提升了Cr、Ni质量分数，增强了钢的奥氏体稳定性，阻止了金属间化合物的形成，同时也提高了抗蒸汽氧化性及高温耐蚀性，Cr质量分数的增加也提高钢的抗烟灰腐蚀能力。N-Mo形成了复合固溶强化，Nb-Ti碳氮化物弥散沉淀强化及B的晶界强化，提高了钢管的高温持久强度。Nb-Ti的加入弱化晶间沉淀作用，提高了材料的冲击韧性。钢中加入Ti能形成稳定的碳化物(TiC)，因而避免了晶界上析出$Cr_{23}C_6$引起的晶间腐蚀。

NF709各方面性能均优于常规的18Cr-8Ni型奥氏体不锈钢，使用温度可达700℃。NF709的屈服强度和抗拉强度都比常规的18Cr-8Ni型奥氏体不锈钢高得多，塑性也相当好。在蠕变温度范围内，NF709的持久强度大大提高。许用应力比TP347H(AISI SA-213)高出30%以上，在高温下NF709的抗蒸汽氧化性及高温耐蚀性大大优于TP347H，NF709生成的氧化层相当薄且更为紧密。未来NF709钢可用于制造参数为34.4MPa、649℃/593℃/593℃的超超临界锅炉的过热器和再热器，以及各种耐高温、耐高压或耐腐蚀管件等。

### 7. Tempaloy A-3

Tempaloy A-3为日本长野工业株式会社(NKK)基于Alloy800H研发的一种新型奥氏体耐热钢种。在Tempaloy A-3中，Ni质量分数较低，但加入了较高质量分数的Nb、部分N和微量B等强化元素。Nb、N、B元素的加入，可在钢中起到N的固溶强化、Nb的沉淀强化或其他C化物、N化物的析出强化的作用。通过高温固溶处理及运行时效的作用，该钢中出现细小稳定且不易长大的NC、NbN、$M_2C$，提高了持久强度；同时，由于Cr质量分数的提高，其抗氧化性与耐蚀性优于常规的15-6奥氏体不锈钢。Tempaloy A-3的许用应力在600℃以下高于Super304H而低于HR3C，许用应力在600℃以上低于HR3C和Super304H。

由于 Tempaloy A-3 的 Cr、Ni 质量分数均低于 HR3C，与 HR3C 相比具有一定的价格优势，同时，其抗蒸汽氧化性能显著优于现有的 15-6 系列细晶奥氏体不锈钢 TP347HFG[6]，而且耐蚀性较好，贵重的 Ni 元素含量较少，可能在对高温耐蚀性有较高要求的场合下应用[7]。

8. Save 25

Save 25[8]是日本住友公司于 1997 年研制成功的锅炉耐热钢，是在镍基合金 HR6W 的基础上降低 Ni、W 的质量分数，添加 Cu、Nb 和 N，使钢的高温持久强度与 HR6W 相当，同时也降低了材料的成本。Save 25 的强化特点是加入 1.5%(质量分数)W 和 0.2%(质量分数)N 形成固溶强化，析出相强化有 $M_{23}C_6$、NbC、NbN、Z 相及富 Cu 相强化。钢中没有 $Cr_2N$ 和 π 相。温度为 200~750℃，许用应力均大于 HR3C，高温耐蚀性与 HR3C 相当。Save25 的时效冲击韧性明显优于 HR3C，Save 25 的高温性能也比 HR3C 更好，这是因为随时效时间的延长，Save 25 时效后晶界 $M_{23}C_6$ 从连续网状慢慢转变为沿晶界颗粒状分布[9]。目前，Save 25 在日本已经应用于超超临界电站锅炉，用 Save 25 替代 HR3C 将有广泛的应用前景。

9. HR6W

HR6W 是日本住友金属工业株式会社开发研制的新型奥氏体耐热不锈钢，主要用于 700℃的超超临界锅炉过热器和再热器。HR6W 公称合金成分为 0.08C-23Cr-43Ni-7W-0.1Ti-0.2Nb，在 700℃高温下，HR6W 的蠕变断裂强度与镍基合金十分接近。HR6W 有稳定的高蠕变断裂强度，有着良好的蠕变断裂延性，而且其蠕变疲劳特性也较好。HR6W 相比 18Cr-8Ni 奥氏体不锈钢具有更好的耐蚀性。HR6W 属高 Cr 高 Ni 奥氏体耐热不锈钢，适合采用热输入量小的焊接方法。因此，对接焊全部采用手工氟弧焊更妥。焊接时为了防止根部背面焊缝的氧化，在手工氟弧焊打底时的第一层、第二层向内壁通入氩气，进行背面保护[10]。HR6W 焊接时采用不预热焊。HR6W 具有良好的机械加工性和焊接性，适用于锅炉集管。

### 2.1.4 镍基合金

镍基合金是以元素镍(Ni)为基础的固溶体。尽管镍基合金一般含有大量(有时高达 50%)的其他合金元素，其中的镍元素仍然保持着面心立方(FCC)结构。因此，镍基合金具有优异的延展性、柔韧性和可塑性。镍基合金容易焊接，按其主要性能可分为镍基耐蚀合金、镍基耐热合金、镍基耐磨合金、镍基精密合金与镍基形状记忆合金等。从化学成分的角度来看，镍基耐蚀合金可以归纳为商业纯镍、镍铜合金、镍钼合金、镍铬钼合金和镍铬铁合金。纯镍在商业上的主要应用是处理高浓度烧碱溶液(碱金属)。最早获得应用(1905年美国生产)的是镍铜(Ni-Cu)合金，又称蒙乃尔合金(Monel 合金 Ni70Cu30)，镍铜合金在还原性介质中的耐蚀性优于纯镍，且在氧化性介质中耐蚀性又优于铜，它在无氧气和其他氧化剂的条件下，是耐高温氟气、氟化氢和氢氟酸最好的材料，主要应用于处理纯氢氟酸，包括 Monel 400(N04400)等。镍钼合金主要是指 B 型哈氏合金，主要在还原性介质腐蚀的条件下使用，是专门开发的耐受任何浓度和温度盐酸的材料，是除了昂贵金属外最好的耐热盐酸合金，主要有 B-2(N10665)、Hastelloy B-3(N10675)等。镍铬钼合金主要是指 C 型哈氏合金，该合金兼有镍铬合金、镍钼合金的性能，主要在氧化-还原混合介质条件下使用。这类合金在高温氟化氢气体、含氧和氧化剂的盐酸、氢氟酸溶液及室温下的湿氯气中耐蚀性良好，工业常见的是哈氏合金 C-276，性能更优的有 Inconel 686、Nicrofer 5923、哈氏合金 C-2000 和 Inconel 625。镍铬铁合金主要在氧化性介质中使用，抗高温氧化和含硫、钒等气体的腐蚀，其耐蚀性随铬质量分数的增加而增强，镍铬铁合金与镍铬钼合金相比一般不太具有耐蚀性，但价格不贵，因此工业应用广泛，主要有 Inconel 600(N06600)、Incoloy 825(N08825)和 Incoloy 800 等。镍更容易掺杂进其他金属，故镍基合金具有很好的耐蚀性，在大多数环境中镍基合金比最先进的不锈钢更好。镍基耐蚀合金可耐各种酸腐蚀和应力腐蚀。镍基合金具有高的强度、硬度及耐磨损性能，兼具优良耐蚀性和高温稳定性，已在航空航天、核电、火电和石油化工等领域获得了广泛应用。镍基合金中起主要强化作用的是扁椭圆状 $\gamma''$ 相($Ni_3Nb$)，起辅助强化作用的是 $\gamma'$ 相($Ni_3AlTi$)。通常，$\gamma''$ 相不稳定，当温度为 780～980℃时，$\gamma''$ 相会转变为其平衡 $\delta$ 相($Ni_3Nb$)。同时，$\delta$ 相还可以直接从过饱和固溶体的晶界和孪晶界非均匀性析出。$\delta$ 相与 $\gamma''$ 相具有相同的化学成分，当 $\delta$ 相的析出含量增多时，$\gamma''$ 相的含量将随之减少，这会导致镍基合金的基体强度降低。几种常见镍基合金如下。

1. Incoloy 825

Incoloy 825 主要化学成分为 43Ni-21Cr-30Fe-3Mo-2.2Cu-1Ti，它既属于镍基耐热合金又属于镍基耐蚀合金，主要合金元素有铬、镍、钼、铜、铝、钛、铁等。铬元素提高合金抗氧化性，其他元素强化晶粒和晶界[11]。Incoloy 825 在温度 600～1000℃有比较高的机械应力和良好的稳定性。该合金是钛稳定化处理的全奥氏体镍铁铬合金，且添加了铜和钼，是一种通用的工程合金，在氧化和还原环境下都具有抗酸和碱金属腐蚀性能。高镍含量使合金具有有效的抗应力腐蚀开裂性。其在各种介质中的耐蚀性都很好，如盐酸、硫酸、磷酸、硝酸、有机酸、氢氧化钠和氢氧化钾溶液。与普通的奥氏体相比较，镍元素质量分数高使得合金耐应力腐蚀开裂性能更好，而且还有很好的耐点蚀和耐缝隙腐蚀性能。Incoloy 825 镍基合金能有效地用作耐热和耐蚀材料。

## 2. Inconel 600

Inconel 600 是一种 Ni-Cr 合金，Cr 质量分数在 14%~17%，该镍基合金在高温下有极佳的抗氧化性，属于高级镍基耐热合金，而且对各种酸和碱环境具有极佳的耐蚀性，可以使用在广泛的腐蚀环境下。Inconel 600 性能类似于稳定的奥氏体不锈钢，合金中高质量分数的镍使其在还原性环境有一定的耐蚀性，对于碱性溶液的腐蚀作用也具有极高的耐受性，而合金中的铬则使其在较弱氧化环境下具有耐蚀性，对蒸汽、空气、碳的氧化物组成的混合气体有抵抗力，但在含有硫的高温气体环境中则会被腐蚀。Inconel 600 镍质量分数相当高，对氯离子应力腐蚀断裂有优异的耐蚀性，在高温下还有很好的抗蠕变断裂强度，机械性能良好，在 0℃以下也有良好的韧性，高温时对碳化有极佳的抵抗力，且有良好的抗氧化性，因此长期以来被用于热处理工业上。Inconel 600 焊接性能与标准奥氏体不锈钢一样，可以采用标准的电阻焊和熔化焊，有大量的焊条和焊丝可以用于焊接。在焊缝附近会产生紧密的氧化物，只可以打磨去除。另外，焊接时最好采用惰性气体保护焊。Inconel 600 可应用于核反应堆、核电成套设备、腐蚀性碱金属的生产和使用、高温环境下使用的其他部件及热交换器等。

## 3. Inconel 625

Inconel 625 为单一奥氏体组织，在各种温度下具有良好的组织稳定性和使用可靠性。Inconel 625 为面心立方结构。当在约 650℃保温足够长时间后，析出碳颗粒且不稳定的四元相将转化为稳定的 $Ni_3(Nb,Ti)$ 斜方晶格相。固溶强化后镍铬矩阵中的钼、铌将提高材料的机械性能，但塑性会有所降低。Inconel 625 在很多介质中都表现出极好的耐蚀性，在氯化物介质中具有出色的抗点蚀、抗缝隙腐蚀、抗晶间腐蚀和侵蚀的性能，具有很好的耐无机酸(如硝酸、磷酸、硫酸、盐酸等)腐蚀性，在氧化性和还原性环境中也具有耐碱和有机酸腐蚀的性能，有效抵抗氯离子还原性应力腐蚀开裂。Inconel 625 在海水和工业气体环境中几乎不发生腐蚀，在海水和盐溶液中具有很强的耐蚀性，在高温时性能同样优异。Inconel 625 具有良好的加工性和焊接性，焊接过程和焊后均无敏感性。Inconel 625 在静态或循环环境中都具有抗碳化性和抗氧化性，并且耐含氯的气体腐蚀。此外，Inconel 625 可用于烟气脱硫系统中的吸收塔、再加热器、烟气进口挡板、风扇(潮湿)、搅拌器、导流板及烟道等。

## 4. Inconel 690

Inconel 690 是一种主要用于压水堆核电站蒸汽发生器传热管材料的合金，是蒸汽发生器的核心材料。Inconel 690 具有优良的抗晶间腐蚀和抗晶间应力腐蚀开裂的能力，主要用于压水堆核电站蒸汽发生器传热管材料。压水堆核电站蒸汽发生器传热管用材料经过了一个发展历程，包括奥氏体不锈钢 304、Inconel 600、Incoloy 800 和 Inconel 690。对 Inconel 600 服役中的腐蚀失效研究表明，晶间腐蚀和晶间应力腐蚀开裂是主要的腐蚀类型。Inconel 690 作为压水堆核电站蒸汽发生器传热管材料，20 世纪 90 年代投入使用以来还没有发现关于其破损的报道。我国已经运行的压水堆核电站机组中，只有秦山一期使用了 Incoloy 800，秦山二期、大亚湾和岭澳核电站都使用 Inconel 690 作为蒸汽发生器传热管材料。大部分在建和规划中的压水堆核电站也采用 Inconel 690 作为蒸汽发生器传热管材料。

### 5. Incoloy 800

Incoloy 800 主要化学成分为 32Ni-21Cr-45Fe-Ti，是一种镍铬铁合金，其中主要成分为 45%Fe、32%Ni、21%Cr，C 质量分数不超过 0.1%，还含有少量的 Mn、Si、Cu、Al、Ti 等元素。由于其镍的质量分数达到 32%，Incoloy 800 对氯致应力腐蚀断裂和 σ 相析出致合金变脆皆具有良好的抵抗力。在 Incoloy 800 基础上提高碳的质量分数就形成了 Incoloy 800H，在 Incoloy 800H 的基础上加入质量分数为 1.00%的 Al+Ti，就形成了 Incoloy 800AT。Incoloy 800 一般适用于 593℃。Incoloy 800H 和 Incoloy 800AT 一般应用在对蠕变和应力腐蚀断裂要求很高条件，即 593℃以上的温度。在固溶处理状态，Incoloy 800H 和 Incoloy 800AT 有出众的抗蠕变和抗应力断裂性能。Incoloy 800 系列合金如果在 535~560℃加热时间过长，则会在合金的晶界析出铬的碳化物，使合金出现敏化现象。在高温环境下该合金仍具有较高的强度，并有极优的抗氧化能力和抗渗碳能力。高质量分数的铬和镍使 Incoloy 800 系列合金都有良好的抗氧化性和抗碳化性。Incoloy 800 系列合金可以使用氩弧焊(GTAW)或熔化极惰性气体保护电焊(MIG)等方法焊接。焊接时采用惰性气体保护焊，有大量的焊条和焊丝可以用来焊接 Incoloy 800。Incoloy 800 的焊缝附近会产生紧密的氧化物，只可以打磨去除。Incoloy 800 的退火处理温度一般在 982~1038℃，目的主要是细化晶粒。Incoloy 800H 和 Incoloy 800AT 的热处理温度一般在 1121~1177℃，除软化材料目的之外，还可以使材料的晶粒长大，改善抗蠕变和抗应力断裂性能。Incoloy 800 最典型的应用是高温下的应用，如焚烧炉元件、石化重整装置、加氢裂化管件、常规电厂和核电站的过热蒸汽处理设备。Incoloy 800 一般在 600℃以下使用，若用在更高温度且对抗蠕变性能有要求时，建议使用 Incoloy 800H 或 Incoloy 800AT。

### 2.1.5 其他材料

一般把金、铂、钛看作非常稳定的贵金属，其不易被氧化，化学性质稳定，能较长时间地保持性能。贵金属中金的硬度很低，具有良好的韧性和可锻性，其化学活性很低，在大气和潮湿的环境中也不会发生变化，在高温条件下金不与氢气、氮气、硫化物和碳化物发生反应，但会因掺入杂质而变脆，如在金中掺入砷、铅等都会改变金的韧性和延展性，金还很容易被磨损，变成极细的粉末。铂是由自然铂、粗铂矿等矿物熔炼而成的，具有良好的延展性，易于机械加工，化学性质稳定，还具有很强的抗氧化性。钛的密度高于铝而低于铁、铜、镍，但强度是金属中最高的。钛中的杂质对其机械性能影响极大，特别是间隙杂质(氧气、氮气、碳化物)可大大提高钛的强度，显著降低其塑性。钛强度高、耐蚀性好、耐热性高，但在较高的温度下，可与许多元素和化合物发生反应。钛作为结构材料具有的良好机械性能，就是通过严格控制其中的杂质含量和适量添加合金元素实现的。尽管这些贵金属性能较好但是也不能用作结构材料，因此试图采用贵金属作衬里。Dyer 等的研究结果表明，金衬里在含过氯化氨的酸性环境中腐蚀速率也非常快，在含过氯化氨碱性溶液中却较稳定。总体来说，钛在超临界水中表现出较好的耐蚀性[12]。

陶瓷有着较高的熔点，强度较高，耐高温，并且有高硬度、高断裂韧性、高导热性。在超临界水中，大多数陶瓷是不稳定的。MIT 的研究人员通过多种陶瓷材料实验发现，只有 ZrO 和 $Al_2O_3$ 在 600℃、25MPa 压力下的纯水中较为稳定。在 465℃、25MPa 和 $0.44mol \cdot kg^{-1}$ 溶解氧量及 $0.05mol \cdot kg^{-1}$ 盐酸环境中进行实验时，Boukis 等发现 BN、$B_4C$、$TiB_2$ 及 $Y_2O_3$ 发生解体，SiC 和 $Si_3N_4$ 基的陶瓷腐蚀失重达 90%，腐蚀相对不严重的是 $Al_2O_3$ 和 ZrO 基的陶瓷。将陶瓷暴露在 300~650℃的化和乳液浓缩剂(Trimsol)中，Garcia 等发现以钛基体涂覆的多层钛化物陶瓷在 120~180h 没有很明显的腐蚀现象[12]。

## 2.1.6 典型使用场景

低合金耐热钢由于碳质量分数低，碳化物相减少，钢中不易发生珠光体球化、珠光体石墨化，有利于组织的稳定性，常用于火电厂锅炉中的承压部件，尤其是过热器、再热器的低温区域及水冷壁，在联箱和管道中也是比较常见的。其应用的最高温度不超过 580℃。

铁马氏体钢属于 9%~12%Cr 系列钢，有良好的抗蒸汽氧化性能和抗疲劳性能，Cr 起到固溶强化的作用，提高材料的蠕变强度；对抗氧化性和耐蚀性也具有重要作用；同时，用 Cu 替代少量 Ni 可以提高蠕变强度。铁马氏体钢用于锅炉的许多部件，如锅炉管、联箱和管道等。其应用的最高温度不超过 650℃。

奥氏体耐热钢是基体为奥氏体组织的耐热钢，在 600℃以上有较好的高温强度和组织稳定性。相较于铁马氏体钢，其蠕变强度和抗氧化特性都得到了提高。奥氏体耐热钢主要用于制造亚临界、超临界压力参数大型发电锅炉高温过热器、高温再热器、屏式过热器的高温段及各种耐高温高压的管件等。当温度超过

620℃时，需要使用奥氏体耐热钢。

镍基合金是以元素镍(Ni)为基础的固溶体，具有优异的延展性、柔韧性和可塑性。镍更容易掺杂进其他金属，故镍基合金具有很高的耐蚀性。镍基合金是先进超超临界火电站锅炉及未来超临界水冷堆的候选材质，且也已成为超临界水氧化反应系统中的主流结构材质[13-15]。

## 2.2 材料腐蚀的关键环境因素

### 2.2.1 温度

温度是决定腐蚀速率一个重要因素。腐蚀速率一般随着环境温度的升高而增加。对于材料腐蚀，一般都会有一个温度限制，低于温度限制时几乎不会发生明显的腐蚀现象。例如，在温度80～100℃，氯化物易引起不锈钢的点蚀问题，而当温度较低时基本不会发生腐蚀。当然，这必须是建立在水溶液物理性质不变的基础上。当水溶液被加热到超临界状态，水溶液的物理性质发生了巨大变化，就可能得到看似矛盾或者不合理的实际现象。例如，铁/镍基合金在500℃超临界水中的腐蚀速率比在300℃亚临界水中的腐蚀速率要低几个数量级。

上述现象发生的根本原因在于水的离子积($K_w$)随温度的变化，见图2-3。在压力24MPa下，随着温度升高，水的分解反应($H_2O \rightleftharpoons H^+ + OH^-$，吸热反应)平衡右移，水的离子积增大，在温度240～280℃达到最大值。此时溶液中$H^+$和$OH^-$的浓度相当于常温条件下的10倍以上，使得金属腐蚀离子反应更容易进行。据有关研究表明，对于温度小于300℃的亚临界水系统，铁/镍基合金腐蚀速率增长和温度上升近似呈指数关系，该过程以电化学腐蚀为主，腐蚀速率非常快，这是大多数金属材料在亚临界水区域腐蚀更为严重的原因。若温度继续升高，水

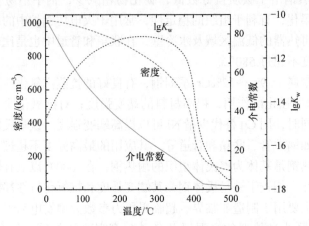

图2-3 水的密度、介电常数及$\lg K_w$随温度的变化

的介电常数降低,成为影响水的离子积的主要因素,溶剂开始大规模缔合,水的离子积急剧降低,远小于常温条件,则该工况下 $H^+$ 和 $OH^-$ 浓度很低,化学腐蚀将占主要地位。

温度的升高也会影响腐蚀性物质(盐、无机酸)的电离度、溶解度,进而影响腐蚀过程。对于强酸,如盐酸、硝酸和硫酸而言,其在常温下可以完全电离。然而,随着温度的升高达到超临界水状态时,它们几乎都以未电离的分子形式存在。$H_3PO_4$ 呈现出基本类似的行为,NaCl、NaOH 也是如此[16]。因此,含无机盐/酸的亚临界水环境中材料的腐蚀速率往往显著高于超临界水环境。

温度过高还易诱发材料的晶间腐蚀。通常认为,晶界碳化铬的生成引发晶间贫铬是晶间腐蚀的重要原因。高温镍铬铁奥氏体中碳的溶解度是较大的,对于常用的不锈钢而言,它们的碳质量分数可以达到 0.08%。当高温条件下溶解了碳的奥氏体不锈钢迅速冷却到室温时,碳元素就会以饱和形式固溶。若继续加热到适当温度并保温足够时间,过饱和的碳往往倾向以碳化铬的形式沉淀出来,导致不锈钢晶界附近贫铬。镍基合金的碳质量分数通常在 0.02%~0.15%,然而高镍合金中碳的溶解度很低,往往即使在固溶温度下合金也能在晶界析出 $M_7C_3$ 型碳化物,有晶间腐蚀倾向。大量研究表明,奥氏体钢及镍基合金的晶间腐蚀敏感温度为 600~900℃。当温度高于 900℃时,在奥氏体钢中碳的溶解度较高,不会发生碳析出并以碳化物的形式沉淀下来。温度低于 600℃时,即使有过饱和碳的析出,但其向晶界的扩散速率也很低,这可以保证金属材料的长期可靠性。当温度处于 600~900℃时,就会发生过饱和碳的析出,且碳等杂质会快速扩散至晶界,消耗晶界处的铬,形成晶界贫铬区,导致晶间腐蚀。

综上,对于超临界水氧化处理反应器,其设计温度不应太低,以尽可能地避免发生电化学腐蚀占优的快速腐蚀,考虑到反应器内压力的波动,建议反应器内温度应高于 490℃。但是温度也不应太高,最好低于 600℃以提高反应器的可靠性。

## 2.2.2 压力

压力同样是控制水物理性质(如密度、浓度、介电常数和水的离子积)的一个关键因素,但相对于温度,压力影响腐蚀的相关研究并不是很多。超临界水的密度、介电常数和水的离子积皆随压力变化而变化。当压力较低时,超临界水的离子积很小,就像非极性溶剂一样。压力增加使得离子周围产生静电崩塌,水的离子积也随着压力的增加而增加,而且可能超过常温中水的离子积,水的离子积增大会使得金属与腐蚀离子反应加剧。

尽管有关压力影响材料腐蚀的研究较少,但已有充分证据表明,压力的升高是加速腐蚀的一个重要因素,镍基合金试样在亚/超临界水中的腐蚀失重随压力升高而加剧。有学者对盐酸-超临界水环境进行模型计算指出,随着压力的增大,盐酸的电离度增加，金属的溶解速率也随之增加，进而加速腐蚀。Fujii 等[17]通过实验研究了超临界水中压力对 Inconel 625 腐蚀的影响程度，结果表明，随压力的升高排出液中溶解性金属离子的浓度增大(图 2-4)。压力的升高引起水密度增大、水的离子积升高，对合金元素的溶解能力增强，从而引起腐蚀的加剧，排出液中金属离子浓度增高。总而言之，压力升高会一定程度上加剧超临界水环境中的材料腐蚀，因此在保证超临界水处理工艺效果的条件下，应当尽量降低反应压力。

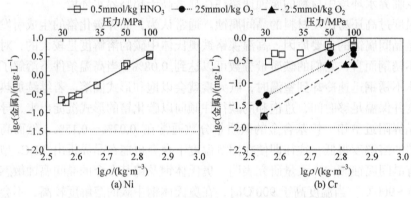

图 2-4  腐蚀排出液中金属离子浓度对压力的依赖性

### 2.2.3  pH

环境 pH 是影响材料腐蚀最重要的因素。较高或较低的环境 pH 都会导致材料发生化学溶解。对于典型铁、镍和铬的氧化物，同样条件下三价铬氧化物的抗溶解能力最强，镍的氧化物抗溶解能力是最弱的。有关实验研究表明，中性和微碱性的溶液对铁/镍/铬氧化物的溶解度是最小的。关于 Inconel 600 在 283℃高压水溶液中金属流失情况，实验表明，在 pH=7 测试排出液中金属元素浓度是 pH=10 下的数千倍，溶液为弱碱性时金属的腐蚀流失量较大。Inconel 625 反应器在 350℃碱性、中性、酸性氧化条件下的金属离子流失浓度监测实验表明[1]，含 NaCl、溶解氧的高压 350℃碱性溶液中合金腐蚀程度最轻，添加 NaOH 后，Ni 的流失率降低为中性条件下的 1%，Cr 和 Mo 的流失率相应降低为中性条件下的 10%。主要缓蚀原因是碱性条件能保护合金表面 NiO，进而实现 NiO 对镍基合金的保护。大量研究表明，通过添加 NaOH 将溶液 pH 控制在 11～12 时，通常可以显著降低合金中金属元素的流失，但是六价铬化合物的富集度增加。在溶液环境氧化性不强的情况下，pH 增加往往可以使铬/镍氧化物的稳定性增加；然而对于氧化性较强的介质，pH 增加有利于镍氧化物的稳定性，但会使铬的稳定性下降，使其以溶解性六价铬的形式流失。

对于 300℃的高温高压水环境，NiO/Ni(OH)$_2$ 的稳定区域 pH 范围为 5～11，富铬钝化膜成分(Cr$_2$O$_3$/CrOOH)稳定区域的 pH 范围为 2.5～7.1。从铬、镍固态产物稳定性的角度出发，考虑高温高压水溶液 pH 与常温环境下 pH 的关系，可以推断以富铬镍基合金为主要用材的高温高压水系统，其常温下理想耐蚀 pH 范围为 6.5～8.5。

## 参 考 文 献

[1] Grover D J. Modeling Water Chemistry and Electrochemical Corrosion Potential in Boiling Water Reactors[D]. Cambridge: Massachusetts Institute of Technology, 1997.
[2] 张涛, 郝丽婷, 田峰, 等. 700℃超超临界火电机组用高温材料研究进展 [J]. 机械工程材料, 2016, 40(2): 1-6.
[3] 李新梅, 邹勇, 张忠文, 等. 新型耐热钢 Super304H 高温时效后的组织与性能 [J]. 材料工程, 2009, (5): 38-42.
[4] 范文标. 超(超)临界机组氧化皮产生的原因及防治措施 [J]. 华电技术, 2011, 33(3): 1-4.
[5] 殷尊, 蔡晖, 刘鸿国. 新型耐热钢 HR3C 在超超临界机组高温服役 25000h 后的性能研究 [J]. 中国电机工程学报, 2011, 31(29): 103-109.
[6] 唐丽英, 王博涵, 周荣灿, 等. Tempaloy A-3 锅炉钢管在 650℃的蒸汽氧化试验研究 [J]. 热力发电, 2014, 43(9): 102-107.
[7] 李刚. 近年由 ASME 规范批准锅炉用新型奥氏体耐热钢管 [J]. 锅炉制造, 2018, (4): 39-43.
[8] 程世长, 刘正东, 包汉生. 700℃超超临界火电机组锅炉合金进展[C]. 成都: 第九届电站金属材料学术年会, 2011.
[9] 龙毅, 彭碧草. SAVE25 钢高温时效性能研究[J]. 锅炉技术, 2015, 45(A2): 12-18.
[10] 卢征然, 王炯祥, 陈亮. 700℃超超临界锅炉用钢 HR6W 焊接接头性能的试验研究 [J]. 锅炉技术, 2015, 46(3): 53-56.
[11] 丁兆奇. Incolocy 825 镍基合金热变形行为和热加工性研究 [D]. 太原: 太原科技大学, 2020.
[12] 韩恩厚. 超临界水环境中材料的腐蚀研究现状 [J]. 腐蚀科学与防护技术, 1999, (1): 53-56.
[13] Ren X, Sridharan K, Allen T R. Corrosion behavior of alloys 625 and 718 in supercritical water [J]. Corrosion, 2007, 63(7): 603-612.
[14] Chang K H, Huang J H, Yan C B, et al. Corrosion behavior of alloy 625 in supercritical water environments [J]. Prog Nucl Energy, 2012, 57: 20-31.
[15] Behnamian Y, Mostafaei A, Kohandehghan A, et al. A comparative study of oxide scales grown on stainless steel and nickel-based superalloys in ultra-high temperature supercritical water at 800℃ [J]. Corrosion Science, 2016, 106: 188-207.
[16] Kritzer P. Die korrosion der nickel-basis-legierung 625 unter hydrothermalen bedingungen[J]. Report FZKA, 1998, 6168: 180.
[17] Fujii T, Sue K, Kawasaki S. Effect of pressure on corrosion of Inconel 625 in supercritical water up to 100 MPa with acids or oxygen [J]. Journal of Supercritical Fluids, 2014, 95: 285-291.

# 第 3 章　近纯超临界水环境材料腐蚀特性及氧化膜行为机理

一些学者对不锈钢的氧化特性及氧化膜结构开展了详细的实验研究[1-8]，发现氧化膜外层易发生开裂剥落[7,8]。镍基合金是先进超(超)临界火电站锅炉及未来超临界水冷堆的候选材质[7,9,10]，已成为超临界水氧化反应系统中主流结构材质[11-13]，并且耐蚀性通常优于服役于同工况下的奥氏体不锈钢[13]。因此，十分有必要分析代表性铁马氏体钢表面氧化膜的早期成形机理[14-16]，一方面为合金表面处理措施的选择提供理论指导[15,17,18]；另一方面可以弥补现有近纯超临界水环境下耐热钢氧化机理中对早期成膜过程认识的不足[7,18-22]。此外，相关研究揭示了暴露后合金表面双层或三层结构氧化膜的物相组成、截面结构特征及增厚机理等[23,24]。

## 3.1　铁马氏体钢腐蚀特性

铬质量分数在 9%～12% 的铁马氏体钢属于耐热钢，已被广泛用作大型火电机组高温管道及设备等部件材料，为第四代超临界水冷堆、超临界水氧化/气化装备的潜在结构用材[7,18,25-29]。铁马氏体钢具有高导热系数、低应力腐蚀开裂敏感性、良好的抗辐照诱变膨胀与活化能力等优势[28,29]。

本节以 T91 钢为代表性铁马氏体钢，详细探究近纯超临界水环境下早期氧化阶段合金氧化动力学及氧化膜的形貌、组分、结构随暴露时间的演变规律，以揭示铁马氏体钢氧化的早期成膜机理及内在差异。此外，系统地介绍了关键因素——温度与压力对扩散控制氧化阶段氧化膜特性的影响规律，辨析了氧化膜内占优点缺陷类型及氧化膜生长的微观界面反应，为构建超临界水环境氧化膜生长物化基础奠定理论基础。

### 3.1.1　氧化动力学

铁马氏体钢暴露 1～120h 后氧化增重量（$\Delta w$，单位：$mg \cdot cm^{-2}$）及腐蚀速率与暴露时间（$t$，单位：h）的拟合曲线如图 3-1 所示。两种环境下 $\Delta w$ 均随暴露时间的延长而增加，然而相同暴露时间下，超临界水中 T91 试样 $\Delta w$ 明显高于高温蒸汽[5]。图中拟合曲线表明，两种环境中 T91 氧化动力学皆可用近抛物线规律表征，二者具有相似的氧化速率常数，意味着 T91 钢在两种环境下氧化过程可能有相似的主导扩散过程[1,30]。高温蒸汽中 T91 氧化的暴露时间指数为 0.35，小于超临界水环境下的 0.42，这极可能源自蒸汽氛围下形成氧化膜的缺陷浓度相对较低[5]。图 3-1 还给出了 540℃超临界水中 T91 钢的腐蚀速率，即 $\Delta w$ 增长率。氧化初始阶段，腐蚀速率快速降低，之后随暴露时间的延长而缓慢下降，最终趋于稳定。根据 $\Delta w$ 对暴露时间二阶导数($d^2\Delta w/dt^2$)的大小，540℃下铁马氏体钢在超临界水中的早期氧化过程可以分为三个阶段：快速氧化阶段($d^2\Delta w/dt^2 > 10^{-3}$mg·cm$^{-2}$·h$^{-2}$)、稳态增长阶段($d^2\Delta w/dt^2 < 10^{-5}$mg·cm$^{-2}$·h$^{-2}$)及二者之间的过渡阶段。因此，20～40h 发生的快速氧化阶段主要由钢基体表面界面反应约束；稳态氧化阶段，即扩散控制阶段或者氧化膜稳态生长阶段，至少在 120h 后才出现[14,31]。

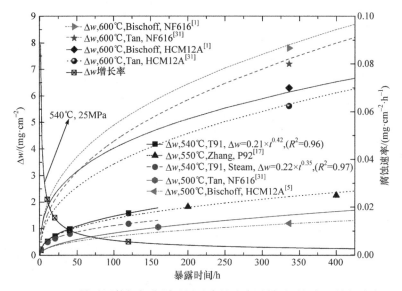

图 3-1 铁马氏体钢氧化增重量及腐蚀速率随暴露时间与环境的演变

## 3.1.2 氧化膜表面形貌及成分

T91 试样在 540℃超临界水中分别暴露 1h、10h、20h、40h、120h，以及在高温蒸汽(540℃、9.9MPa)中暴露 120h 后的表面形态如图 3-2 所示，每种工况分别采用高/低倍率双图像呈现。试样表面氧化层均为贫铬层[此处能量色散 X 射线谱(EDS)分析结果未呈现]。540℃下暴露于超临界水 1h 后，试样表面覆盖了一层粒径近似 1μm 的立方体状富铁氧化物颗粒，如图 3-2(a)所示。该富铁氧化物颗粒的堆积密度随着暴露时间从 1h 延长到 10h 而增加，但其粒径无明显变化。在暴露 10h、20h 后，试样表面皆出现了直径约 4 μm 的菜花状富铁氧化物颗粒，暴露时间为 20h 时，该菜花状颗粒的分布密度较大，见图 3-2(b)与(c)。这些菜花状颗粒可能是由氧化物颗粒晶界、空洞等缺陷处优先快速形成的新氧化物衍化而来[30]。值得注意的是，20h 时部分氧化物颗粒中出现小孔。暴露时间增加至 40h 时，菜花状氧化物颗粒消失，氧化层中空洞孔径增大。当暴露时间进一步延长到 120h，之前观察到的表面空洞消失，见图 3-2(e)。铁马氏体钢氧化膜表面空洞在氧化早期出现，但随着暴露时间的延长而消失，这与已有文献所报道结果一致[32]。此外，图 3-2(f)给出了暴露于 540℃、9.9MPa 蒸汽中 120h 后的 T91 形貌图。对比观察图 3-2(e)与(f)可得，540℃超临界水(25MPa)和高温蒸汽(9.9MPa)中所得试样的表面形貌间并无明显差异。

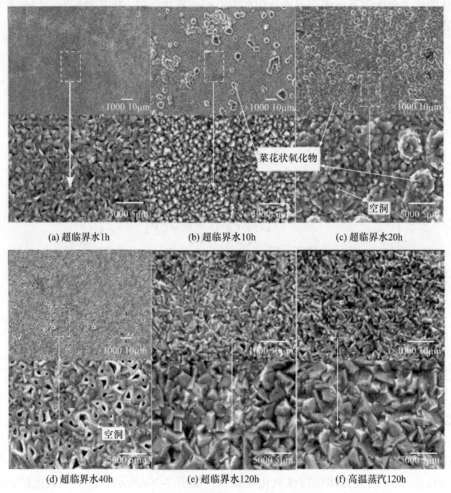

图 3-2　T91 表面形态随暴露时间的变化
SEM-扫描电子显微镜

T91 试样暴露于 540℃超临界水中 10h、20h、40h 后的典型二维、三维原子力显微镜(AFM)照片及特征参数如图 3-3 所示。三种暴露时间下，T91 表面二维图像皆与图 3-2 中对应 SEM 照片较好地吻合，分别见图 3-2(b)~(d)。从三维形态图中可以看出，试样表面的平均粗糙度($S_a$)和峰密度($S_{ds}$)皆随暴露时间的增加而降低，这通常是富铁氧化物颗粒的不断聚合和融合造成的。当暴露时间为 10h 时，试样表面几乎被氧化物颗粒完全覆盖，部分氧化物颗粒已完全融合；20h 时形成了凸起的菜花状氧化物[图 3-2(c)]，导致图 3-3 中出现一些宽而浅的凹痕；当暴露时间进一步延长至 40h，氧化物颗粒进一步融合，且氧化膜内晶界外顶面处优先形成的氧化物向"中心"靠拢，表面出现空洞大量[16]。

图 3-3　T91 表面的二维、三维原子力显微镜照片及特征参数

$Fe_3O_4$ 和 $Fe_2O_3$ 的标准拉曼光谱及三种暴露时间下 T91 试样表面的拉曼光谱如图 3-4 所示。对于每一个 T91 试样，分别记录 30μm×30μm 微区域的 20 条代表性拉曼光谱，然后对这 20 条拉曼光谱进行平均得到一条复合光谱，用来表征整个分析区域的表面物相组成。10h 和 20h 的暴露时间下，试样表面拉曼光谱具备 $Fe_3O_4$ 与 $Fe_2O_3$ 的主要特征，说明较薄的表面氧化膜含有这两种氧化物。$Fe_2O_3$ 的特征拉曼峰强度随着暴露时间从 10h 增加到 20h 而减弱；当暴露时间延长至 40h 时，拉曼光谱中 $Fe_2O_3$ 的特征峰几乎完全消失，测试所得拉曼光谱与标准 $Fe_3O_4$ 的拉曼光谱几乎一致，表明 T91 暴露于 540℃超临界水中 40h 后，$Fe_3O_4$ 基本上是其氧化膜表面层的唯一组分。

三种暴露时间下，T91 氧化膜纳米级表面层的 X 射线光电子能谱(XPS)宽扫描谱如图 3-5(a)所示。尽管三种暴露时间下 T91 试样表面几种主要元素的原子分数有所差别，但是其表面化学性质仍非常相似。氧化膜表面层主要由铁氧化物组

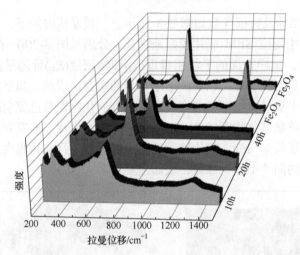

图 3-4　三种暴露时间下 T91 表面拉曼光谱以及 $Fe_2O_3$ 与 $Fe_3O_4$ 的标准拉曼光谱

成,这与图 3-4 中呈现的拉曼光谱结果一致,即 $Fe_3O_4$ 是氧化膜外层的主要组分。需要指出的是,XPS 分析的元素分辨率较高,还检测到了钼元素的存在。已有研究表明,暴露于超临界水中的含钼合金表面可以生成钼氧化物[13,17]。图 3-5(b)给出了 Ni 2p 和 Cr 2p 的高分辨率窄 XPS 图,以详细呈现其化学状态。虽然镍为 T91 基体中第三大元素,但是在整个暴露过程中均未检测到,这是因为镍原子在基体中向外扩散的速率较低以及镍元素的氧亲和力小于铬和铁[33]。在 Cr 2p 谱中却观察到了典型的铬氧化物特征,表明虽然 $Fe_3O_4$ 占主导地位[1,5,14,31],但是氧化膜的外层中含有少量铬[28]。

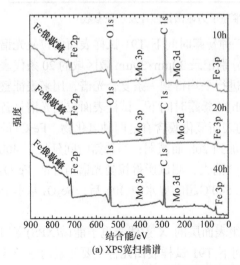
(a) XPS宽扫描谱

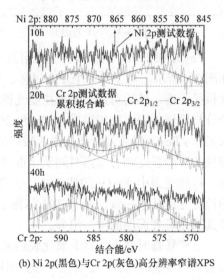
(b) Ni 2p(黑色)与 Cr 2p(灰色)高分辨率窄谱XPS

图 3-5　三种暴露时间下 T91 表面化学特性

Fe 2p 核心 XPS 图 Fe $2p_{3/2}$ 峰及其解卷积如图 3-6(a)所示。以 $Fe_3O_4$、$Fe_2O_3$ 和 $\gamma$-FeOOH 为主要研究组分(三者中铁的结合能依次增加[34,35])，进行 Fe $2p_{3/2}$ 谱的解卷积。鉴于 $Fe_3O_4$ 中 $Fe^{2+}$、$Fe^{3+}$ 共存，分别针对 $Fe_3O_4$ 中 $Fe^{2+}$、$Fe^{3+}$ 进行了峰分解，并预先假定 $Fe^{2+}$ 与 $Fe^{3+}$ 峰强度比为 $1:2$[10]。铁氢氧化物来源于试样冷却、清洗、贮存过程中试样表面氧化物的水解或者氢吸附，因此暴露时间对铁氢氧化物含量几乎无影响。$Fe_3O_4$ 相对含量随暴露时间增加而增加，与此同时 $Fe_2O_3$ 峰强度不断减弱，40h 时 $Fe_2O_3$ 峰基本消失，反映了 $Fe_2O_3$ 向其他相，如 $Fe_3O_4$ 和 $Fe_{3-x}Cr_xO_4$ 等的转变[5,36]。图 3-6(b)给出了 10h、20h、40h 三种暴露时间下 Mo3d 峰及其相应的解卷积参数。$MoO_3$ 中 Mo $3d_{3/2}$ 和 Mo $3d_{5/2}$ 的结合能分别约为 235.85eV、232.65eV[37]。除极少量 $MoO_3$ 外，试样表面未检测到其他钼氧化物；随着暴露时间的增加，$MoO_3$ 含量并无明显变化。三种暴露时间下试样表面 $MoO_3$ 含量的微小差异可能是因为检测区域的随机性及氧化膜外层表面钼元素的不均匀分布。然而，尚未见相关文献指出长期暴露于超临界水中的铁马氏体钢表面存在钼氧化物[5,29,38,39]。在高钼合金中，富钼氧化物可以以分散颗粒或单独一层的形式出现[13,17]。一般来说，钼具有增强合金中铬活性的作用，从而促进合金表面保护性富铬氧化物层的快速形成[40]。然而，T91 基体中钼含量相对较少(质量分数约占 0.9%)，上述钼的有益效果可能十分有限，甚至会随着氧化膜的持续增厚完全消失，从而造成长期暴露于超临界水中的铁马氏体钢表面氧化膜外层中的 $MO_x$ 缺失。此外，研究表明钼元素通常仅富集于氧化膜内层[41,42]。

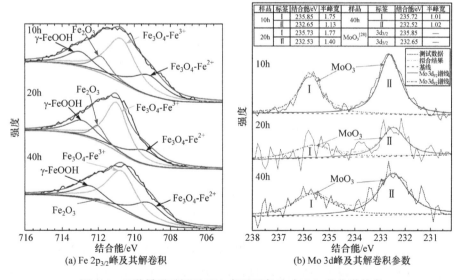

图 3-6 三种暴露时间下 T91 表面元素 Fe 与 Mo 的化学状态

温度分别为 390℃、465℃、540℃和 580℃时，暴露于超临界水中 40h 后的

T91 试样表面 SEM 照片如图 3-7 所示。390℃时，试样表面几乎被立方体状富铁氧化物颗粒覆盖，这些富铁氧化物颗粒一般构成铁马氏体钢双层结构的氧化膜外层[5,28,29,39]。富铁氧化物的分布密度随温度从 390℃升高到 465℃而增加，但粒径变化不明显。540℃时，立方体状富铁颗粒聚合并部分融合，形成颗粒间接触更紧密的富铁膜外层；但是，氧化膜表面出现了一些直径 0.5~1μm 的空洞[30,38]。当实验温度继续上升至 580℃，较大尺寸空洞似乎即将消失，出现了较明显的愈合现象，其特征为先前大尺寸空洞底部生成一些细小的氧化物颗粒。

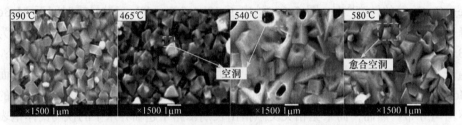

图 3-7　不同温度超临界水中 T91 表面 SEM 照片

$Fe_3O_4$ 和纯铁的标准 X 射线衍射(XRD)图，以及 T91 试样在上述四种典型温度超临界水中暴露 40h 后的 XRD 图如图 3-8 所示。图 3-8 表明，基体的特征峰强度随温度的升高而减弱，而 $Fe_3O_4$ 特征峰增强，意味着高温下试样表面形成了较厚的氧化膜。当实验温度上升到 580℃时，属于基体的特征峰几乎完全消失，表明 XRD 检测时的入射 X 射线可能由于氧化膜较厚而无法到达基体。

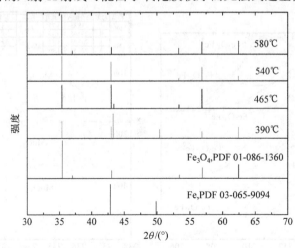

图 3-8　不同温度下暴露 40h 后 T91 试样、标准 $Fe_3O_4$ 和纯铁的 XRD 图

图 3-9 给出了暴露于四种温度超临界水中 40h 后 T91 表面主要元素铁、铬、氧和镍的原子分数及氧化增重量。T91 试样的氧化增重量与温度之间存在明显的正相关关系。温度对 T91 表面镍原子分数的影响不明显，而铬原子分数似乎随温

度的升高而略有下降。这些结果是因为：①铬向外扩散穿越氧化膜的速度低于镍；②表面氧化层中氧原子分数不断升高。随着温度从 390℃ 上升到 580℃，氧铁原子比从 1.58 提高到 2.28，其高于任何氧化铁的氧铁原子比（$Fe_3O_4$ 是 T91 表面氧化物的主要成分，如图 3-8 所示，其氧铁原子比为 1.33）。这意味着 EDS 分析时检测用入射 X 射线未到达基体，且氧化膜内可能存在大量的铁离子空位。考虑到主要元素氧、铬的原子分数，表 3-1 定义并计算了相对于 $Fe_{3-x}Cr_xO_4$ 的氧化膜内铁缺陷因子，记为 $DF_{Fe}$，其实际上为氧化物晶格中金属阳离子空位数与金属阳离子总晶格位数的比值。结果表明，$DF_{Fe}$ 为正值且随实验温度的升高而逐渐增加，证实了较高温度下氧化膜外层中铁离子空位浓度较大，其有利于金属阳离子的向外扩散，从而加剧基体腐蚀。

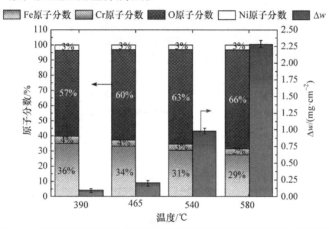

图 3-9 四种温度下 T91 表面主要元素的原子分数及其氧化增重量

表 3-1 以 $Fe_3O_4$ 与 $FeCr_2O_4$ 为基准评估所得氧化膜外层中铁缺陷因子 $DF_{Fe}$

| 温度/℃ | 390 | 465 | 540 | 580 |
| --- | --- | --- | --- | --- |
| $DF_{Fe}$ | 0.06 | 0.19 | 0.30 | 0.39 |

注：$DF_{Fe} = 1 - \frac{4}{3} \times [c(Fe) - c(Cr)/2] / [c(O) - 2c(Cr)]$。

### 3.1.3 氧化膜结构

图 3-10 为 540℃ 下分别氧化 1h、40h、120h 后 T91 表面氧化膜的横截面图以及对应的主要元素深度方向上原子分数分布。1h 和 40h 时试样表面氧化膜呈双层结构，根据其截面形态、不同元素的原子分数分布及图 3-8 的 XRD 图，可推得氧化膜外层主要组分为 $Fe_3O_4$，氧化膜内层由尖晶石氧化物构成，内层中铬原子分数与基体非常接近。然而，相对于暴露时间为 1h、40h 的试样，T91 暴露 120h 后，铬、铁、氧等元素在其基体/氧化膜界面处的原子分数变化更具渐变性，表明基体/氧化膜界面处生成了扩散层。扩散层为局部氧化区或者氧化物颗

粒与未氧化基体晶粒的混合区。此外，氧化膜内层中空洞聚集层(线)呈周期性分布[1,5,31]，并且越靠近基体/氧化膜界面空洞聚集层，空洞尺寸越大，一定程度上暗示着富铬氧化膜内层的生长具有一定的周期性。随着暴露时间从 1h 分别延长到 40h、120h，氧化膜厚度分别从约 3μm 增加到 20μm、25μm。相对于快速氧化阶段，氧化过渡阶段氧化膜厚度增长速率较为缓慢。

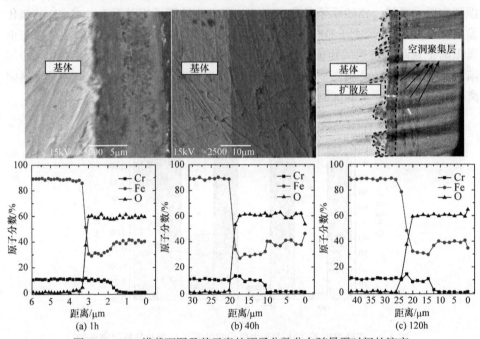

图 3-10　T91 横截面图及其元素的原子分数分布随暴露时间的演变

为了与超临界水中铁马氏体钢表面氧化膜对比，图 3-11 给出了 T91 暴露于 9.9MPa、540℃高温蒸汽中 120h 后的氧化膜截面特征。由图 3-11 可知，T91 表面氧化膜具有三层结构：膜外层、膜内层和扩散层，某种程度上其与暴露于超临

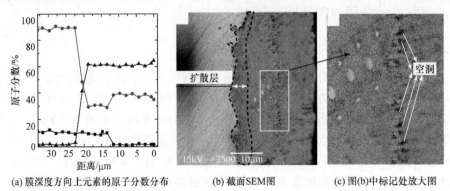

图 3-11　高温蒸汽中暴露 120h 后 T91 氧化膜截面特征

界水中 120h 后所得氧化膜比较相似，见图 3-10(c)。但是高温蒸汽中所得氧化膜总厚度为 22.5μm，略低于超临界水中同样暴露时间下所得试样的氧化膜厚度(约 25μm)，意味着 T91 试样在高温蒸汽中的抗氧化性优于超临界水中。此外，与暴露于超临界水中的 T91 试样相比，9.9MPa 高温蒸汽中所得 T91 试样的氧化膜内层未出现周期性空洞聚集层，空洞主要聚集于氧化膜内/外层界面处[5,18]。

## 3.2 奥氏体钢腐蚀特性

奥氏体不锈钢(简称"奥氏体钢")被认为是超临界水应用的一种候选材料，如第四代核反应堆、超(超)临界水燃煤发电厂、超临界水气化工艺和超临界水氧化厂。奥氏体钢具有良好的耐蚀性和机械性能。大量实验研究表明，在超临界水中暴露较长时间后，奥氏体钢表面形成氧化膜多呈现双层或者三层结构：内层为 Fe-Cr 尖晶石相，$Fe_3O_4$、$Fe_2O_3$ 单独构成外表面层，$Fe_2O_3$ 以氧化物颗粒的形式分散于 $Fe_3O_4$ 层表面[7,9,10]，而这些研究中极少关注 100h 内奥氏体钢的早期氧化行为，因此有必要探究奥氏体钢早期氧化行为及机理。

### 3.2.1 氧化动力学

图 3-12 和图 3-13 分别给出了 465℃、540℃、580℃三种温度下 TP347H 和 450℃和 580℃两种温度下 Super304H 的氧化增重动力学数据及其拟合曲线。由图可知，随实验温度升高与暴露时间延长，试样腐蚀过程的氧化增重量增加。实验数据拟合所用基本方程如下：

$$\Delta w = k t^n \tag{3-1}$$

式中，$\Delta w$ ——氧化增重量，$mg \cdot cm^{-2}$；

$k$ ——腐蚀速率常数；

$t$ ——暴露时间，h；

$n$ ——暴露时间指数。

三种温度下 TP347H 所得拟合方程的相关系数皆大于等于 0.96，表明了拟合方程的准确性。465℃下 $n$=0.88，预示着在 56h 内的早期腐蚀过程中合金一直近似遵循线性腐蚀动力学。然而，温度 540℃、580℃时，时间指数 $n$ 分别为 0.52、0.45，表明当前温度下耐热钢 TP347H 的腐蚀过程遵循近抛物线规律。广泛的燃煤火电站现场实验及高达数万小时的实验室研究，同样指出 538~565℃ TP347H 腐蚀动力学近似为抛物线[18,43]。对于 540℃工况，暴露时间少于 14h 阶段，氧化增重量随暴露时间快速增加；在 14~35h 阶段，增重曲线的升高速率逐渐下降。上述两阶段可分别被定义为快速氧化阶段、过渡阶段。35h 后，增重曲线以比过

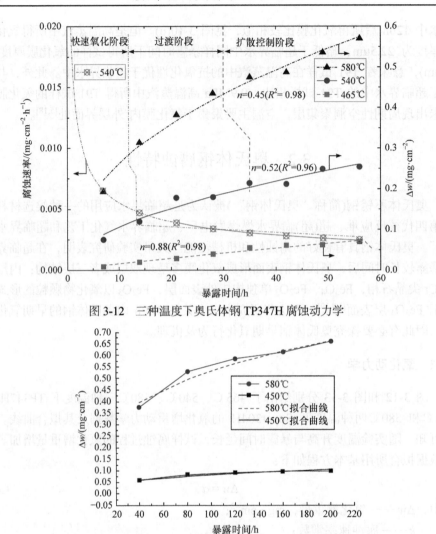

图 3-12 三种温度下奥氏体钢 TP347H 腐蚀动力学

图 3-13 Super304H 氧化增重量随暴露时间的变化
压力为 25MPa

渡阶段更低的升高速率缓慢上升,该阶段内氧化膜生长速率通常由阳离子在氧化膜内的固态扩散限制[1,5,15,30],因此可被定义为扩散控制阶段,又称氧化动力学的稳态氧化阶段。对于 Super304H,其腐蚀增重曲线图同样遵循抛物线规律,腐蚀速率由氧化层的扩散过程控制。保护性氧化膜的形成降低了金属阳离子通过氧化层向外扩散的速率[44],从而导致腐蚀速率降低。奥氏体钢与铁马氏体钢相比,T91 钢相应氧化阶段的发生时间均有所延迟[45]。

当温度升高时,Super304H 氧化增重量随之增加,这表明更高的温度可以促进阳离子、阴离子和其他相关物质的扩散过程。此外,当 TP347H 暴露温度由

540℃升高至 580℃，过渡阶段提前出现。可能的原因为铬具有明显优越于其他元素的氧亲和力，高温促进了连续保护性富铬氧化膜提前形成。反过来讲，低温工况不利于铬选择性氧化，富铬氧化物的成核-生长优势降低，进而延迟了快速氧化阶段向过渡阶段的转化。该论述较好地解释了 465℃下暴露时间高达 56h 时，TP347H 仍处于线性快速氧化阶段。

### 3.2.2 氧化膜表面形貌及成分

TP347H 的氧化动力学研究表明，540℃超临界水环境下 35h 内 TP347H 已完成了从快速氧化阶段到扩散控制阶段的转化。为辨析以 TP347H 为代表的耐热钢在超临界水中的早期氧化机理，接下来将采用 SEM、AFM、拉曼光谱、XPS 等手段详细监测 TP347H 的早期氧化演变过程。

540℃三种暴露时间(7h、14h、35h)下 TP347H 腐蚀后不同放大倍数表面形貌如图 3-14 所示。结合 EDS 分析发现，三种暴露时间工况下，皆为立方型富铁氧化物散乱地分布于富铬氧化膜内层表面。随着暴露时间延长，富铁氧化物颗粒尺寸明显增大。即使暴露时间延长至 35h，零散分布的富铁氧化物仍清晰可见，富铁氧化物间并未彼此碰撞、融合成连续相对完整的氧化膜外层。然而氧化动力学表明，35h 时 TP347H 已基本进入扩散控制阶段。因此可以推断，相对均匀完整的富铬氧化膜内层很可能优先形成，以作为阻挡层阻碍阳离子向外扩散，迫使合金腐蚀进入缓慢的扩散控制阶段[43]。此外，14h 工况下合金表面出现少量直径 1μm 左右的点蚀坑，可能是因为合金中存在铌碳化物等夹杂物[13]。

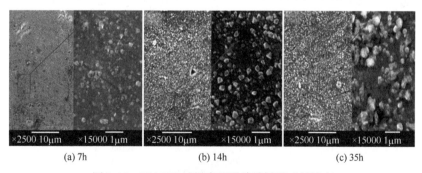

(a) 7h　　　　(b) 14h　　　　(c) 35h

图 3-14　TP347H 试样表面形貌随暴露时间演变

暴露 7h、14h、35h 后 TP347H 试样表面的三维原子力显微镜形貌图及特征参数见图 3-15。三种暴露时间下三维原子力显微镜形貌图明显地呈现出了表面氧化物的柱状生长特征。此外，可以直观判断试样表面峰密度随暴露时间由 7h 延长至 35h 而下降。基于对三种暴露时间下 TP347H 试样表面 10μm×10μm 微区域的三维形貌统计分析，图 3-15 中还依次给出了各工况下峰高分布图及系列峰特征参数。峰众数及系列峰高参数($S_a$-平均粗糙度；$S_p$-峰高最大值；$S_v$-最大谷深；

$S_t$-峰谷差)大多随暴露时间由 7h 延长至 14h 而增大。该现象可归因于金属氧化物的快速成核及其占优的纵向生长。这与腐蚀动力学图 3-12 中 14h 前合金处于快速氧化阶段的结论一致。随着暴露时间进一步由 14h 延长至 35h，峰众数减小，且系列峰高参数也下降，这很可能源自富铬氧化物小颗粒间的融合及大颗粒富铁氧化物颗粒底部间的汇聚，均匀致密富铬保护性内层逐渐形成。该推测被 TP347H 氧化动力学及表面 SEM 照片所证实(分别见图 3-12 与图 3-14)。偏度 $S$ 与峰度 $K$ 皆是描述数据分布形态的统计量，前者表征数据总体分布的对称性，而后者描述数据分布形态的陡缓程度，其定义如下：

$$K = \frac{1}{n-1}\sum_{i=1}^{n}\frac{(h_i - \bar{h})^4}{SD^4} - 3 \tag{3-2}$$

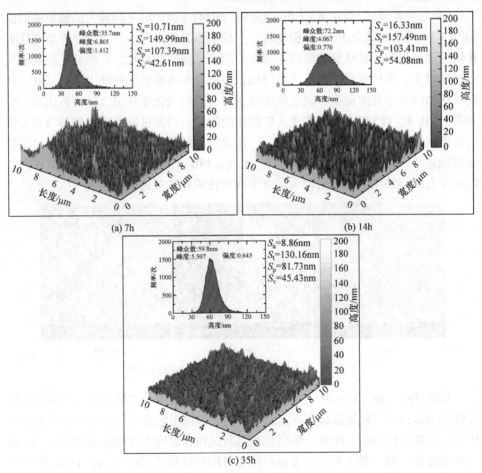

图 3-15 不同暴露时间下 TP347H 试样表面三维原子力显微镜形貌图及特征参数

$$S = \frac{1}{n-1} \sum_{i=1}^{n} \frac{(h_i - \bar{h})^3}{\mathrm{SD}^3} \tag{3-3}$$

式中，$n$——所统计区域内的峰数目；

$h_i$——峰高；

$\bar{h}$ 和 SD——峰高平均值和标准差。

不同暴露时间下，总体峰高数据的偏度与峰度如图 3-15 所示。标准正态分布的峰度为零，此处峰度为正值，表明峰高数据的分布形态较为陡峭。7~14h 时，峰度减小；14~35h 时，峰度随暴露时间增大。偏度为正值表明低峰数目占优，在所研究的暴露时间范围内，偏度随暴露时间延长而减小，这一定程度上反映了如下过程：初始细晶粒氧化物间逐渐碰撞、融合，以致低峰数量占优程度逐步下降。

氧化物 $Fe_3O_4$、$FeCr_2O_4$(尖晶石)、$Fe_2O_3$ 标准拉曼光谱见图 3-16。如图所示，$Fe_3O_4$、$FeCr_2O_4$ 拉曼光谱的首要特征峰处拉曼位移分别约为 $669cm^{-1}$、$685cm^{-1}$[10]，而 $Fe_2O_3$ 拉曼光谱的主要特征峰位为 $1320cm^{-1}$、$410cm^{-1}$、$293cm^{-1}$[46]。此外，$Cr_2O_3$ 的首要特征峰位于拉曼位移约 $553cm^{-1}$ 处[10]，十分靠近 $Fe_3O_4$ 的第二特征峰(约 $550cm^{-1}$)。由于 TP347 表面占优组分 $Fe_3O_4$ 的干扰，仅凭借拉曼光谱很难鉴别合金表面是否存在 $Cr_2O_3$。图 3-16 中还呈现出了 7h、14h、35h 三种暴露时间下 TP347H 表面拉曼光谱组。每种暴露时间下，拉曼光谱组由 3~4 条拉曼光谱组成，其通过从内层表面(即大颗粒富铁氧化物间隙处)至大颗粒富铁氧化物相继选择 3~4 个代表性微区域进行检测而得。同一暴露时间下拉曼光谱组内，各拉曼光谱差异性清晰地展示了合金表面氧化物分布的不均匀性。7h

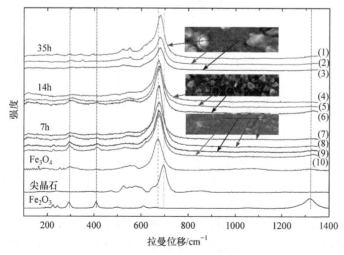

图 3-16 标准氧化物与 TP347H 表面代表性区域的拉曼光谱

工况对应于图 3-16 中拉曼光谱线(7)~(10)，此时 $Fe_3O_4$、$FeCr_2O_4$、$Fe_2O_3$ 皆出现在氧化膜内层表面。当检测光标定位到外层大颗粒氧化物上时，仅检测到 $Fe_3O_4$ 及少量 $FeCr_2O_4$，表明孤立的大颗粒富铁氧化物主要由 $Fe_3O_4$ 构成。14h 工况下拉曼光谱组具有同 7h 工况下相似的特征，但是氧化膜内层表面 $Fe_2O_3$ 特征峰强度明显减弱，如图 3-16 中拉曼光谱线(6)所示。随着暴露时间进一步延长至 35h，拉曼光谱组内 $Fe_2O_3$ 特征峰几乎完全消失。

由图 3-16 可知，拉曼光谱线(10)、(6)、(3)分别反映了 TP347H 暴露 7h、14h、35h 后氧化膜内层的物相组成，分别进行详细的分峰拟合处理，结果如图 3-17 所示。图 3-17(a)~(c)表明，随暴露时间延长，600~750cm$^{-1}$(基本覆盖了氧化物 $FeCr_2O_4$ 与 $Fe_3O_4$ 的首要特征峰)内特征峰拉曼位移增大；不同工况下 $FeCr_2O_4$ 占比也逐渐升高，见图 3-17(d)。

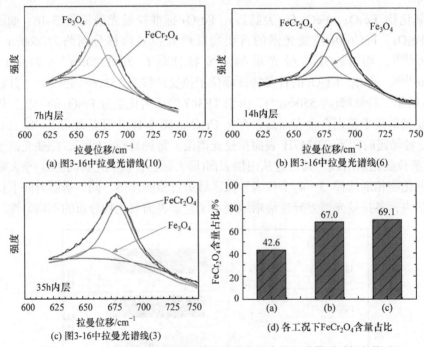

图 3-17 TP347H 膜内层拉曼光谱及其分峰拟合结果受暴露时间的影响

进一步从原子层面辨析氧化膜表层的物相组成，图 3-18 给出了三种暴露时间下 TP347H 试样表面的 XPS 宽扫描谱。暴露 7h、14h、35h 后的试样表面，皆检测到 Fe、Cr、O、C 四种元素，Cr 的出现再次证实了合金表面铁氧化物外层的不完整性(XPS 的检测深度仅为纳米级：金属材料约为 0.5~3nm、无机材料约为 2~4nm，假如铁氧化物外层是连续、完整的，应当无法检测到氧化膜内层中的 Cr 元素)；碳元素可能源自试样表面的有机质污染。此外，检测到金属 Fe 的俄歇电子特征信号。值得说明的是，未确认信号峰"a""b"可能分别为 O、C 元素的能量损失峰或者鬼峰。虽然 Ni 为合金基体内第三大元素，但是相对于 Fe、Cr，镍在合金基体的扩散速率较低且氧亲和力也较低[15,47]，三种暴露时间下镍元素皆未出现于氧化膜表层。

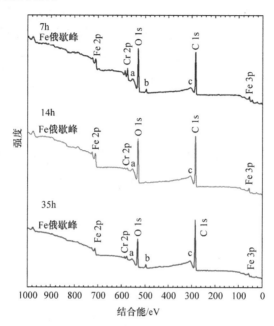

图 3-18  不同暴露时间下 TP347H 表面 XPS 宽扫描谱

三种主要元素 Cr、Fe、O 高分辨率窄扫描 XPS 图(窄谱)及其分峰拟合见图 3-19，可详细鉴别其化学状态。Cr $2p_{3/2}$ 窄谱分析结果给出了四种最可能存在的含铬组分及其特征键能，$FeCr_2O_4$ 约 576.0eV±0.2eV[48]、$Cr_2O_3$ 约 576.6eV±0.4eV[49-51]、$Cr(OH)O$ 约 577.2eV±0.2eV[52,53]、含 $Cr^{6+}$ 组分约 578.9eV[54]，如图 3-19(a)所示。随着暴露时间延长，$FeCr_2O_4$ 相对含量增加，而 $Cr_2O_3$ 比例下降，预示着 $Cr_2O_3$ 向 $FeCr_2O_4$ 逐渐转化[1,55]。含 $Cr^{6+}$ 组分的出现并非实验前所预期的，且其相对含量随暴露时间增加而降低，该现象预示着尽管体系溶解氧量仅为微克每升级，合金早期氧化阶段很可能仍存在着保护性 $Cr^{3+}$ 向非稳定性 $Cr^{6+}$ 的转变。当前体系下，$Cr^{6+}$ 组分的潜在具体形式为 $CrO_2(OH)_2$、$CrO_3$，前者的可能性更大[36,56]。这是因为在具有较高水分压的超临界水环境中，$CrO_2(OH)_2$ 相生成的临界氧分压远低于 $CrO_3$；此外，600℃以下时 $CrO_3$ 生成速率很慢(通常小于 $10^{-14} g\cdot cm^{-2}\cdot s^{-1}$)，不足以用来解释当前环境中 $Cr^{6+}$ 物种的存在[36,56]。随着合金氧化过程的持续进行及氧化所产生氢气的释放与积累[21,26]，合金表面氧分压不断降低，逐步抑制了 $Cr_2O_3$ 向 $Cr^{6+}$ 组分的转变。其一，很好地解释了本节研究环境中 $Cr^{6+}$ 含量随暴露时间

(7~35h)的持续降低，以及几乎从未有经长周期腐蚀后近纯超临界水中合金表面出现 $Cr^{6+}$ 组分的相关报道；其二，一定程度上说明了氧分压大小是决定 $Cr^{6+}$ 组分是否出现的关键因素，从侧面验证了临界生成氧分压更低的 $CrO_2(OH)_2$ 相更可能是 $Cr^{6+}$ 组分的具体形式。$Cr_2O_3$ 向 $Cr^{6+}$ 组分的转变将成为高温蒸汽(> 700℃)、氧化性超临界水环境(溶解氧量为数十毫克每升及以上)中富铬合金 Cr 流失及其氧化膜保护性降低乃至丧失的关键因素，该问题将在本书第 6 章中论述。

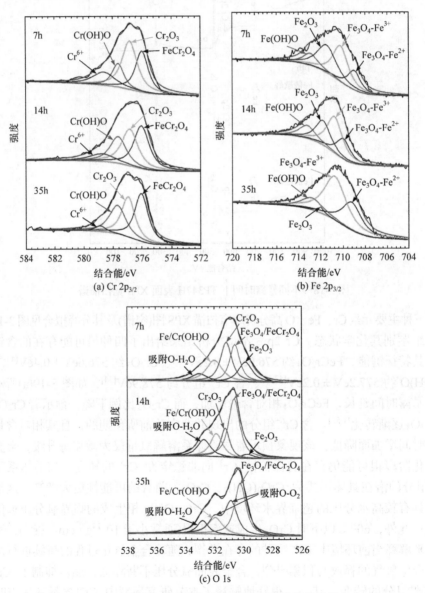

图 3-19 三种主要元素高精度 XPS 窄谱及其分峰拟合

对于 $Fe2p_{3/2}$ 窄峰及其分峰拟合分析，鉴于 $Fe_3O_4$ 中 $Fe^{2+}$、$Fe^{3+}$ 共存，分别针对 $Fe_3O_4$ 中 $Fe^{2+}$、$Fe^{3+}$ 进行了峰分解，并预先假定 $Fe^{2+}$ 与 $Fe^{3+}$ 峰强度比为 1:2[10]。文献表明，$FeCr_2O_4$ 中 $Fe2p_{3/2}$ 键能位于 $Fe_3O_4$ 中 $Fe^{2+}$ 与 $Fe^{3+}$ 的 $2p_{3/2}$ 键能之间[34,35]，因此为处理简便，峰分解拟合过程中未单独析出 $FeCr_2O_4$，如图 3-19(b)所示。铁氢氧化物的相对含量似乎未受到暴露时间的影响，然而 $Fe_3O_4$ 比例(实际代表 $Fe_3O_4$ 和 $FeCr_2O_4$ 总含量)随暴露时间增加而升高。随暴露时间延长，$Fe_2O_3$ 相对含量逐渐减小；35h 时 $Fe_2O_3$ 近乎消失，表示其向其他相转化(目标物相很可能为 $FeCr_2O_4$)[5,36]。结合上述对合金氧化膜内层表面的拉曼光谱分析(图 3-17)及 $Cr2p_{3/2}$、$Fe2p_{3/2}$ 窄谱的分峰拟合，可以推测存在两条 $FeCr_2O_4$ 生成路径，其一为 $Fe_2O_3$ 和 $Cr_2O_3$ 的固溶反应；其二为 Fe 和 $Cr_2O_3$ 直接反应。随着暴露时间的增加，合金表面氧分压将不断降低，当合金表面氧分压不满足 $Fe_2O_3$ 生成时，第二条路径将逐步成为 $FeCr_2O_4$ 生成的主要途径。

基于图 3-19(a)与(b)中已确认的铁/铬氧化物和氢氧化物，以及已有事实 Fe(OH)O 与 Cr(OH)O 中 O1s 键能约为 $531.5eV\pm 0.3eV$[50,57]，$Fe_3O_4$ 中 O1s 键能约为 530.2eV 且与 $FeCr_2O_4$ 中相似[48]，图 3-19(c)给出了代表性含氧腐蚀产物，表明腐蚀产物含量随暴露时间的演变。暴露时间延长，吸附水与氢氧化物所占比例似乎未受到影响[51]；与此同时，$Fe_2O_3$ 与 $Cr_2O_3$ 相对含量明显下降，$FeCr_2O_4$ 和 $Fe_3O_4$ 逐渐成为表面氧化物中占优组分。不同于 7h 与 14h 工况，35h 下 O1s 谱为多峰光电子谱，这很可能起因合金表面层内所吸附 $O_2$ 分子的非价层电子$(\sigma 1s)^2$ 和 $(\sigma *1s)^2$ 逃逸。$O_2$ 分子轨道结构 $(\sigma 1s)^2(\sigma *1s)^2(\sigma 2s)^2(\sigma *2s)^2(\sigma 2p_x)^2(\pi 2p_y)^2(\pi 2p_z)^2(\pi *2p_y)^1(\pi *2p_z)^1$[58]，其中 $(\pi *2p_y)^1$ 与 $(\pi *2p_z)^1$ 为氧气分子中两个价电子。在 XPS 检测所用 X 射线的作用下，$O_2$ 分子内部$(\sigma 1s)^2$ 或者$(\sigma *1s)^2$ 能级上任一电子被激发，残留的孤立电子将与价层电子$(\pi *2p_y)^1$ 或 $(\pi *2p_z)^1$ 形成自旋-自旋耦合，又称多重态分裂，引发谱峰分裂。随着暴露时间延长，合金腐蚀动力学逐步进入扩散控制阶段，腐蚀速率显著下降，合金氧化的耗氧速率逐渐减低至低于 $O_2$ 分子在合金表面的吸附速率，因此仅在 35h 后的合金表面检测到吸附 $O_2$ 分子。

依据图 3-12 中 TP347H 氧化过程的阶段划分，当暴露时间为 40h 时，540℃、580℃下 TP347H 氧化过程已分别进入扩散控制阶段约 5h、10h，而暴露于 465℃ 或更低温度下的 TP347H 试样仍处于快速氧化阶段。因此，本小节选择 40h 为参考暴露时间，探究环境温度、压力对扩散控制阶段早期 TP347H 表面氧化膜特性的影响规律。图 3-20 描绘了不同工况下 TP347H 于超临界水或者高温蒸汽中暴露 40h 后的 SEM 照片。由图 3-20 可知，25MPa、465℃/540℃/580℃三种超临界水工况下，TP347H 表面氧化膜皆呈现出明显的双层结构，内层为紧密堆积的细晶粒富铬氧化物，立方型大颗粒富铁氧化物构成了疏松的表面层。随实验温度由 465℃依次升高至 540℃、580℃，立方型富铁氧化物尺寸由最初 0.5 μm 增大至 1.5 μm，且其分布密度逐渐增大。图 3-20(d)、(e)分别描绘了暴露于 25MPa、17MPa 的 390℃超临界水中 40h 后 TP347H 表面氧化膜的平面图。25MPa 时氧化物颗粒的尺寸差异几乎可以忽略，这表明高密度超临界水中几乎不存在部分氧化物颗粒的优先生长。然而，高温蒸汽氛围[图 3-20(d)]下所获得氧化产物形貌同较高温度超临界水[图 3-20(a)~(c)]中产生氧化膜非常相似，但是前者大颗粒富铁氧化物的分布密度较低，这意味着低密度超临界水中耐热钢氧化机理与高温蒸汽氛围下的相似，即均为固态生长机理[17,18]。25MPa 与 17MPa 下 540℃工况所得试样的类似表面形态也证实了这种解释，如图 3-20(b)与(f)所示。图 3-20(d)与(e)之间试样表面特征的明显差异，表明针对 390℃高温高压水环境当压力从 17MPa 升高至 25MPa 时，TP347H 氧化过程发生了改变。这可能归因于 25MPa、390℃下超临界水(密度为 215kg·m$^{-3}$)的类液体特性，而图 3-20(a)~(c)、(e)、(f)工况下介质水密度低于 200kg·m$^{-3}$，其更具气体特性[36]。超临界水类液体特性，更倾向于引发另一种腐蚀过程：金属溶解/氧化物沉淀[46,59]。

图 3-20 不同工况下 TP347H 试样暴露 40h 后的 SEM 照片

在不同实验条件(表 3-2)下 Super304H 样品在 40h 内形成的氧化皮的腐蚀形貌如图 3-21 所示，其表面形成了双层氧化膜。结合 EDS 分析，可以发现疏松的表层由大块的富含铁的结晶氧化物颗粒组成，而内层则由相对细粒度的 Cr/Fe 氧化物紧密堆积。

表 3-2  Super304H 不同实验条件

| 参数 | Run 1 | Run 2 | Run 3 | Run 4 | Run 5 | Run 6 |
| --- | --- | --- | --- | --- | --- | --- |
| 温度/℃ | 450 | 580 | 540 | 540 | 580 | 580 |
| 压力/MPa | 25 | 25 | 20 | 25 | 23 | 23 |
| pH | 9.5 | 9.5 | 8.0 | 8.0 | 7.3 | 8.5 |

注：Run 1～Run 6 表示实验条件 1～6。

图 3-21  Super304H 样品在不同实验条件下腐蚀形貌图

从图 3-21 可看出，腐蚀样品上产生的氧化物颗粒数量和大小存在明显差异。从 Run 1 和 Run 2 可以看出，在相同的压力和 pH 下，当测试温度从 450℃上升到 580℃时，富铁颗粒的尺寸从约 0.2μm 增加到约 1μm，在较高温度下，大颗粒氧化物的数量占绝大多数，其实验结果与 Sun[44]、Chang 等[60]提出的较高的温度会降低合金的耐蚀性结果基本一致。这可能是因为较高的温度可以促进阴离子、阳离子和其他物质的扩散过程，3.2.3 小节将会详细分析温度的影响。Run 4 的氧化物颗粒数量比 Run 3 多，但是颗粒大小并无明显差异，通过对比分析可知，压力增加(20MPa 增至 25MPa，即从亚临界压力至超临界压力)有利于氧化物在外层成核，但对氧化物颗粒生长的影响可忽略不计。在超临界压力下，样品表面氧化物的成核位置高于亚临界压力下的成核位置，这可能是因为水分子吸附和分解的作用点密度较高。当暴露时间小于 80h 时，Super304H 试样出现快速氧化，如图 3-13 所示。本小节以 40h 为例进行说明，在此阶段，合金的腐蚀速率主要由氧化膜/环境界面过程控制，如超临界水分子的吸附和分解过程[61]。Labranche 等[61]指出，氧化物成核密度可能与腐蚀产物的分压近似正相关。第一个原因是水分子吸附和分解的活化位有利于氧化物的成核，其密度与水分子数正相关，超临界水环境中的水分子数越高，样品表面的活化位越高，则氧化物成核位置就越高。第二个原因可能与超临界水环境下形成的氧化膜内层集中的缺陷密度有关。研究表明，较高的蒸汽压力有利于氧化膜中空洞的形成[62]。金属阳离子在超临界压力条件下产生的集中缺陷使氧化膜内的扩散速率较高，基体中的金属阳离子可以快速向外扩散，通过内层到达氧化膜/环境界面，即成核位置，然后与水分子反应，在外表面生成相应的氧化物。因此，在初始氧化阶段，氧化膜厚度和氧化晶粒尺寸可能会随着温度和压力的增加而增加，合金 Super304H 的抗氧化性降低。其中，温度对 Super304H 合金抗氧化性的影响最为显著。

图 3-22 显示了暴露 40h 后 TP347H 表面主要元素 Fe、Cr、Ni 和 O 的原子分数。图 3-22(c)、(e)、(f)表明针对 25MPa 低密度超临界水工况，在 Ni、Cr、Fe 三金属中 Fe 原子分数随温度由 465℃依次升高至 540℃而增大。同时，试样表面 O 原子分数同样随温度升高而增大，而 Ni、Cr 原子分数下降。这与富 Fe 氧化物随温度而富集的现象高度一致，如图 3-20(a)～(c)所示。温度上升将加速合金基体中 Fe 向外扩散，促进立方型富铁氧化物在氧化膜/环境界面处生成与生长，恶化合金耐蚀性[46,63,64]。此外，由图 3-22(a)和(b)、图 3-22(d)和(e)可知，无论实验温度为 390℃还是 540℃，暴露 40h 后 TP347H 表面氧化物的氧原子分数皆随环境压力由 17MPa 升高至 25MPa 而增大。

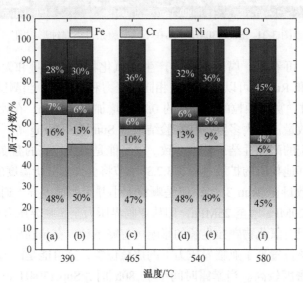

图 3-22　TP347H 暴露 40h 后表面主要元素的原子分数
(a)、(d) 压力为 17MPa；(b)、(c)、(e)、(f) 压力为 25MPa

对于暴露于 25MPa 超临界水中 40h 后 TP347H 钢，其表面 XRD 图随温度的变化见图 3-23。结合图 3-22 中元素的原子分数分析及 3.3 节早期氧化机理中的有关探讨，可将 XRD 图中特征峰归属为两大类物质，其一为合金基体(Fe-Cr-Ni)，其二为 $Fe_3O_4$/尖晶石($FeCr_2O_4$)。465℃、540℃、580℃三种温度下合金表面的主要氧化物都为 $Fe_3O_4$/尖晶石。此外，随暴露温度升高，$Fe_3O_4$/尖晶石的特征峰不断增强而基体峰减弱，标志着合金表面氧化膜的增厚。

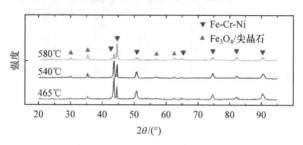

图 3-23　三种温度下 TP347H 暴露 40h 后表面 XRD 图

图 3-24 给出了 17MPa、25MPa 下 TP347H 暴露 40h 后氧化增重量($\Delta w$)随温度的变化。其指出 TP347H 氧化增重量皆随温度升高而增大；相同暴露温度下，氧化增重量随环境压力由 17MPa 增加到 25MPa 而增大。

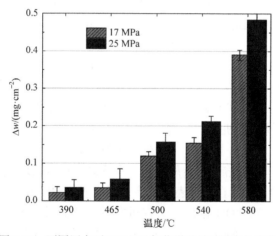

图 3-24　不同压力下 TP347H 氧化增重量随温度的变化

540℃下 TP347H 暴露 40h 后氧化增重量、环境氧分压($p_{O_2}$)及二者随环境压力的增长速率如图 3-25 所示。随着环境压力由 17MPa 上升至 23MPa，TP347H 的 $\Delta w$ 不断升高，且其增长速率缓慢上升；在 23～25MPa，$\Delta w$ 增长速率急剧增大。利用 HSC 软件及其基础数据[65]计算获得了各环境压力下氧分压[14]。随环境压力升高，氧分压逐步增加，但是其增长速率却下降。氧分压增长速率的急剧下降点位于跨临界压力区域，即 21～23MPa。$\Delta w$ 与 $p_{O_2}$ 增长速率变化趋势的明显差异表明，环境压力对 TP347H 合金耐蚀性的影响，并非唯一地体现在氧分压上。

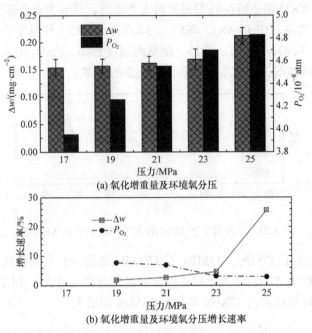

图 3-25　TP347H 试样氧化增重量与氧分压受环境压力的影响
1atm=1.013×10⁵Pa

在超临界水中 pH 对奥氏体耐热钢腐蚀形态的影响可以忽略不计。如图 3-21 所示，当初始 pH 从 8.5 变为 7.3 时，Super304H 表面氧化物颗粒的大小和数量没有明显差异，在一定程度上表明外层氧化膜可能遵循固体生长机理[1,10,18]，并非以金属溶解/氧化物沉淀机理[66,67]生长。固态生长机理认为氧化膜外层的生长是金属离子穿过氧化膜向外扩散，然后在氧化膜/环境界面与气体反应，而金属溶解/氧化物沉淀机理认为溶解的金属阳离子在水环境中与 OH⁻等阴离子结合形成氧化物或氢氧化物，接着在试样表面沉淀，形成或者增厚氧化膜外层。较高的初始 pH，即较大的初始 OH⁻浓度不会促进富铁氧化膜外层的生长。超临界水在 580℃和 23MPa 的密度较低(约 67kg·m⁻³)，表现为非极性溶剂，导致离子物种的溶解度极低[68]。因此，尽管初始 pH 较大，但在 Run 5 和 Run 6 时，OH⁻的浓度差异可以忽略。上述实验结果和分析表明，超临界水中 Super304H 上形成的双层氧化膜主要通过固态生长机理生长。

### 3.2.3　氧化膜结构

为了探究氧化膜内层的生长行为并与相关文献报道进行直接比较，借助 SEM/EDS 观测分析了 540℃、25MPa 超临界水中奥氏体钢 TP347H 经较长周期

(120h)暴露后的局部氧化膜横截面特征，如图 3-26 所示。从图中可以清晰地看到一个与基体紧密结合、相对较为均匀的双层结构氧化膜[图 3-26(a)]。主要元素面分布图指出，相对于合金基体，合金元素铁、铬、镍依次在氧化膜内层、外层、整个氧化膜内耗竭，分别见图 3-26(c)~(e)。该定性描述已被沿试样截面深度方向的主要元素的原子分数分布证实，如图 3-27 所示。

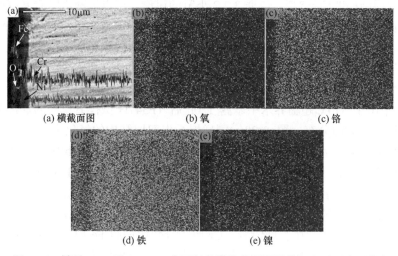

图 3-26　暴露 120h 后 TP347H 表面氧化膜的截面图及其上主要元素面分布

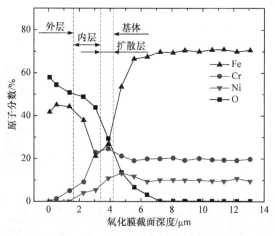

图 3-27　氧化膜截面深度方向主要元素的原子分数

图 3-27 显示出基体/氧化膜界面处镍富集现象，该结论也同样出现在 Otoguro 等[69]、Was 等[15]等的相关研究中[7,18,55]。Otoguro 等[69]、Was 等[15]指出，相对于合金元素铁，镍层中 Cr 扩散系数更低[55]，富镍层可抑制金属离子尤其是铬离子向外扩散，从而有助于改善合金耐蚀性；此外，富镍层的存在还可以缓解基体/

氧化膜界面处应力集中[69]；然而，如果富 Cr 氧化物选择性形成而引发 Ni 偏析，使得富镍簇出现于合金晶界的内端点，则可能进一步脆化晶界而触发或加剧晶界的开裂[70]。结合试样截面元素的原子分数分布及 XRD 图(图 3-23)，可以推断超临界水中合金 TP347H 氧化膜外层基本上全部由 $Fe_3O_4$ 构成，而富铬尖晶石及少量金属镍构成了氧化膜内层，这也是长期暴露于超临界水中奥氏体钢表面氧化膜的典型双层结构[10,15,30,36,46]。依据 3.2.2 小节的讨论，可以推断出随着暴露时间进一步延长(> 35h)，分布于富铬保护性氧化膜内层表面的孤立 $Fe_3O_4$ 颗粒将逐渐增多，且逐步转变为横向生长占优，接着 $Fe_3O_4$ 颗粒间彼此碰撞、融合，最终形成相对完整的氧化膜外层[21]。

事实上，超临界水中 TP347H 基体/氧化膜界面并非一直是规则平直的[7,21,43]。图 3-28 给出了 540℃超临界水中暴露 120h 后 TP347H 试样氧化膜的局部截面图及其氧原子分数面分布。图 3-28(a)同样展示出双层结构的氧化膜，但是在基体/氧化膜界面处局部氧化前沿峰插入合金基体约 5μm。图 3-28(b)中的氧原子分数面分布图再次确认了氧化膜内层已局部嵌入合金基体。针对图 3-28(a)中几个关键位置点，表 3-3 给出了这些微区域处 Cr、Ni、Fe、O 的原子分数。点 1 展示了基体内合金元素的原子分数为 19.8Cr-9.6Ni-70.6Fe。从点 5 依次到点 2，即由氧化膜外层至氧化膜内层生长前沿峰，Cr 原子分数增加而 Fe 原子分数下降，再次表明富铬氧化物为内层主要组分。值得一提的是，在氧化膜内层的生长前沿峰尖端(点 2)处，镍与铁总的原子分数少于 5%，意味着该处富铬氧化物很可能为 $Cr_2O_3$。该结果与 Viswanathan 等[18]的论述一致：不同于细晶粒奥氏体钢，粗晶粒奥氏体中 $Cr_2O_3$ 只可能出现在氧化膜内层与合金晶界的交汇处。

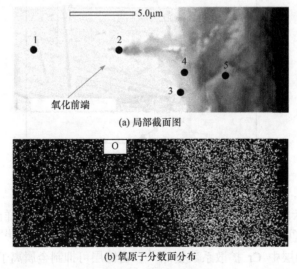

图 3-28　TP347H 表面氧化膜局部截面图及氧原子分数面分布

表 3-3  氧化膜横截面上代表性微区域的主要元素的原子分数  (单位：%)

| 位置 | Ni | Cr | Fe | O |
| --- | --- | --- | --- | --- |
| 点 1 | 9.6 | 19.8 | 70.5 | 0.1 |
| 点 2 | 1.3 | 36.6 | 3.7 | 58.4 |
| 点 3 | 6.0 | 22.2 | 19.0 | 52.8 |
| 点 4 | 5.4 | 19.9 | 23.1 | 51.6 |
| 点 5 | 0.1 | 0.1 | 41.8 | 58.0 |

Super304H 在 580℃和 25MPa 下暴露 160h 后的截面 SEM 照片及 EDS 图如图 3-29 所示。虽然 Super304H 试样的大部分表面覆盖着不均匀的氧化层，但也形成了一些更厚的、双重氧化层的核。核的间距约为 3 μm，与 Super304H 不锈钢中奥氏体晶粒的大小一样。沿一个核进行线扫描获得的氧化物成分剖面如图 3-30 所示，可以估计核内层的成分为 39.4O-22.6Cr-32.5Fe-5.5Ni，表明其是富铬的氧化物。外层主要由铁氧化物组成，其成分为 47.2O-2.3Cr-49.45Fe-1.2Ni。内层与外层的厚度分别约为 3μm 和 3.2μm，为进一步识别腐蚀产物，对内层进行 XRD 分析(图 3-31)，其结果表明内层主要由富铬尖晶石组成，外层主要是 $Fe_3O_4$。$Fe_2O_3$ 的缺失可能是因为温度较高[46]，氧质量浓度低于 $2mg \cdot L^{-1}$[71]，或 $Fe_3O_4$ 二次氧化的暴露时间不足[10,43,72]。在合金的表面腐蚀产物中，即使温度高达 580℃，也没有检测到方铁矿相(FeO)。这可能是因为 FeO 和 $Cr_2O_3$ 之间发生固相反应。对于碳钢而言，许多研究都认为其方铁矿转变温度为 570℃，转变温度

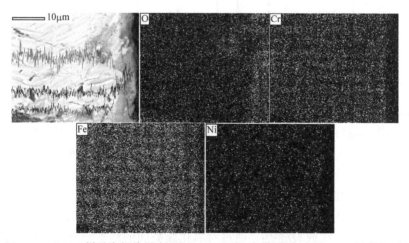

图 3-29  Super304H 样品在超临界水(580℃，25MPa)中暴露 160h 的 SEM 照片和 EDS 图

随着合金中铬质量分数的增加而增加[18]。较高质量分数的铬有利于 $Cr_2O_3$ 的形成，这有效地加速了 $Cr_2O_3$ 与 FeO 的固相反应，形成尖晶石($FeCr_2O_4$)，导致方铁矿迅速消失。然而在以往的研究中，$Fe_3O_4$ 和 $Cr_2O_3$ 之间的固相反应是在内层形成尖晶石的主要过程。随着暴露时间延长，最初孤立的核可能会沿着合金表面逐渐生长，直到它们相互碰撞并结合，最终形成一个相对完整的双重氧化膜，其结构与上述形成的核相似[43,73]。在超临界水中，该双层氧化膜是奥氏体钢形成的典型氧化膜[10,15,46,74,75]。

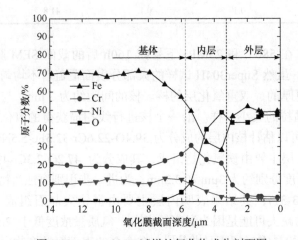

图 3-30 Super304H 试样的氧化物成分剖面图

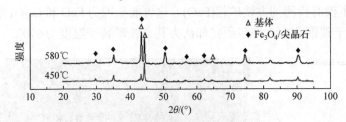

图 3-31 Super304H 腐蚀试样表面的 XRD 图

随着温度从 450℃升高到 580℃，$Fe_3O_4$/尖晶石的特征峰强度增加，而合金基体峰减弱(图 3-31)，表明在较高温度下腐蚀更严重。在扩散控制阶段中，较高的温度会加速铁等金属阳离子从基体通过氧化物层，进而向外扩散到氧化层/气体界面，然后铁在最外层氧化生成氧化铁，从而促进外层厚度的增加。同时，O 以 $O^{2-}$、$H_2O$ 或 $O_2$ 的形式向内传输，其传输速率也会随着温度的升高而增大[18,76]，这利于氧化膜内层的生长。氧化膜内层的生长可能是通过气体分子直接穿透氧化膜中的缺陷，如裂纹或裂缝[72]。通过对氧化膜截面的观察，氧化膜内部会有明显的裂纹，这些裂纹会形成气体分子向内传输的微通道，促进基体向内氧化，进而使内氧化层变厚。

## 3.3 材料早期氧化机理

### 3.3.1 铁马氏体钢

从以上的研究中可以得出，T91在腐蚀初期呈双层结构，氧化膜内层由尖晶石氧化物构成，并且内层中铬原子分数与基体中非常接近；随着时间增加，扩散层会在基体/氧化膜界面处生成；氧化膜外层由$Fe_3O_4$组成，在较高温度下外层铁离子空位浓度较大。当TP347H暴露在超临界水中时，其氧化膜外层基本上全部由$Fe_3O_4$构成，而富铬尖晶石相及少量金属镍构成了氧化膜内层，这是暴露于超临界水中奥氏体钢表面氧化膜的典型双层结构。在3.1及3.2节腐蚀特性研究的基础上，铁马氏体钢T91和奥氏体钢TP347H在超临界水中的早期氧化机理总结如下。

当暴露于540℃超临界水中，T91钢表面相对完整的氧化膜内外层几乎同时形成，如图3-10(a)所示，暴露时间仅1h时氧化膜内外层的厚度皆已近2μm。此外，Tan等[31]的研究也表明，暴露时间仅1h时，500℃超临界水中HCM12A表面氧化膜的内外层厚度已分别为0.8μm和1.0μm。氧化膜外层主要由粗大的柱状$Fe_3O_4$晶粒组成，柱状$Fe_3O_4$纵轴垂直于原始试样表面；氧化膜内层主要组分为细小的等轴$Fe_3O_4$与铬-铁尖晶石氧化物$(Cr, Fe)_3O_4$[38,39]，可记为$Fe_{3-x}Cr_xO_4(0 < x < 3)$。根据之前的研究结果可以推断氧化膜外层的形成源自铁的向外迁移[1,5]；供氧体以氧空位迁移机理向内供给，促进氧化膜内层增厚。

早期氧化阶段，一旦超临界水分子接触合金表面，与位于合金表面活化位的部分金属原子发生反应，产生多种氧化物晶核，如$Cr_2O_3$、$Fe_2O_3$、$Fe_3O_4$等[1]。由于铬的高氧亲和性及其在基体内相对较大的扩散系数[30]，晶界处铬碳化物及靠近晶界的晶粒中铬不断被氧化[2,5]，产生富铬氧化物，氧化膜内层前沿(准确地讲应该为阻挡层前沿)沿基体晶界向内迁移。耐热钢基体中铁的溶解氧量很低，几乎可忽略不计。因此，随着金属晶界处氧势的增加，超细富铬尖晶石颗粒将在基体晶粒中形成[1]。富铬颗粒生成过程中，剩余金属晶粒内的氧势持续增加，直到达到一定值使其足以氧化残留的富铁金属晶粒，其部分转变为等轴$Fe_3O_4$颗粒，并与之前形成的富铬氧化物共同构成氧化膜内层。随着氧化膜内层向内生长，部分产生于氧化膜阻挡层/基体界面处的$Fe^{2+}$沿着垂直于原始合金表面的方向向外扩散，并于氧化膜外层/超临界水环境界面处与氧原子结合形成新的氧化物，从而增厚氧化膜外层。

尽管540℃下双层氧化膜在几小时内已基本形成，但此时T91钢的氧化过程仍未进入扩散控制阶段，除非暴露时间延长至数百小时。氧化膜扩散层通常出现于膜内外层形成之后[31]。氧化膜内层分别阻碍氧离子、金属阳离子向内或向外扩散，起到一定的保护作用，该作用随着氧化膜厚度的增加而增强。经过一定的暴露时间后，铁离子的向外扩散变成了氧化过程速率限制步骤，氧化膜扩散层出现，标志着氧化过程进入了扩散控制阶段。

### 3.3.2 奥氏体钢

在超临界水中长周期暴露后，300 系列不锈钢表面生成的氧化膜通常具有以下特点：氧化膜内层以铁-铬尖晶石氧化物为主，为控制阳离子向外扩散的阻挡层；氧化物外层几乎全部由 $Fe_3O_4$ 构成；根据具体体系溶解氧量、温度及暴露时间的差异，$Fe_2O_3$ 有时以单层或者离散颗粒的形式出现在氧化膜最外层表面[7,10,13,18,26,30,33,43,77]。本章奥氏体钢 TP347H 暴露于 540℃超临界水中的短期实验研究表明，TP347H 进化到扩散控制的稳态氧化阶段时，其氧化膜包括相对致密的富 Cr 内层、由离散 $Fe_3O_4$ 颗粒组成的不连续外层。相对于氧化膜外层，奥氏体钢 TP347H 表面连续富 Cr 膜内层形成得更早[43,70,78]。

氧化物初始成核通常发生在合金表面的活化位点。一旦接触合金表面的这些活化位点，超临界水分子将被吸附、进而分解成氧离子，氧离子进一步与该活化位点处的金属原子结合，从而产生最初的氧化物晶核[1,79]。在快速氧化阶段，随着氧化过程进行氧化物晶核数量不断增加，且晶核生长主要集中在纵向上(即垂直于初始合金表面的方向)，试样表面平均粗糙度增大。由于合金元素的氧亲和力、扩散系数差异，氧化物颗粒大致呈双层分布[30,55,80]。外层为大尺寸系列的孤立富铁氧化物，内层则主要由相对细小、堆积较为紧密的富 Cr 氧化物组成[1,2]。内外层中氧化物颗粒的尺寸差异可归因于内层中的压应力，这些压应力可以限制氧化物颗粒的生长并且引发初始氧化物颗粒的破碎[43]。然而，膜外层中氧化物颗粒沿垂直合金表面的方向向外自由生长。

快速氧化阶段初期，合金表面活化位点处 $Cr_2O_3$、$Fe_2O_3$、$Fe_3O_4$ 等同时成核，相对于 Fe、Ni，合金元素 Cr 具有较高的氧亲和力及较快的基体内扩散速率[30,55,80]，因此富铬氧化物的占优成核及生长是必然的。随着暴露时间延长，氧化物成核数量和尺寸皆增加；同时，伴随氧原子不断消耗及合金腐蚀中氢气的持续释放与积累，氧化膜/环境界面处氧势将不断降低。随后，$Fe_2O_3$(其临界生成氧分压远高于 $Fe_3O_4$ 与 $Cr_2O_3$)成核和生长被抑制，可能被迫转化为 $Fe_3O_4$，或者与 $Cr_2O_3$ 发生固溶反应生成$(Cr,Fe)_2O_3$。此外，较低的合金表面氧势有利于 Fe 与 $Cr_2O_3$ 直接反应，生成尖晶石氧化物$(Cr,Fe)_3O_4$[55]。大量氧化物颗粒随着暴露时间延长而生长，继而发生横向碰撞，激发体系内两种主要氧化物$(Cr,Fe)_2O_3$ 和 $Fe_3O_4$ 的复合反应，转化为$(Cr,Fe)_3O_4$ 尖晶石[10]。此过程很可能预示氧化过渡阶段的开始。一旦由$(Cr,Fe)_3O_4$ 尖晶石构成的完整连续富 Cr 氧化膜内层形成，过渡阶段终止，合金氧化将进入缓慢的稳态氧化阶段。尽管过渡阶段氧化膜外层离散 $Fe_3O_4$ 颗粒的数量和尺寸也在增加，但是在连续富铬氧化膜内层形成之后的相当长时间里，这些 $Fe_3O_4$ 颗粒仍不能组成完整的氧化膜外层，如图 3-32(a)所示。连续富铬氧化膜内层作为保护性阻挡层，可以阻碍氧载体向内传输及铁离子向外迁移，进而减缓膜底部合金基体的继续氧化。一部分金属铁离子仍能经氧化膜内层迁移至氧化膜/气体界面，促进氧化膜内层表面上 $Fe_3O_4$ 颗粒的积累和生长。当暴露时间足够长时，这些 $Fe_3O_4$ 颗粒将发生横向碰撞继而相互融合，最终覆盖整个表面形成完整氧化膜外层[43,51]，如图 3-32(b)所示。

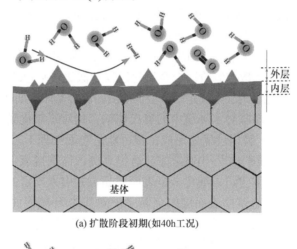

图 3-32　扩散控制氧化阶段奥氏体钢表面氧化膜结构演变示意图

氧化膜内层的生长前沿位于氧化膜内层/合金基体界面处，然而对于由多种金属构成的合金基体如 TP347H，合金基体/氧化膜内层界面处往往并非平直的[43,79]，而是存在一些沿合金晶界"突入"基体的局部氧化前沿，如图 3-28(a)及图 3-32 所示，这些局部氧化内层如同"销钉"，可以一定程度上改善氧化膜内层与基体的黏附性[43]。合金基体/氧化膜内层界面不规则性可归因于富铬氧化物沿基体晶界与基体晶粒内的形成速率差异[51]。富铬氧化物的临界生成氧分压较低，晶界处合金元素沿扩散速率较高，共同造成了富铬氧化物沿晶界优先形成。随着暴露时延长，晶界处 Cr 逐渐耗尽，深入晶界的局部氧化前沿的尖端处氧势进一步降低，局部氧化前沿的继续"深入"被抑制；与此同时，局部氧化区的根部氧势较高，与其临近的金属晶粒从外围开始氧化[1]，未氧化的残留金属晶粒被外围氧化物包围，见图 3-32(b)[26,55]，并最终被彻底氧化"消灭"。随后，局部氧化前沿的尖端氧势逐步升高至满足富铬氧化物的生成，局部氧化物前沿再次继续"深入"[7]。因此可以推断，尽管扩散控制阶段合金氧化过程看似比较平稳(从氧化增重动力学的角度)，实际上氧化膜内层生长是一个生长前沿向合金基体周期性"深入"的过程。

针对服役于超临界水环境中的奥氏体钢，相对于氧化膜富 Fe 外层，连续完整的保护性富 Cr 膜内层优先形成，很可能是表面处理工艺(如喷丸处理、晶粒细化[7,18]和其他机械工作[21,22])通常能显著提高奥氏体钢抗氧化性的本质原因[19,20]。这些表面预处理工艺可以细化合金表面层晶粒并引入丰富的晶界位错，从而促进合金氧化初期合金基体表面层内金属原子向基体/环境界面处的快速补给[21]。对于高质量分数 Cr 奥氏体钢，优先形成的连续富 Cr 氧化膜内层，意味着早期氧化过程中铬为补给至合金基体/环境界面处的占优金属原子。上述表面处理措施将进一步增强基体内合金元素铬的占优补给，进而加速更富保护性富铬氧化膜内层的形成。因此，就抗氧化性而言，合适的表面处理工艺有望使得 18-8 型不锈钢性能与含有质量百分数 25%Cr 的合金相媲美[18]。

铬质量分数较高的奥氏体钢中，超临界水环境下相对于完整的富铁氧化物膜外层，连续的富铬氧化膜内层优先形成[45]。喷丸处理、机械加工等表面处理工艺可以加速基体中铬元素向外扩散[7,19,20,45,81]，从而促进富铬氧化膜的优先形成，实现了在超临界水中高铬钢耐蚀性的增强。然而，对于暴露于超临界水中的铁马氏体钢，完整的氧化膜外层、富铬氧化膜内层几乎同时在其表面形成、增厚。富铬氧化膜内层形成优先性的缺乏，导致旨在提高铁马氏体钢抗氧化能力的表面处理工艺收效甚微，甚至可能加剧原铁马氏体钢的腐蚀。

## 3.4 氧化膜开裂和剥落机理

为提高发电效率，我国超(超)临界电站锅炉逐渐向高参数发展，同时为了节能减排，现役机组将面临灵活性改造，而其中氧化膜剥落问题严重制约着我国燃煤电站的发展。氧化膜发生剥落与其受力情况有直接的关系。对于锅炉高温受热面，其蒸汽侧氧化膜在运行过程中会受到热应力和生长应力两种类型的应力作用。热应力是高温受热面在机组启停或工况变化等条件下，受热管温度发生变化，金属管壁和氧化膜热膨胀系数存在差异，从而使蒸汽侧氧化膜受到应力。生长应力是氧化膜在生长过程中产生的应力。

氧化物的热膨胀系数通常低于金属，因此在冷却过程中氧化物受压应力的作用，然而在温度上升过程中受拉应力的作用。在锅炉起机过程中，金属基体膨胀系数高，当温度升高时，基体与氧化膜会产生不同的伸长量，通常表现为金属基体的伸长量比氧化膜的伸长量大，因此就会在金属氧化膜中产生一个伸长量差值，从而在金属氧化膜中产生拉应力，随着温度的升高拉应力积聚在氧化膜中，当拉应力积聚到一定值时，就会使氧化膜发生开裂。

为了探究氧化膜剥落特性，分别在 540℃/25MPa 和 500℃/23MPa 下进行循环氧化实验，每次循环 24h，总计 5 个循环。循环氧化后，Super304H 表面形成的氧化膜表面及其横截面特征如图 3-33 所示。图 3-33(a)表明，在 240h 循环氧化后，部分表面氧化膜剥落。SEM 和 EDS 分析表明，剥落区域主要由富铬氧化物组成，这些氧化物被沿晶界发展的一系列纵向裂纹和少量 $Fe_3O_4$ 颗粒覆盖，表明剥落可能发生在部分外层。如图 3-33(b)所示，氧化膜的横截面形态也显示出外层及内/外层界面之间存在裂纹。内/外层界面之间的裂纹在很大程度上归因于内/外层界面上存在大量空洞[74]。随着腐蚀的进行，这些空洞集中在 $Fe_3O_4$/富铬氧化物界面上，并逐渐相互融合[43]，因此内外层之间的界面结合强度变弱。随着暴露时间的延长，这些空洞最终连接在一起，导致内层和外层界面出现裂纹。

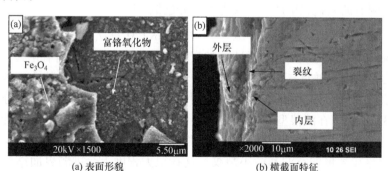

(a) 表面形貌　　　　　　　(b) 横截面特征

图 3-33　Super304H 的氧化膜表面形貌及横截面特征

由于氧化物体积($V_{OX}$)和相应消耗金属体积($V_M$)的差异($V_{OX}/V_M > 1$)，氧化过程中氧化膜内不可避免地会出现机械应力，当氧化膜只通过向外扩散生长时，机械应力不会出现[43]。由图 3-21 中可以观察到，Super304H 试样表面呈现凹凸形态，较细的氧化物颗粒位于空洞中，构成内部亚尺度，而凸起的是大块富铁氧化物颗粒，表明合金中存在的压应力与存在的拉伸应力相平衡[82]。压应力阻碍了内氧化物的生长。这些结果表明，从机械应力的角度来看，氧化膜的生长可能与氧的向内传输有关。如果氧化膜仅通过向外扩散而增长，则在无约束的氧化物/气体界面将形成新的氧化物，并且不会产生应力。假设氧化膜具有弹性，相应的生长应力见式(3-4)[43]。

$$\sigma_{OX} = -E_{OX} \cdot \varepsilon_{OX} / (1-\nu_p) \tag{3-4}$$

式中，$\varepsilon_{OX}$——体积变化；

$E_{OX}$——弹性模量；

$\nu_p$——泊松比。

随着氧化膜变厚，体积变化加剧，生长应力增加。当氧化膜应力大于氧化膜与基体之间的界面结合强度时，氧化膜将会从基体上开裂甚至剥落。除了氧化膜的塑性变形外，合金基体的塑性变形也是一种有效的应力消除机理。合金的塑性变形随着晶粒尺寸的减小而增加[83]。因此，晶粒尺寸较小的 Super304 钢通常具有较高的塑性形成能力，进而调整氧化物及其消耗金属之间的体积差。此外，铬在较短路径(主要是晶界)快速向外扩散在一定程度上会使得 Super304H 表面快速形成富铬氧化物层，最终导致氧化膜增厚和速率增加程度相对较小。因此，生长应力可能会缓慢增加。在没有外部负载的恒温氧化条件下，数万小时甚至更长时间内氧化膜可以保持长期稳定[43,73]。

由于金属和氧化物的热膨胀系数($\alpha_M$ 和 $\alpha_{OX}$)显著不同，随着环境温度的急剧变化，氧化膜内会出现应力集中。对于基体上的薄氧化膜，在温度变化范围($\Delta T$)内，完整附着的氧化膜中产生的应力可充分近似为[84]

$$\sigma_{OX} = -E_{OX} \cdot \Delta T \cdot (\alpha_M - \alpha_{OX}) / (1-\nu_p) \tag{3-5}$$

Super304H 试样从 540℃快速冷却至 500℃将会进一步压缩氧化膜。由此产生的应力足够高，并且氧化膜和基体的塑性变形速率不足以减小应力，因此氧化膜发生机械失效：如氧化膜内的多个微小裂纹或外层沿内/外层界面部分剥落，如图 3-33 所示。在波浪型基体/氧化膜界面，内层部分牢固嵌入基体，即钉扎效应，如图 3-29 和图 3-33 所示，这将会增强氧化膜在基体上的黏附力[85]。但是内/外层界面存在大量的空洞和微小裂纹，这在很大程度上会削弱界面结合力。因此，碎片从氧化膜上的分离和喷射是沿着内部和外部界面进行的。这对后续使用中保持合金较低的氧化速率具有重要意义。尽管外层部分剥落，但保护性内层仍存在，从而限制金属阳离子向外扩散，这也有效避免了腐蚀性气体与合金基体的直接接触。然而，当电厂因热冲击或机械冲击升温或关闭时，由剥落的水垢引发的管道堵塞、磨损等一系列问题仍然需要广泛关注。

## 参 考 文 献

[1] Bischoff J, Motta A T. Oxidation behavior of ferritic-martensitic and ODS steels in supercritical water [J]. Journal of Nuclear Materials, 2012, 424(1-3): 261-276.

[2] Bischoff J, Motta A T. EFTEM and EELS analysis of the oxide layer formed on HCM12A exposed to SCW [J]. Journal of Nuclear Materials, 2012, 430(1-3): 171-180.

[3] Bischoff J, Motta A T, Comstock R J. Evolution of the oxide structure of 9CrODS steel exposed to supercritical water[J]. Journal of Nuclear Materials, 2009, 392(2): 272-279.

[4] Bischoff J, Motta A T, Comstock R J, et al. Corrosion of ferritic-martensitic steels in steam compared to supercritical water[J]. Transactions of the American Nuclear Society, 2010, 102: 804-805.

[5] Bischoff J, Motta A T, Eichfeld C, et al. Corrosion of ferritic-martensitic steels in steam and supercritical water [J]. Journal of Nuclear Materials, 2013, 441(1-3): 604-611.

[6] Ren X, Sridharan K, Allen T R. Corrosion of ferritic–martensitic steel HT9 in supercritical water [J]. Journal of Nuclear Materials, 2006, 358(2-3): 227-234.

[7] Hansson A N, Danielsen H, Grumsen F B, et al. Microstructural investigation of the oxide formed on TP347HFG during long-term steam oxidation [J]. Materials and Corrosion, 2010, 61(8): 665-675.

[8] Hansson A N, Korcakova L, Hald J, et al. Long term steam oxidation of TP347HFG in power plants [J]. Materials at High Temperatures, 2005, 22(3-4): 263-267.

[9] Holcomb G R. Steam oxidation and chromia evaporation in ultrasupercritical steam boilers and turbines [J]. Journal of the Electrochemical Society, 2009, 156(9): 292-297.

[10] Rodriguez D, Chidambaram D. Oxidation of stainless steel 316 and Nitronic 50 in supercritical and ultrasupercritical water [J]. Applied Surface Science, 2015, 347: 10-16.

[11] Ren X, Sridharan K, Allen T R. Corrosion behavior of alloys 625 and 718 in supercritical water [J]. Corrosion, 2007, 63(7): 603-612.

[12] Kritzer P, Boukis N, Dinjus E. The corrosion of alloy 625 (NiCr22Mo9Nb; 2.4856) in high-temperature, high-pressure aqueous solutions of phosphoric acid and oxygen. Corrosion at sub- and supercritical temperatures [J]. Materials and Corrosion-Werkstoffe und Korrosion, 1998, 49(11): 831-839.

[13] Behnamian Y, Mostafaei A, Kohandehghan A, et al. A comparative study of oxide scales grown on stainless steel and nickel-based superalloys in ultra-high temperature supercritical water at 800℃ [J]. Corrosion Science, 2016, 106: 188-207.

[14] Zhang N, Xu H, Li B, et al. Influence of the dissolved oxygen content on corrosion of the ferritic-martensitic steel P92 in supercritical water [J]. Corrosion Science, 2012, 56: 123-128.

[15] Was G S, Teysseyre S, Jiao Z. Corrosion of austenitic alloys in supercritical water [J]. Corrosion, 2006, 62(11): 989-1005.

[16] Zhu Z, Xu H, Jiang D, et al. Influence of temperature on the oxidation behaviour of a ferritic-martensitic steel in supercritical water [J]. Corrosion Science, 2016, 113: 172-179.

[17] Zhang Q, Yin K, Tang R, et al. Corrosion behavior of Hastelloy C-276 in supercritical water [J]. Corrosion Science, 2009, 51(9): 2092-2097.

[18] Viswanathan R, Sarver J, Tanzosh J M. Boiler materials for ultra-supercritical coal power plants—Steamside oxidation [J].

Journal of Materials Engineering and Performance, 2006, 15(3): 255-274.

[19] Tan L, Ren X, Sridharan K, et al. Effect of shot-peening on the oxidation of alloy 800H exposed to supercritical water and cyclic oxidation [J]. Corrosion Science, 2008, 50(7): 2040-2046.

[20] Li Y H, Wang S Z, Sun P P, et al.Research on a surface shot peeling process for increasing the anti-oxidation property of Super304h steel in high-temperature steam [J]. Advanced Materials Research, 2014, 908: 77-80.

[21] Yuan J, Wu X, Wang W, et al. The Effect of surface finish on the scaling behavior of stainless steel in steam and supercritical water [J]. Oxidation of Metals, 2013, 79(5-6): 541-551.

[22] Payet M, Marchetti L, Tabarant M, et al. Corrosion mechanism of a Ni-based alloy in supercritical water: Impact of surface plastic deformation [J]. Corrosion Science, 2015, 100: 47-56.

[23] Ren X, Sridharan K, Allen T R. Effect of grain refinement on corrosion of ferritic-martensitic steels in supercritical water environment [J]. Mater Corros, 2010, 61(9): 748-755.

[24] Li Y, Wang S, Sun P, et al. Investigation on early formation and evolution of oxide scales on ferritic-martensitic steels in supercritical water [J]. Corrosion Science, 2018, 135: 136-146.

[25] Sun C, Hui R, Qu W, et al. Progress in corrosion resistant materials for supercritical water reactors [J]. Corrosion Science, 2009, 51(11): 2508-2523.

[26] Choudhry K I, Mahboubi S, Botton G A, et al. Corrosion of engineering materials in a supercritical water cooled reactor: Characterization of oxide scales on Alloy 800H and stainless steel 316 [J]. Corrosion Science, 2015, 100: 222-230.

[27] Tang X Y, Wang S Z, Qian L L, et al. Corrosion properties of candidate materials in supercritical water oxidation process [J]. Journal of Advanced Oxidation Technologies, 2016, 19(1): 141-157.

[28] Tan L, Yang Y, Allen T R. Oxidation behavior of iron-based alloy HCM12A exposed in supercritical water [J]. Corrosion Science, 2006, 48(10): 3123-3138.

[29] Ampornrat P, Was G S. Oxidation of ferritic-martensitic alloys T91, HCM12A and HT-9 in supercritical water [J]. Journal of Nuclear Materials, 2007, 371(1-3): 1-17.

[30] Hodes M, Griffith P, Smith K A, et al. Salt solubility and deposition in high temperature and pressure aqueous solutions [J]. AIChE J, 2004, 50(9): 2038-2049.

[31] Tan L, Ren X, Allen T R. Corrosion behavior of 9-12% Cr ferritic-martensitic steels in supercritical water [J]. Corrosion Science, 2010, 52(4): 1520-1528.

[32] Yang Y, Yan Q Z, Yang Y F, et al.Corrosion behavior of ferritic/martensitic steels CNS-I and modified CNS-II in supercritical water [J]. Journal of Iron and Steel Research International, 2012, 19(5): 69-73.

[33] Li Y, Wang S, Sun P, et al. Early oxidation of Super304H stainless steel and its scales stability in supercritical water environments [J]. International Journal of Hydrogen Energy, 2016, 41(35): 15764-15771.

[34] Marcus P, Grimal J M. The anodic dissolution and passivation of NiCrFe alloys studied by ESCA [J]. Corrosion Science, 1992, 33(5): 805-814.

[35] Langevoort J C, Sutherland I, Hanekamp L J, et al. On the oxide formation on stainless steels AISI 304 and Incoloy 800H investigated with XPS [J]. Applied Surface Science, 1987, 28(2): 167-179.

[36] Behnamian Y, Mostafaei A, Kohandehghan A, et al. Corrosion behavior of alloy 316L stainless steel after exposure to supercritical water at 500°C for 20,000h [J]. Journal of Supercritical Fluids, 2017, 127: 191-199.

[37] Wanklyn J N. The role of molybdenum in the crevice corrosion of stainless steels [J]. Corrosion Science, 1981, 21(3): 211-225.

[38] Yin K, Qiu S, Tang R, et al. Corrosion behavior of ferritic/martensitic steel P92 in supercritical water [J]. Journal of

Supercritical Fluids, 2009, 50(3): 235-239.

[39] Tan L, Machut M T, Sridharan K, et al. Corrosion behavior of a ferritic/martensitic steel HCM12A exposed to harsh environments [J]. Journal of Nuclear Materials, 2007, 371(1-3): 161-170.

[40] Hiramatsu N, Stott F H. The effects of molybdenum on the high-temperature oxidation resistance of thin foils of Fe-20Cr-5Al at very high temperatures [J]. Oxidation of Metals, 2000, 53(5): 561-576.

[41] Li X H, Wang J Q, Han E H, et al. Corrosion behavior for Alloy 690 and Alloy 800 tubes in simulated primary water[J]. Corrosion Science, 2013, 67: 169-178.

[42] Yin Y J, Hu Y J, Wu P, et al. A graphene-amorphous $FePO_4$ hollow nanosphere hybrid as a cathode material for lithium ion batteries [J]. Chemical Communications, 2012, 48(15): 2137-2139.

[43] Dooley R, Wright I, Tortorelli P. Program on Technology Innovation: Oxide Growth and Exfoliation on Alloys Exposed to Steam [R/OL]. California: EPRI, 2007. https://www.epri.com/#/pages/ product/1013666/?lang=en-US.

[44] Sun M C, Wu X Q, Zhang Z E, et al. Oxidation of 316 stainless steel in supercritical water [J]. Corrosion Science, 2009, 51(5): 1069-1072.

[45] Li Y, Wang S, Sun P, et al. Early oxidation mechanism of austenitic stainless steel TP347H in supercritical water[J]. Corrosion Science, 2017, 128: 241-252.

[46] Rodriguez D, Merwin A, Chidambaram D. On the oxidation of stainless steel alloy 304 in subcritical and supercritical water [J]. Journal of Nuclear Materials, 2014, 452(1-3): 440-445.

[47] Rothman S J, Nowicki L J, Murch G E. Self-diffusion in austenitic Fe-Cr-Ni alloys [J]. Journal of Physics F: Metal Physics, 1980, 10(3): 383-398.

[48] Allen G C, Harris S J, Jutson J A, et al. A study of a number of mixed transition metal oxide spinels using X-ray photoelectron spectroscopy [J]. Applied Surface Science, 1989, 37(1): 111-134.

[49] Paparazzo E. XPS analysis of oxides [J]. Surface and Interface Analysis, 2004, 12(2): 115-118.

[50] Mischler S, Mathieu H J, Landolt D. Investigation of a passive film on an iron chromium alloy by AES and XPS [J]. Surface and Interface Analysis, 1988, 11(4): 182-188.

[51] Turian R, Hsu F, Ma T. Estimation of the critical velocity in pipeline flow of slurries [J]. Powder Technology, 1987, 51(1): 35-47.

[52] Moffat T P, Latanision R M. An electrochemical and X-Ray photoelectron spectroscopy study of the passive state of chromium [J]. Journal of the Electrochemical Society, 1991, 139(7): 1869-1879.

[53] Shuttleworth D. Preparation of metal-polymer dispersions by plasma techniques. An ESCA investigation [J]. Jphyschem, 1980, 84(12): 1629-1634.

[54] Allen G C, Tucker P M. Multiplet splitting of X-ray photoelectron lines of chromium complexes. The effect of covalency on the 2p core level spin-orbit separation [J]. Inorganica Chimica Acta, 1976, 16(2): 41-45.

[55] Tan L, Allen T R, Yang Y. Corrosion behavior of alloy 800H (Fe-21Cr-32Ni) in supercritical water [J]. Corrosion Science, 2011, 53(2): 703-711.

[56] Holcomb G R. Steam oxidation and chromia evaporation in ultrasupercritical steam boilers and turbines [J]. Journal of the Electrochemical Society, 2009, 156(9): 292-297.

[57] Tan B J, Klabunde K J, Sherwood P M A. XPS studies of solvated metal atom dispersed (SMAD) catalysts. Evidence for layered cobalt-manganese particles on alumina and silica [J]. Journal of the American Chemical Society, 1991, 113(3): 855-861.

[58] Darko T, Hillier I H, KendricK J. A theoretical study of the 1s photoelectron spectrum of $O_2$ [J]. The Journal of

Chemical Physics, 1977, 67(4): 1792-1793.

[59] Stellwag B. The mechanism of oxide film formation on austenitic stainless steels in high temperature water [J]. Corrosion Science, 1998, 40(2-3): 337-370.

[60] Chang K H, Huang J H, Yan C B, et al. Corrosion behavior of alloy 625 in supercritical water environments [J]. Progress in Nuclear Energy, 2012, 57: 20-31.

[61] Labranche M, Garrattreed A, Yurek G J. Early stages of the oxidation of chromium in $H_2$-$H_2O$-$H_2S$ Gas- mixtures [J]. Journal of the Electrochemical Society, 1983, 130(12): 2405-2413.

[62] Holcomb G R. High pressure steam oxidation of alloys for advanced ultra-supercritical conditions [J]. Oxidation of Metals, 2014, 82(3-4): 271-295.

[63] Zhong X, Wu X, Han E-H. Effects of exposure temperature and time on corrosion behavior of a ferritic-martensitic steel P92 in aerated supercritical water [J]. Corrosion Science, 2015, 90: 511-521.

[64] Penttilä S, Betova I, Bojinov M, et al. Oxidation model for construction materials in supercritical water—Estimation of kinetic and transport parameters [J]. Corrosion Science, 2015, 100: 36-46.

[65] Roine A. HSC chemistry thermo-chemical database [Z]. Version, 2007.

[66] Gao X, Wu X Q, Zhang Z E, et al. Characterization of oxide films grown on 316L stainless steel exposed to $H_2O_2$- containing supercritical water [J]. Journal of Supercritical Fluids, 2007, 42(1): 157-163.

[67] Zhong X Y, Han E H, Wu X Q. Corrosion behavior of Alloy 690 in aerated supercritical water [J]. Corrosion Science, 2013, 66: 369-379.

[68] Kritzer P. Corrosion in high-temperature and supercritical water and aqueous solutions: A review [J]. Journal of Supercritical Fluids, 2004, 29(1-2): 1-29.

[69] Otoguro Y, Sakakibara M, Saito T, et al. Oxidation behavior of austenitic heat-resisting steels in a high temperature and high pressure steam environment [J]. Transactions of the Iron and Steel Institute of Japan, 1988, 28(9): 761-768.

[70] Behnamian Y, Mostafaei A, Kohandehghan A, et al. Internal oxidation and crack susceptibility of alloy 310S stainless steel after long term exposure to supercritical water at 500℃ [J]. The Journal of Supercritical Fluids, 2017, 120: 161-172.

[71] Chen Y, Sridharan K, Allen T. Corrosion behavior of ferritic-martensitic steel T91 in supercritical water [J]. Corrosion Science, 2006, 48(9): 2843-2854.

[72] Nie S H, Chen Y, Ren X, et al. Corrosion of alumina-forming austenitic steel Fe-20Ni-14Cr-3Al-0.6Nb-0.1Ti in supercritical water [J]. Journal of Nuclear Materials, 2010, 399(2-3): 231-235.

[73] Viswanathan R C K, Shingledecker J, Sarver J, et al. Corrosion of Alumina-Forming Austenitic Steel Fe-20Ni-14Cr-3Al-0.6Nb-0.1Ti in Supercritical Water [R]. US Department of Energy.

[74] Gomez-briceno D, Blazquez F, Saez-maderuelo A. Oxidation of austenitic and ferritic/martensitic alloys in supercritical water [J]. Journal of Supercritical Fluids, 2013, 78: 103-113.

[75] Hu H L, Zhou Z J, Li M, et al. Study of the corrosion behavior of a 18Cr-oxide dispersion strengthened steel in supercritical water [J]. Corrosion Science, 2012, 65: 209-213.

[76] Shen J, Zhou L J, Li T F. High-temperature oxidation of Fe-Cr alloys in wet oxygen [J]. Oxidation of Metals, 1997, 48(3-4): 347-356.

[77] Zhang N Q, Zhu Z L, Xu H, et al. Oxidation of ferritic and ferritic-martensitic steels in flowing and static supercritical water [J]. Corrosion Science, 2016, 103: 124-131.

[78] Choudhry K I, Guzonas D A, Kallikragas D T, et al. On-line monitoring of oxide formation and dissolution on alloy 800H in supercritical water [J]. Corrosion Science, 2016, 111: 574-582.

[79] Over H, Seitsonen A P. Oxidation of metal surfaces [J]. Science, 2002, 297(5589): 2003-2005.
[80] Li Y H, Wang S Z, Tang X Y, et al. Effects of sulfides on the corrosion behavior of Inconel 600 and Incoloy 825 in supercritical water [J]. Oxidation of Metals, 2015, 84(5-6): 509-526.
[81] Dong Z, Liu Z, Li M, et al. Effect of ultrasonic impact peening on the corrosion of ferritic-martensitic steels in supercritical water [J]. Journal of Nuclear Materials, 2015, 457: 266-272.
[82] Li Y H, Wang S Z, Li X D, et al. Analysis on the structure and mechanism of cracking and spalling for Super304H steel oxide films in high-temperature steam [J]. Materials Science, Environment Protection and Applied Research, 2014, 92: 72-76.
[83] Kofstad P. High Temperature Corrosion [M]. London: Elsevier Applied Science Publishers Ltd., 1988.
[84] Huang X, Shen Y Z. Oxidation behavior of an 11Cr ferritic-martensitic steel after Ar-ions irradiation in supercritical water [J]. Journal of Nuclear Materials, 2015, 461: 1-9.
[85] Wang Y, Wang Z G. An overview of liquid-vapor phase change, flow and heat transfer in mini-and micro-channels [J]. International Journal of Thermal Sciences, 2014, 86: 227-245.

# 第 4 章 含盐非氧化性超临界水环境材料腐蚀特性及机理

超临界水反应系统(包括超临界水氧化与超临界水气化等)的处理对象成分复杂,往往富含多种多样的有机污染物,而且富含大量阴离子,如 $OH^-$、$Cl^-$、$Br^-$、$NO_3^-$、$SO_4^{2-}$、$PO_4^{3-}$。尤其是在超临界氧化过程中,会产生高温、高压、高溶解氧量、高盐含量的强腐蚀性环境,高溶解氧量、高盐含量的环境往往会进一步加剧有关设备和材料的腐蚀。这些阴离子与合金表面氧化膜作用机理的差异将不同程度地加速或者缓解合金腐蚀[1-9]。例如,卤素离子等易诱导合金表面的局部破坏,如点蚀与应力腐蚀开裂等[7-9];磷酸盐却可促进合金表面氧化膜的二次钝化,从而改善氧化膜对基体的保护作用[5,10]。

## 4.1 亚/超临界水中无机盐的特性与影响

### 4.1.1 典型无机盐的基本特性

常规的无机盐根据溶解性分为可溶性盐和不溶性盐。不溶性盐是在常温条件下溶解度低的固体盐颗粒(如由二氧化硅、氧化铝和 $Fe_3O_4$ 组成的沙子、黏土和铁锈)。在亚/超临界水中,不溶性盐无法溶解,因此会在重力作用下下降并沉积在腐蚀样品表面上,但是并不会黏附在管道和壁面上。相反,可溶性盐是在常温条件下具有高溶解度的无机盐,但其溶解度会在超临界温度和压力下急剧下降[11]。由于黏度较高,这些不溶性盐会在超临界水中成核并黏附在金属表面上,进而阻塞管道和其他设备。

为全面地了解亚/超临界水中无机盐的特性,根据无机盐组成及其在亚/超临界水中的溶解度,可以将盐水系统分为二元、三元、四元或更高的盐水系统[12]。其中二元盐水系统的盐可分为Ⅰ型和Ⅱ型,NaCl 和 $Na_2SO_4$ 分别是典型的Ⅰ型盐和Ⅱ型盐。Ⅰ型盐和Ⅱ型盐主要取决于超临界条件下的饱和溶液能否在结晶过程中观察到固相结晶,Ⅰ型盐可以连续溶解在饱和溶液中而不会发生固相结晶,稀溶液则转变为饱和液相和气相。反之,Ⅱ型盐会在饱和溶液中发生固相结晶。过饱和溶液由超临界流体相和固相组成,没有三相平衡[12,13]。对于Ⅰ型盐,当温度超过三相点时,会处于两相状态,并且会在流体中均匀成核结晶。当Ⅱ型盐的浓度超过溶解度时，盐就会通过非均相成核析出。此外，由于Ⅱ型盐在临界点附近的黏度高，更容易引起沉积和堵塞[14]。尽管对二元盐水系统的研究很多，但是很少有关于两种盐的混合物及其溶解度的影响。在探讨无机盐在三元盐水系统中的溶解和沉积特性时，应综合考虑离子水合、离子缔合、共离子效应、盐析效应及Ⅰ型盐对Ⅱ型盐的影响等多种因素。

### 4.1.2 典型无机盐对材料腐蚀行为的影响

在高盐含量、高溶解氧量的条件下合金表面氧化物形态通常会发生显著的改变，并在不同的腐蚀条件下呈现出不同的形貌。以典型的 Inconel 625、Incoloy 825 和 Hastelloy C-276 为例[15]，在 450℃、25MPa 的超临界水中暴露 60h，当溶解氧量 $c(O_2)=111200\text{mg}\cdot\text{L}^{-1}$、$c(Cl^-)=5100\text{mg}\cdot\text{L}^{-1}$ 时，Inconel 625 和 Hastelloy C-276 呈现出均匀的腐蚀形貌，Incoloy 825 呈现严重的点蚀形貌，且其表层氧化物的脱落最严重。保持溶解氧量不变，$c(Cl^-)$ 降低为 $115\text{mg}\cdot\text{L}^{-1}$ 时，Incoloy 825 表层氧化膜表现出较少的脱落，所有合金都覆盖着均匀的氧化层，表现出了均匀的腐蚀形貌，Hastelloy C-276 也会在这个条件下呈现出最低的腐蚀速率。当 $c(O_2)=15\text{mg}\cdot\text{L}^{-1}$、$c(Cl^-)=5100\text{mg}\cdot\text{L}^{-1}$ 时，Incoloy 825、Inconel 625 和 Hastelloy C-276 在超临界水高盐条件下均表现出较好的耐蚀性，腐蚀速率均小于 $2.0\text{mm}\cdot\text{a}^{-1}$，而在高溶解氧量和高盐含量的实验条件下，则表现出最高的腐蚀速率。镍基合金在氧和盐的共同作用下呈现出比单一条件更为严重的腐蚀形貌，这表明氧气和无机盐对镍基合金的腐蚀有协同促进作用[15]。

在含氯化物的腐蚀条件下，氯离子会破坏腐蚀产物的稳定性，因为氯离子具有较高的氧化电位，能从合金元素中夺取电子，而合金元素则转变为可溶解性的高价态。无机盐和腐蚀产物在超临界水中几乎不溶，因此相比亚临界条件，超临界水条件下无机盐的攻击性较弱且腐蚀产物的溶解度较低[16,17]。图 4-1 为镍基合金在含氧、含盐和含盐含氧三种不同的腐蚀环境中的腐蚀机理[15]。氧化剂和氯

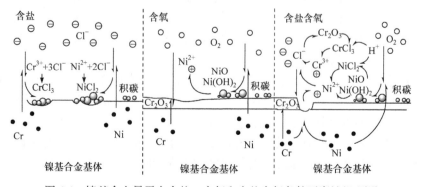

图 4-1 镍基合金暴露在含盐、含氧和含盐含氧条件下腐蚀机理[15]

化物在超临界或亚临界水条件下会具有协同腐蚀作用，氧化剂能加速氧化膜的形成，而氯离子则能促进氧化膜破解分离，造成内部无保护的基体暴露在腐蚀介质中，形成腐蚀的循环[18,19]。

大部分阴离子对不同腐蚀过程的影响可以是促进作用也可以是抑制作用，这主要取决于它们如何与金属的氧化物保护层相互作用。超临界水环境下阴离子 $OH^-$ 起钝化作用，一定浓度的 $OH^-$(常温下溶液 pH < 12)有利于金属表面保护膜的形成，但是过高浓度的 $OH^-$ 易导致保护膜中有效抗腐蚀元素 Cr 与 Mo 发生过钝化溶解。亚临界水或高密度超临界水中，$Cl^-$ 易被耐热钢及镍基合金表面的氧化膜吸附，膜中 $O^{2-}$ 很容易被 $Cl^-$ 替代，形成可溶性氯化物，使钝化膜遭到破坏从而加剧金属腐蚀。$NO_3^-$、$SO_4^{2-}$ 通常无诱发氧化膜破裂的不利影响，但是 $SO_4^{2-}$ 可能导致盐沉积问题，继而引发盐垢下腐蚀。低密度超临界水环境中，当 $Cl^-$、$NO_3^-$、$SO_4^{2-}$ 以无机酸分子形式存在时，同样会加剧服役金属的腐蚀。

阴离子对腐蚀过程的影响一般有以下几种可能：

(1) 氧化膜局部破坏。在高温水中，卤化物如氯化物、溴化物和碘化物一般会诱发这种局部腐蚀，但氟化物并不常见。其他阴离子如硫离子或亚硫酸根离子，也可能导致氧化膜的局部破坏。这种局部腐蚀(如点蚀、应力腐蚀开裂)是极其危险的，因为它的发生是随机的，且腐蚀速率高。

(2) 腐蚀产物溶解速率。对于由扩散控制的腐蚀过程，其反应速率由初始腐蚀产物溶解率所决定。例如，Inconel 625 在含 HCl 和 $HNO_3$ 的氧化性溶液中的腐蚀实验表明，在较高的亚临界温度下，Inconel 625 在相同温度范围内均发生均匀腐蚀，但腐蚀速率却相差一个数量级。这可能是因为腐蚀产物 $Ni(NO_3)_2$ 的溶解度比 $NiCl_2$ 的溶解度高。

(3) 阴离子作为氧化剂。在高温水溶液中硝酸盐是一种强氧化剂，会加剧金属的腐蚀。对于硫酸根这样的阴离子，它在高温水中也可以作为强氧化剂。在高温高压水环境中，热力学上将有利于形成硫化物、亚硫酸盐或单质硫，进而可能诱发金属的快速活性溶解。高温硫酸盐溶液中铬和镍的腐蚀过程中，溶解的金属表面会形成硫化物薄膜。

(4) 通过掺杂来强化氧化膜。部分阴离子掺杂入镍基合金的氧化膜，可以增强氧化膜的稳定性，进而增强合金的耐蚀性。实验证明，碳酸盐、磷酸盐、氟化物和氢氧根在高温溶液中皆具有这样的强化作用，这些物质/阴离子可以多大程度地抑制其他卤化物的有害特性，将是未来一个重要的研究方向。表 4-1 概述了不同无机离子对高温高压水环境材料腐蚀的潜在影响。

表 4-1　不同无机离子对高温高压水环境材料腐蚀的潜在影响[4]

| 无机离子类型 | 腐蚀行为 | 腐蚀作用影响 |
| --- | --- | --- |
| $F^-$ | 形成金属离子弱配合物、降低腐蚀产物的稳定性 | 均匀腐蚀、晶间腐蚀 |
| $Cl^-$、$Br^-$ | 渗透并破坏氧化物 | 强烈的局部腐蚀：点蚀和应力腐蚀开裂* |
| $SO_3^{2-}$、$SO_4^{2-}$、$S_2O_3^{2-}$ | 高温条件下具有氧化性，生成 $S^{2-}$ 和 S | 强烈的均质降解和均匀腐蚀 |
| $S^{2-}$ | 高温水中具有还原性 | 析氢腐蚀、应力腐蚀开裂 |
| $NO_3^-$ | 强氧化性，腐蚀产物易溶解 | 强烈的均匀腐蚀 |
| $CO_3^{2-}$、$PO_4^{3-}$ | 低溶解性腐蚀产物 | 抑制腐蚀 |
| $OH^-$ | 低溶解性腐蚀产物 | 抑制腐蚀 |
| $H^+$ | 保护性氧化物的溶解性增强 | 强烈的均匀腐蚀 |

注：*表示有氧化物存在的情况。

对于超临界水气化技术而言，考虑到钢厂脱硫废水、含硫农药生产废液、石油化工企业脱硫醇装置排出废液、高含量硫酸盐废水厌氧处理池的底泥(生物还原作用下产生硫化物)等含硫化物废液及污泥的普遍存在，研究含硫化物的非氧化性超临界水环境的合金腐蚀行为与机理，具有重要的学术价值及工程意义。

## 4.2　硫化物-有机质-超临界水共存条件下典型铁/镍基合金腐蚀特性

### 4.2.1　腐蚀动力学

在温度分别为 450℃和 520℃且硫化物浓度为 12800mg·$L^{-1}$ 的 SCW 中的腐蚀动力学见图 4-2。在暴露 60h 后，除 Inconel 625 之外的其余 5 种材料均表现出腐蚀增重现象。450℃时 Inconel 625 出现了腐蚀失重现象，520℃时质量略有增加。其原因可能与点蚀有关。Ren 等[20]关于除氧后的超临界水中的 Inconel 625 腐蚀实验也观察到了类似的现象。与其他合金相比，520℃时的 Incoloy 825 和 Inconel 600 在 60h 时的腐蚀增重非常显著，并且高出几个数量级。因此，探究了所有合金暴露在 520℃温度下从 1～60h 的腐蚀动力学数据[图 4-2(b)]。从该图中可以看出，Inconel 625、Incoloy 800、不锈钢 316 和 Hastelloy C-276 的腐蚀速率都缓慢增加。然而，在 3h 内的早期腐蚀阶段(2～3h)，Inconel 600 和 Incoloy 825 的腐蚀速率迅速增加。产生这一现象是因为发生了剧增腐蚀。研究结果[21]表明，硫化物浓度为 12800mg·$L^{-1}$ 的 SCW 中，Incoloy 825 和 Inconel 600 于 520℃

下在 3h 内的早期腐蚀阶段发生了剧增腐蚀。然而，从 3~60h，即在剧增腐蚀发生之后，$\Delta w$ 与暴露时间近似遵循抛物线关系，这表明剧增腐蚀后的腐蚀速率仍可能由扩散速率较高的扩散过程控制。同时，Inconel 625、Incoloy 800、不锈钢

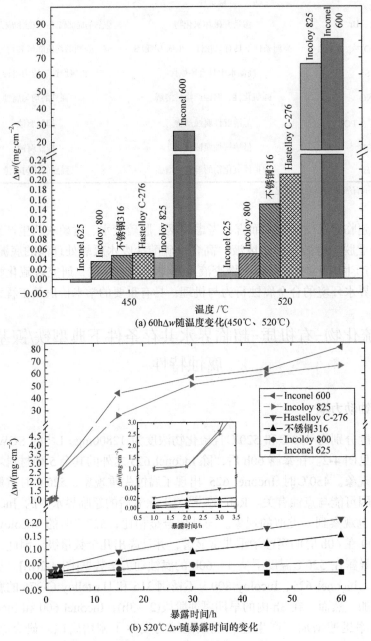

图 4-2　典型合金 $\Delta w$ 随暴露时间和温度的演变

316 和 HastelloyC-276 没有发生剧增腐蚀。根据这些腐蚀动力学数据，得出合金的耐蚀性由优到劣依次为 Inconel 625、Incoloy 800、不锈钢 316、Hastelloy C-276、Incoloy 825、Inconel 600。Hastelloy C-276 的耐蚀性比不锈钢 316 低，这与之前在超临界水系统中看到的任何情况都不一样。具体原因将在后文叙述。

### 4.2.2 剧增腐蚀合金特性

从上述腐蚀动力学可以看出，25MPa 压力下，Incoloy 825 在 520℃时，Inconel 600 在 450℃和 520℃时，硫化物浓度为 12800mg·L$^{-1}$ 的 SCW 中 60h 内发生剧增腐蚀。为了探索剧增腐蚀后的腐蚀特性，检测了在三种典型温度下暴露 60h 后的 Inconel 600 腐蚀形貌，如图 4-3 所示。

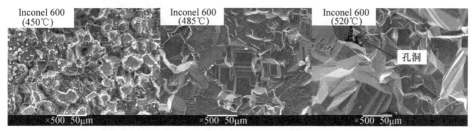

图 4-3　Inconel 600 的表面腐蚀形貌

Inconel 600 的表面覆盖着较厚的腐蚀产物，随着温度的升高，腐蚀产物急剧增加。当温度从 450℃上升到 485℃时，腐蚀产物的横向生长得到促进。部分腐蚀产物熔化，产物颗粒间的沟壑减少。试样在 520℃下暴露 60h，相对密度降低，腐蚀层表面呈现大孔洞[21]。EDS 结果表明，Inconel 600 的表面被富硫产物覆盖。图 4-4 和图 4-5 显示了 520℃下 Inconel 600 和 Incoloy 825 腐蚀层的横截面

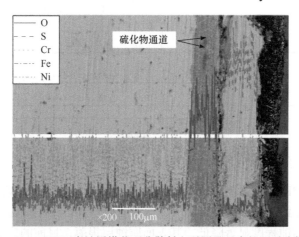

图 4-4　Inconel 600 腐蚀层横截面背散射电子图及元素的原子分数分布

背散射电子图和氧化膜内元素(Fe、Ni、Cr、O、S)的原子分数分布。图 4-6 显示了 450℃、485℃和 520℃下 Inconel 600 和 Incoloy 825 上生成氧化膜的 XRD 图。如图所示，Inconel 600 呈现出双层氧化膜结构，其外层由 $Ni_3S_2$ 相组成，而内层由富铬尖晶石相和少量 $Ni_3S_2$ 组成。Incoloy 825 上形成的腐蚀层为三层：外层是 $Ni_3S_2$ 相、少量$(Ni,Fe)_3S_4$ 和 $Cr_2O_3$，内层和中间层由 $Ni_3S_2$、$(Ni,Fe)_3S_4$、$Cr_2O_3$ 和尖晶石相组成。此外，在 Inconel 600 的腐蚀内层观察到硫化物通道，在 Incoloy 825 的腐蚀层中发现了富硫化物微层。

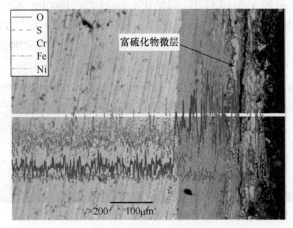

图 4-5　Incoloy 825 腐蚀层横截面背散射电子图及元素的原子分数分布

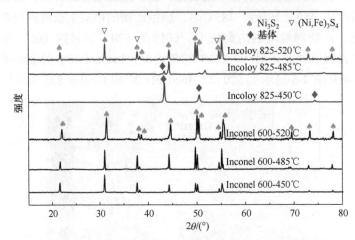

图 4-6　不同温度下 Inconel 600 及 Incoloy 825 表面生成氧化膜的 XRD 图

对于在 25MPa 还原性超临界水环境中暴露 60h 的 Incoloy 825，其腐蚀产物的 XRD 图随温度变化如图 4-6 所示。当温度低于 485℃时，随着温度的降低，Incoloy 825 的腐蚀程度显著降低，其表面腐蚀层很薄，目前的广角 XRD 检测方法几乎无法检测到腐蚀产物。此外，在 520℃时，Incoloy 825 的腐蚀程度很严重，这表明当暴露于硫化物浓度为 12800mg·L$^{-1}$ 的 SCW 时，Incoloy 825 断裂腐蚀的相应临界温度可能在 485~520℃。虽然 Inconel 600 的剧增腐蚀发生在 450~520℃，但氧化膜随着温度的升高而增厚，这反映在图 4-6 所示的强化 XRD 图上，也与图 4-3 所示的腐蚀形貌一致。

### 4.2.3 非剧增腐蚀合金特性

为了研究合金在含硫化物的超临界水中的腐蚀特性，进一步探讨了无剧增腐蚀的合金腐蚀特性。图 4-7 显示了 Inconel 625、Incoloy 800、不锈钢 316 和 Hastelloy C-276 腐蚀 60h 后的表面形貌随温度的变化。这四种合金的腐蚀程度随温度升高而加剧。Inconel 625、Incoloy 800 及不锈钢 316 均未发生剧增腐蚀，表面仅覆盖一层致密的抗腐蚀膜及少量的腐蚀产物大颗粒，且三者的耐蚀性排序为 Inconel 625、Incoloy 800、不锈钢 316。然而，当温度由 485℃升高至 520℃，镍基合金 Hastelloy C-276 发生了剧增腐蚀，其表面几乎被大粒径的富硫腐蚀产物完

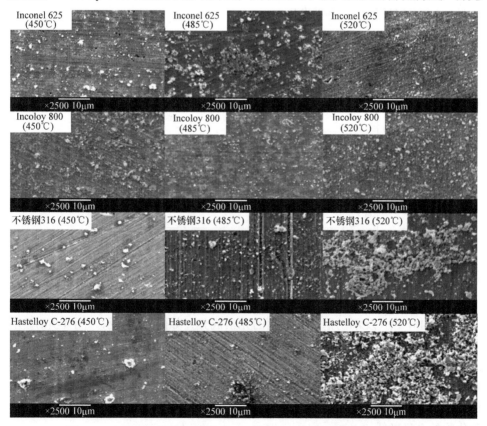

图 4-7　几种镍基合金及不锈钢 316 腐蚀 60h 后表面形貌随温度的变化

全覆盖。再结合合金 Inconel 600 与 Incoloy 825 在 520℃下服役行为，可得到含硫化物非氧化性超临界水环境中 520℃下合金的耐蚀性由优至劣依次为 Inconel 625、Incoloy 800、不锈钢 316、Hastelloy C-276、Incoloy 825、Inconel 600，说明当前硫化物作用下非氧化性超临界水环境中富铬或富铁合金具有明显优越于富镍合金的耐蚀性。

Inconel 625、Incoloy 800、Hastelloy C-276 和不锈钢 316 的腐蚀层较薄，采用的常规 XRD 检测无法有效捕获腐蚀产物的相信息。因此，结合拉曼光谱检测、XPS 和 EDS 分析进一步探索腐蚀产物的相组成。图 4-8 显示了镍基合金的表面拉曼光谱及 $Ni_3S_2$、$Ni_3S_4$、$Fe_2O_3$ 和尖晶石相 $Fe(Fe,Cr)_2O_4$ 的标准拉曼光谱。对于 Inconel 625、Incoloy 800，在含硫化物的还原性超临界水系统中腐蚀 60h 后，显著的拉曼峰约为 685$cm^{-1}$，表明保护性氧化膜的占有组分为 $Fe(Fe,Cr)_2O_4$。这证实合金表面主要由氧化物而非硫化物覆盖。对应于 S—M 键振动(M 代表金属原子)的拉曼特征峰相对较弱，证明 Inconel 625、Incoloy 800 的表面缺乏或含有少量硫化物。然而，在 Inconel 600 上检测到一个非常明确的属于 $Ni_3S_2$ 的主峰，再次确认了图 4-4 和图 4-6 所示腐蚀外层的主要成分。

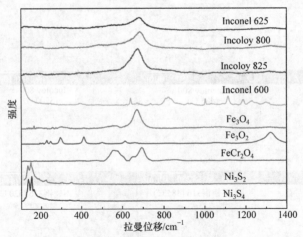

图 4-8 典型镍基合金表面拉曼光谱及 $Ni_3S_2$、$Ni_3S_4$、$Fe_2O_3$ 和尖晶石相 $Fe(Fe,Cr)_2O_4$ 的标准拉曼光谱

为进一步明确硫化腐蚀产物是否存在，采用高灵敏度的 XPS 表征了 Inconel 625、Incoloy 800 及不锈钢 316 表面的元素成分，如图 4-9 所示。图 4-9(a)显示了三种合金表面的宽扫描 XPS 图，图 4-9(b)为合金表面硫的窄扫描 XPS 图。从图 4-9(b)可以看出，对于 Inconel 625 和不锈钢 316，位于 162.4eV 附近的 $S2p_{3/2}$ 峰清晰可见，而该峰在 Incoloy 800 表面并未出现，这表明少量的硫化物存在于 Inconel 625 与不锈钢 316 的表面，而 Incoloy 800 的表面未生成硫化物或者生成硫化物的含量极低。

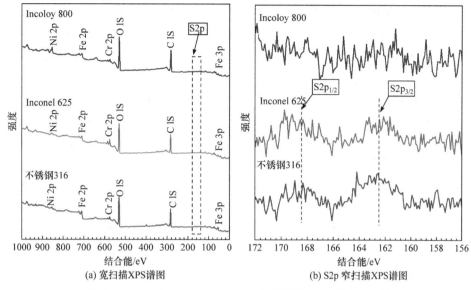

图 4-9 Inconel 625 与 Incoloy 800 及不锈钢 316 表面 XPS 图

## 4.3 含硫化物超临界水环境合金腐蚀机理与微纳尺度过程

### 4.3.1 合金腐蚀机理分析

以镍基合金为例,含硫化物非氧化性超临界水环境合金表面腐蚀层的物相组成明显不同于几乎不含氧及含微克每升级溶解氧的超临界水环境、非氧化性超临界水环境[20,22-25]。超临界水环境下镍基合金表面氧化膜通常为双层结构,内层以 $Cr_2O_3$、含 Cr 尖晶石相($NiCr_2O_4$)为主,而外层组分主要为尖晶石相、$NiO$[26]。Zhang 等[26]报道 Hastelloy C-276 暴露于 550℃/25MPa 超临界水中 1000h 后,其表面形成 $Cr_2O_3$ 与 $NiCr_2O_4$ 的混合内层及 $NiO$ 外层。为了与近纯超临界水环境下合金腐蚀行为对比,以含硫化物非氧化性超临界水环境中的腐蚀过程做铺垫,对比了镍基合金 Hastelloy C-276 在无硫化物非氧化性超临界水环境中的腐蚀特征[27]。与近纯超临界水环境相比,非氧化性超临界水环境中氧分压降低,氧化膜外层中 $NiO$ 的稳定性下降且最终消失。520℃含硫化物的非氧化性超临界水环境中镍基合金 Hastelloy C-276 发生剧增腐蚀,其表面被硫化物覆盖;Incoloy 825 与 Inconel 600 表面生成完整的硫化物外层,且其富 Cr 氧化物内层中存在硫化物互连而成的阴阳离子扩散通道网,该环境中合金腐蚀行为明显不同于近纯超临界水环境、无硫化物的非氧化性超临界水环境。

超临界水环境下,硫化物与超临界水的反应方程式可表示为

$$Na_2S + 2H_2O(25MPa) \longrightarrow H_2S(g) + 2NaOH \tag{4-1}$$

利用热力学数据[28]可计算获得 520℃下方程式(4-1)的吉布斯自由能变化为 $\Delta G=-9.8\text{kJ}\cdot\text{mol}^{-1}$。$\Delta G<0$ 表明当初始 Na$_2$S 模拟溶液经加压、升温至 25MPa、520℃时，S$^{2-}$将很可能以 H$_2$S 的形式存在。因此，含硫化物的非氧化性超临界水环境可以被抽象地看作超临界水占优的超临界水-H$_2$S-H$_2$ 混合氛围，H$_2$S 与合金中金属发生腐蚀反应形成金属硫化物。本节分别以氧分压 $p_{O_2}$、硫分压 $p_{S_2}$ 为坐标轴，计算绘制了 450℃、485℃和 520℃下三元体系 Ni-O-S、Cr-O-S 及 Fe-O-S 的叠加(Ni-Cr-Fe-O-S)等温相图[28]，如图 4-10 所示。为计算分析的简便，相图仅表征了三种金属的主要氧化物与硫化物。考虑到 25MPa 高压下热力学数据的缺少，相图绘制过程中以常压热力学数据为基础，而以逸度系数(如 $f_{O_2}=\psi_{O_2}/p_{O_2}$)来修正高压效应。高压体系下通常以逸度来表示某气体有效压强，如氧逸度 $\psi_{O_2}$、硫逸度 $\psi_{S_2}$。Gamson 等指出 500℃、25MPa 的超临界水中氧气的逸度系数小于 1.2，基于该数据，Tan 等[29]评估后认为超临界水中以逸度系数修正相图的前后差异并不明显。考虑到 $\psi_{S_2}$ 与 $\psi_{O_2}$ 的相似性，直接采用 $p_{O_2}$、$p_{S_2}$ 来表示当前体系是合理的。假定超临界水中氢产率(氢气中氢与溶液中有机物内固有氢的物质的量比)为120%[30]，已知初始溶液中 CH$_3$OH 浓度为 $0.1\text{mol}\cdot\text{L}^{-1}$，据此可估算出当前环境的氢分压。基于 H$_2$O 与 H$_2$S 的分解平衡常数[28]，以及 25MPa 下水的逸度约为 0.7～0.8[31]，可评估获得当前体系下 $p_{O_2}$、$p_{S_2}$ 分别约为 $1\times10^{-23}$atm、$2\times10^{-7}$atm，如图 4-10 中"★"所示。由图 4-10 可知，当前含硫化物的非氧化性超临界水环境位于 Ni$_3$S$_2$ 与 Cr$_2$O$_3$ 的稳定区；该环境氧分压低于 NiO、Fe$_2$O$_3$ 的临界氧分压，这从热力学角度解释了 Inconel 600 与 Incoloy 825 表面 NiO、Fe$_2$O$_3$ 的缺失，以及 Ni$_3$S$_2$ 与富铬氧化物为主要组分(图 4-6)。

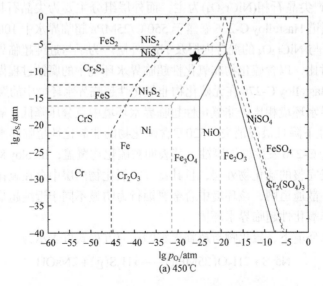

(a) 450℃

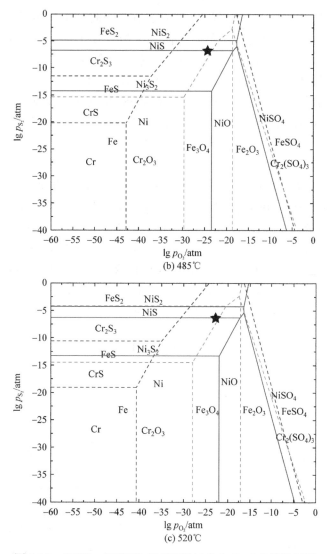

图 4-10 450℃、485℃和520℃下的Ni-Cr-Fe-O-S等温相图

## 4.3.2 合金腐蚀微纳尺度过程

当前超临界水环境 CrS 的热力学稳定性显著低于 $Cr_2O_3$，随着腐蚀过程进行，合金表面铬活度下降，CrS 将逐步向 $Cr_2O_3$ 转变。Labranche 等[32]认为 $H_2$-$H_2O$-$H_2S$ 气氛下合金的早期腐蚀实际上为 $H_2O$ 与 $H_2S$ 分子的竞争吸附过程，初始阶段硫化产物与氧化产物的相对含量取决于合金表面 $H_2O$ 与 $H_2S$ 分子的覆盖率。当前体系下 $H_2O$ 与 $H_2S$ 物质的量比近似为 78，即使腐蚀初期少量金属硫化物在合金表面生成，考虑到绝对占优的 $H_2O$ 分子供给，合金表面将快速形成富

铬氧化物保护层,如图 4-11(a)所示。因此,在暴露时间小于 2h 的阶段,该富铬氧化物层能够有效地抑制金属阳离子向外扩散及攻击性组分的继续侵入[33]。Baxter 等[34]指出,在硫化-氧化腐蚀共存体系,合金表面形成连续富铬氧化膜的必要条件为腐蚀体系的氧分压比 $Cr_2O_3$-$CrS$/$Cr_2S_3$ 的相平衡氧分压高 2~5 个数量级,而当前超临界水环境的氧分压比 $Cr_2O_3$-$CrS$/$Cr_2S_3$ 的相平衡氧分压高约 6 个数量级,因此该环境中富铬保护性氧化膜在合金表面的出现具有一定的必然性。随着暴露时间的延长,受合金基体元素种类及含量、温度、硫分压等因素的影响,部分合金的富铬氧化膜内形成以硫化物互连而成的硫化物通道(sulfide tunneling),加剧了金属阳离子沿硫化物通道向外扩散,从而发生剧增腐蚀(如 520℃下 Inconel 600、Incoloy 825、Hastelloy C-276 等),如图 4-11(c)所示。对于其他合金(如不锈钢 316、Incoloy 800、Inconel 625 及 450~485℃下的 Incoloy 825),其表面的保护性氧化膜内并未形成硫化物,或者硫化物的含量很低而未互连成硫化物通道,因此氧化膜仍保持很强的保护性,氧化膜遵循近似抛物线规律缓慢增厚,其表面堆积着部分氧化物、硫化物颗粒,见图 4-11(b),若暴露时间足够长,这些氧化物或者硫化物颗粒很可能形成完整的腐蚀外层。

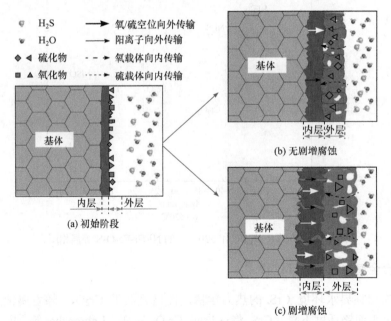

图 4-11 含硫化物非氧化性超临界水环境中合金腐蚀机理示意图

剧增腐蚀发生的根本原因为硫进入初始富铬氧化膜,膜下氧分压低而发生硫化反应生成高缺陷密度的金属硫化物,继而在保护性氧化层内形成硫化物通道(图 4-4)。考虑到富铬氧化膜中硫离子的扩散系数高于氧离子[34],以及腐蚀内层无大尺寸裂缝，内层硫供给的占优途径应为硫离子的固态扩散而非 $H_2S$ 向内传递。氧离子(由氧空位向外迁移的方式)、硫离子(间隙离子或者空位外迁机理)向内迁移至原有富铬氧化膜与基体界面处，其与合金基体内金属反应，导致新的硫化物和氧化物晶核在此界面处形成、生长，逐步形成含有硫化物的腐蚀内层。以 Inconel 600 为例，其腐蚀内层为嵌有 $Ni_3S_2$ 通道的富铬氧化膜。腐蚀内层作为屏障，一定程度上抑制了基体中的金属向外扩散，从而降低了合金的腐蚀速率。然而，相对于腐蚀内层中的氧化物，$Ni_3S_2$ 的金属缺陷浓度高于前者两个数量级以上，因此腐蚀内层中存在的 $Ni_3S_2$ 通道为阳离子向外扩散提供给了一条快速途径[35]，显著降低了腐蚀内层的阻隔作用。来自合金基体的金属元素，沿硫化物通道快速穿越腐蚀内层至腐蚀层/气相界面，继而发生硫化反应生成硫化物[36]。Inconel 600 基体富镍，且 $Ni_3S_2$ 缺陷密度高、生长速率快，该体系 520℃、60h 下 Inconel 600 表面腐蚀层的 $Ni_3S_2$ 外层厚度已达 121.9μm。$Ni_3S_2$ 内镍离子的扩散系数比硫离子高数个数量级，故腐蚀外层 $Ni_3S_2$ 主要通过镍离子的向外扩散而生长，其占优生长前沿位于腐蚀层/超临界水界面，而非 $Ni_3S_2$ 层内或腐蚀层内/外层界面[37-39]。随着暴露时间延长，增厚的腐蚀内层预示着载硫体、载氧体分别对内层生长所需硫、氧的持续供给。氧化膜的外层基本上是载氧分子(主要为水分子)可穿越的。水分子通过氧化膜外层内微裂纹、互连的空洞及大尺寸晶界迁移至内/外层界面，消耗该界面处内层表面的氧空位，从而实现内层生长所需氧离子的持续供应。因此，可以推测，缺陷浓度更高的金属硫化物外层对于载氧分子 $H_2O$、载硫分子 $H_2S$ 来说更易穿透。主要依据有两个：其一，过渡金属硫化物的缺陷浓度往往是同种金属氧化物的两个数量级以上，微裂纹、大尺寸晶界乃至互连的空洞更易出现在以硫化物为主的腐蚀外层；其二，Rahmel 等指出氧离子在硫化物中的扩散系数相当小，若氧离子为载氧体，其以固态扩散的形式穿越硫化物外层的扩散速率极低，难以匹配腐蚀内层氧化物的生长速率[39]。$H_2O$、$H_2S$ 穿越腐蚀外层至内/外层界面，供给内层生长对氧、硫的需求。相对于 $H_2O$，$H_2S$ 具有较大的分子直径，对于同样的腐蚀外层，$H_2S$ 的向内传输阻力将显著高于 $H_2O$，这同样很好地解释了 Inconel 600 表面腐蚀内层以氧化物为主，而腐蚀外层几乎全由硫化物 $Ni_3S_2$ 组成。

## 4.4 典型影响因素与腐蚀防控建议

### 4.4.1 合金元素及温度的影响规律

暴露于同样的 520℃含硫化物非氧化性超临界水环境中，Incoloy 825 与 Hastelloy C-276 也发生剧增腐蚀，但其该阶段的腐蚀速率却低于 Inconel 600；然而，Inconel 625、Incoloy 800、不锈钢 316 未发生剧增腐蚀，表现出良好的耐蚀性。为详细研究合金元素的影响及温度效应，本小节重点从热力学角度分析了当前含硫化物非氧化性超临界水环境中各类典型金属氧化物、硫化物的生成能力。

定义硫化物 $MS_a$(M 表示金属阳离子；S 表示硫离子；$a$ 表示 M、S 原子个数之比)相对生成驱动力 $FDF_S$ 为

$$FDF_S = \frac{p_{S_2} - p'_{S_2}}{p'_{S_2}} \tag{4-2}$$

式中，$p_{S_2}$ ——环境硫分压，atm；

$p'_{S_2}$ ——环境温度下硫化物 $MS_a$ 临界生成硫分压，atm。

同理，氧化物 $MO_b$(M 表示金属阳离子；O 表示氧离子；$b$ 表示 M、O 原子个数之比)相对生成驱动力为 $FDF_O$ 为

$$FDF_O = \frac{p_{O_2} - p'_{O_2}}{p'_{O_2}} \tag{4-3}$$

式中，$p_{O_2}$ ——环境氧分压，atm；

$p'_{O_2}$ ——环境温度下氧化物 $MO_b$ 临界生成氧分压，atm。

在当前所研究的含硫化物非氧化性超临界水环境(25MPa、440~600℃)下，对于铁/镍基合金中主要金属元素 Cr、Fe、Mo、Ni 的潜在氧化物与硫化物，如 $Cr_2O_3$、CrS、$Fe_3O_4$、FeS、$MoO_2$、$MoS_2$、NiO、$Ni_3S_2$、$FeCr_2O_4$、$NiCr_2O_4$，除了 NiO 外，皆存在 $p_{O_2}/p'_{O_2} > 10^4$、$p_{S_2}/p'_{S_2} > 10^5$，所以可以简化 $FDF_S$、$FDF_O$ 为

$$FDF_S = \frac{p_{S_2}}{p'_{S_2}} \tag{4-4}$$

$$FDF_O = \frac{p_{O_2}}{p'_{O_2}} \tag{4-5}$$

另外，为了对比金属元素形成自身氧化物、硫化物驱动力的相对大小，定义相对因子 RE 如下：

$$RE = FDF_O/FDF_S = \frac{p_{O_2} p'_{S_2}}{p'_{O_2} p_{S_2}} \tag{4-6}$$

在 520℃含硫化物非氧化性超临界水环境中，上述重要合金元素的 $FDF_S$、$FDF_O$ 及 RE 如图 4-12 中虚线框所示。针对520℃体系，除了 NiO，存在生成 Fe、Ni、Cr 的氧化物与硫化物的可能性，而 NiO 的 $FDF_O$ 小于 1，表明 NiO 几乎不可能单独存在于该体系。一旦 Cr-Fe-Ni 合金表面暴露于腐蚀体系，合金表面元素

铬、镍、铁将同时与接触到的 $H_2S$、$H_2O$ 分子发生反应,倾向于生成相应的氧化物和硫化物(NiO 除外)。图 4-12 表明,对于 $Cr_2O_3$-CrS、$NiCr_2O_4$-$Ni_3S_2$、$FeCr_2O_4$-FeS 三个氧化物-硫化物对,它们的氧化物生成驱动力远高于对应的硫化物(RE 皆大于 $10^4$)。尽管 CrS、$Ni_3S_2$ 及 FeS 的生成在热力学上是可行的,然而若其对应的金属竞争者依次为氧化物 $Cr_2O_3$、$NiCr_2O_4$、$FeCr_2O_4$ 时,CrS、$Ni_3S_2$ 及 FeS 很难出现在合金表面的腐蚀产物中。事实上,由于合金基体内金属元素固有比例的限制,并不能保证所有金属元素恰好完全参与到生成上述稳定性更高的氧化物。以 Inconel 600 为例,其主要合金元素 Cr、Ni 的质量分数依次为 16%与 74%,腐蚀过程中几乎全部的 Cr 参与到 $Cr_2O_3$ 与 $NiCr_2O_4$ 的生成,而质量分数较高的 Ni 元素仅能部分进入稳定的 $NiCr_2O_4$,其他 Ni 元素几乎无法避免地全部被硫化(因为 NiO 几乎不可能生成,且 NiO-$Ni_3S_2$ 的 RE 小于 $10^{-8}$),生成缺陷浓度较高的 $Ni_3S_2$。一部分 $Ni_3S_2$ 的生成发生于基体与腐蚀层界面,最终 $Ni_3S_2$ 晶粒互连形成含硫化物通道的富铬氧化膜,即为腐蚀内层;另一部分 $Ni_3S_2$ 构成腐蚀外层,其源自穿越腐蚀内层的镍离子与载硫组分的反应。

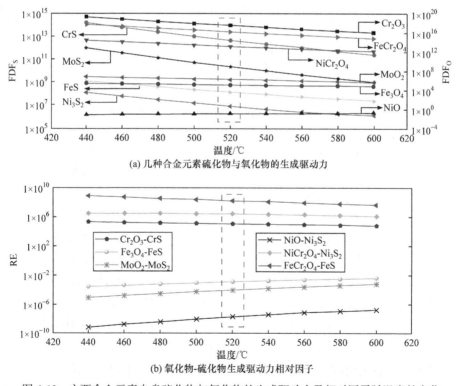

图 4-12 主要合金元素自身硫化物与氧化物的生成驱动力及相对因子随温度的变化

同理,这也是 Incoloy 825 表面出现内层为含硫化物通道的富铬氧化膜,最外层几乎全部为硫化物的腐蚀层结构的根本原因。然而不同的是，Incoloy 825 基体中镍、铬的质量比(约为 1.8)低于 Inconel 600 基体中镍、铬的质量比(约为 4.6)，很大部分 Ni 元素参与到了腐蚀层内层 $NiCr_2O_4$ 尖晶石相的生成，内层中仅含有极少量的镍-硫化物。尽管 Incoloy 825 同样发生了剧增腐蚀，腐蚀内层为含硫化物的富铬氧化物膜，但是腐蚀内层中高缺陷浓度硫化物的含量较低，这些硫化物作为金属阳离子向外扩散穿越腐蚀内层快速通道的作用减小，因此 Incoloy 825 的腐蚀速率低于 Inconel 600。仅从这一点来看，对于服役于该环境的合金，其镍质量分数应足够低，以避免合金基体内富余镍生成高缺陷浓度的镍-硫化物。此外，铬质量分数高的合金可以持续不断向基体/腐蚀层界面供应铬，促进保护性富铬氧化膜的生成，修复破损的氧化物保护层，以及抑制镍、铁硫化物在该界面的生成(因为 CrS 的生成驱动力远高于 $Ni_3S_2$ 与 FeS，Cr 具有结合 S 的显著优越权，且 CrS 自身缺陷浓度与 $Cr_2O_3$ 相当)。高铬质量分数，低 Ni、Cr 质量比，正是该环境 Inconel 625 具有优异抗硫化物诱发剧增腐蚀的根本所在。

如图 4-12 所示，铬具有较高的氧亲和力(该环境 520℃下 $Cr_2O_3$ 的 $FDF_O$ 大于 $10^{16}$，远高于其他氧化物)，当合金暴露于当前腐蚀体系，将优先发生合金表面铬的选择性氧化生成 $Cr_2O_3$；氧亲和力低于铬但高于镍约 3 个数量的铁也会发生少量氧化，氧化产物与 $Cr_2O_3$ 形成复合氧化物如 $FeCr_2O_4$。不像 $NiCr_2O_4$(Ni、Cr 的化合价是固定的，因此 $NiCr_2O_4$ 是唯一的 Ni-Cr 复合氧化物)，$FeCr_2O_4$ 中 Fe 可同时以 $Fe^{2+}$、$Fe^{3+}$ 的形式存在，因此不受基体中 Fe、Cr 质量比的限制，所有基体中 Fe 可能参与到 $Fe_{3-x}Cr_xO_4(0 < x < 3)$ 的生成中，从而避免了高缺陷浓度 Fe-S 化合物的形成。此外，当前体系(图 4-10 中 "★")，恰恰位于临近 $Fe_3O_4$-FeS 平衡线的 $Fe_3O_4$ 区。尽管 $Fe_3O_4$-FeS 的 RE 约等于 $10^{-2}$，较高的 $Fe_3O_4$ 生成驱动力($FDF_O$ 大于 $10^5$)抑制了 FeS 的生成，因此该环境中铁的质量分数高的 Incoloy 800 及不锈钢 316 表现出了优异的抗剧增腐蚀能力。

图 4-13 给出了 $p_{S_2}$、$p_{O_2}$ 及 $p_{S_2}/p_{O_2}$ 随温度的变化规律。在目标假定工况下，$H_2S$ 与 $H_2O$ 的物质的量之比一定，则二者在合金表面的宏观统计覆盖率一定。$H_2S$ 与 $H_2O$ 对腐蚀的贡献可简化为两部分，一是贡献氢分压，促进氢缺陷的形成；二是提供金属腐蚀所需的硫或者氧。$H_2S$ 与 $H_2O$ 的分解皆能贡献氢分压，但远低于系统中有机物气化所得氢气提供的氢分压，因此 $H_2S$ 与 $H_2O$ 实际有效作用可简化为对金属腐蚀所消耗硫与氧的供给，即 $p_{S_2}$、$p_{O_2}$。随着温度升高，$p_{S_2}$、$p_{O_2}$ 皆增大，但是 $p_{S_2}/p_{O_2}$ 减小，即氧分压的增加速率更快。也就是说，对于腐蚀初期的硫化物、氧化物的生成反应，升高温度有利于氧化物的快速成核、生长。铬元素具有明显高于其他金属元素的氧亲和力，因此升温促进了富铬氧化物的生成，即保护性富铬氧化层的形成。一方面，若合金具有较高的抗剧增

腐蚀能力，保护性富铬氧化物的快速能力使得合金提前进入缓慢的稳态氧化过程；另一方面，若合金的抗剧增腐蚀能力不足，高温不仅促进了富铬氧化物层的早期成形，还加速了硫离子向内传递，诱发富铬氧化层内硫化物通道的形成，导致剧增腐蚀提前发生，且剧增腐蚀后的腐蚀也随温度加剧。

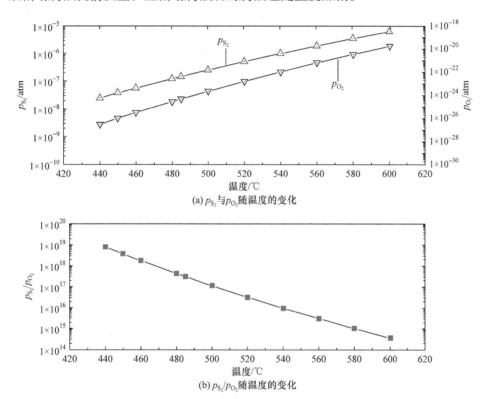

图 4-13 当前实验体系下 $p_{S_2}$ 与 $p_{O_2}$ 及 $p_{S_2}/p_{O_2}$ 随温度变化规律

图 4-12 还指出主要金属元素的潜在硫化物、氧化物的生成驱动力及二者比值随温度的变化。440~600℃时，随着温度升高，除了 NiO 外，其他产物的相对生成驱动力皆减小。然而，对于 $Cr_2O_3$-CrS、$NiCr_2O_4$-$Ni_3S_2$、$FeCr_2O_4$-FeS 三个氧化物-硫化物对，氧化物与硫化物的生成驱动力比值(RE)受温度的影响较小。此外，NiO-$Ni_3S_2$、$Fe_3O_4$-FeS 的 RE 皆随温度升高而增大。因此，从热力学角度来看，对于富铁、铬合金，其抗剧增腐蚀能力很可能随温度的升高而增强。

### 4.4.2 腐蚀防控建议

520℃非氧化性超临界水环境 Fe-Cr-Ni 合金腐蚀产物的分布预测见图 4-10(c)。从该图可以看出，降低体系硫分压、降低(或者升高)体系氢分压、降低合金基体中镍质量分数，有利于避免高缺陷浓度硫化物的形成，从而预防合金的剧增腐蚀。超临界水氧化工艺中预热设备及超临界水气化装备皆为非氧化性超临界水环境。硫化物是非氧化性超临界水环境合金可能发生剧增腐蚀的根本原因。因此，待处理含硫化物物料被加热、升压至超临界状态前，可考虑尽量降低物料的硫化物含量。潜在的工程实施措施为气浮预处理：将待处理物料空气曝气处理，将部分硫化物中硫离子氧化成单质硫，单质硫以气浮浮渣的形式被脱出物料，从而降低物料中硫化物含量，实现非氧化性超临界水环境的低硫分压。

对于体系氢分压，其分别与体系硫分压、体系氧分压满足 $H_2S$、$H_2O$ 的分解平衡常数。体系氢分压的降低，意味着硫分压、氧分压的升高，前者增加了硫化物的生成驱动力相对因子，而后者有利于抑制硫化剧增腐蚀的发生。因此，实施以氢分压调控作为合金腐蚀防控措施之前，必须针对该体系的实际硫化物含量及温度，建立图 4-13 中所示预测模型，得到体系 $p_{S_2}$、$p_{O_2}$ 随氢分压的演变，从而决定氢分压的调控方向(降低或者升高)。工程实施超临界水环境氢分压调控时，可考虑待处理物料内添加易气化有机质，如甲醇(增大体系 $p_{H_2}$)或者助氧剂(空气、氧气、$HNO_3$ 等，旨在降低体系 $p_{H_2}$)。然而，超临界水气化以制取富氢气体为目标。因此，以添加助氧剂降低体系氢分压的措施，仅适用于防控超临界水氧化预热装备的腐蚀问题。

合金金属元素可生成氧化物与硫化物的生成驱动力相对因子(RE)，有效反映了金属元素的抗硫化腐蚀能力。RE 越高，则在金属发生氧化、硫化腐蚀过程中，氧化腐蚀的优势越明显，越不利于高缺陷浓度硫化物的生成，从而使金属的抗剧增腐蚀能力越强。对于耐热钢及合金中的常见基本金属元素 Fe 与 Ni，从图 4-12 可以看出，$FeCr_2O_4$-FeS 比 $NiCr_2O_4$-$Ni_3S_2$ 的 RE 高至少 2 个数量级，$Fe_3O_4$-FeS 比 NiO-$Ni_3S_2$ 的 RE 高至少 4 个数量级。相对于金属镍，铁具有显著的抗硫化物腐蚀能力。这正是 520℃非氧化性超临界水环境下，相对 Incoloy 825 与 Inconel 600，以铁为基本元素的 Incoloy 800 与不锈钢 316 具有优异的抗剧增腐蚀性能的根本所在。针对含硫化物非氧化性超临界水环境，高铬、富铁合金呈现出明显优越于镍基合金的应用前景。

## 参 考 文 献

[1] Kritzer P, Boukis N, Dinjus E. Corrosion of alloy 625 in aqueous solutions containing chloride and oxygen [J]. Corrosion, 1998, 54(10): 824-834.

[2] Kritzer P, Boukis N, Dinjus E. The corrosion of nickel-base alloy 625 in sub- and supercritical aqueous solutions of $HNO_3$ in the presence of oxygen [J]. Journal of Materials Science Letters, 1999, 18(10): 771-773.

[3] Kritzer P, Boukis N, Dinjus E. Corrosion of alloy 625 in high-temperature, high-pressure sulfate solutions [J]. Corrosion, 1998, 54(9): 689-699.

[4] Kritzer P. Corrosion in high-temperature and supercritical water and aqueous solutions: A review [J]. Journal of

Supercritical Fluids, 2004, 29(1-2): 1-29.

[5] Kritzer P, Boukis N, Dinjus E. The corrosion of alloy 625 (NiCr22Mo9Nb; 2.4856) in high-temperature, high-pressure aqueous solutions of phosphoric acid and oxygen. Corrosion at sub- and supercritical temperatures [J]. Materials and Corrosion-Werkstoffe und Korrosion, 1998, 49(11): 831-839.

[6] Vadillo V, Sanchez-Oneto J, Ramon P J, et al. Problems in supercritical water oxidation process and proposed solutions[J]. Industrial and Engineering Chemistry Research, 2013, 52(23): 7617-7629.

[7] Szklarskasmialowska Z, Grimes D, Park J. The kinetics of pit growth on alloy 600 in chloride solutions at high-temperatures [J]. Corrosion Science, 1987, 27(8): 859-867.

[8] Lin L F, Cragnolino G, Szklarskasmialowska Z, et al. Stress-corrosion cracking of sensitized type-304 stainless-steel in high-temperature chloride solutions [J]. Corrosion, 1981, 37(11): 616-627.

[9] Son S H, Lee J H, Lee C H. Corrosion phenomena of alloys by subcritical and supercritical water oxidation of 2-chlorophenol [J]. Journal of Supercritical Fluids, 2008, 44(3): 370-378.

[10] Tang X Y, Wang S Z, Qian L L, et al. Corrosion behavior of nickel base alloys, stainless steel and titanium alloy in supercritical water containing chloride, phosphate and oxygen [J]. Chemical Engineering Research and Design, 2015, 100: 530-541.

[11] Marrone P A, Hodes M, Smith K A, et al. Salt precipitation and scale control in supercritical water oxidation—Part B: Commercial/full-scale applications [J]. The Journal of Supercritical Fluids, 2004, 29(3): 289-312.

[12] Zhang Y, Wang S, Li Y, et al. Inorganic salts in sub-/supercritical water—Part A: Behavior characteristics and mechanisms [J]. Desalination, 2020, 496: 114674.

[13] Feng P, Xu D, Yang W, et al. Characteristics, mechanisms and measurement methods of dissolution and deposition of inorganic salts in sub-/supercritical water [J]. Water Research, 2022: 119167.

[14] Xu D H, Huang C B, Wang S Z, et al. Salt deposition problems in supercritical water oxidation [J]. Chemical Engineering Journal, 2015, 279: 1010-1022.

[15] Tang X Y, Wang S Z, Xu D H, et al. Corrosion behavior of Ni-based alloys in supercritical water containing high concentrations of salt and oxygen [J]. Industrial and Engineering Chemistry Research, 2013, 52(51): 18241-18250.

[16] Hatakeda K, Ikushima Y, Saito N, et al. Corrosion on continuous supercritical water oxidation for polychlorinated biphenyls [J]. International Journal of High Pressure Research, 2001, 20(1-6): 393-401.

[17] Boukis N, Kritzer P. Corrosion phenomena on alloy 625 in aqueous solutions containing hydrochloric acid and oxygen under subcritical and supercritical conditions [J]. Corrnsion, 1997, (10):10/1-10/11.

[18] Son S H, Lee J H, Byeon S H, et al. Surface chemical analysis of corroded alloys in subcritical and supercritical water oxidation of 2-chlorophenol in continuous anticorrosive reactor system [J]. Industrial and Engineering Chemistry Research, 2008, 47(7): 2265-2272.

[19] Konys J, Fodi S, Hausselt J, et al. Corrosion of high-temperature alloys in chloride-containing supercritical water oxidation systems [J]. Corrosion, 1999, 55(1): 45-51.

[20] Ren X, Sridharan K, Allen T R. Corrosion behavior of alloys 625 and 718 in supercritical water [J]. Corrosion, 2007, 63(7): 603-612.

[21] Li Y H, Wang S Z, Tang X Y, et al. Effects of sulfides on the corrosion behavior of Inconel 600 and Incoloy 825 in supercritical water [J]. Oxidation of Metals, 2015, 84(5): 509-526.

[22] Shen Z, Wu L, Zhang L, et al. Corrosion behavior of nickel base alloy 800h in high-temperature and high-pressured water[J]. Corrosion Science and Protection Technology, 2014, 26(2): 113-118.

[23] Tan L, Ren X, Sridharan K, et al. Corrosion behavior of Ni-base alloys for advanced high temperature water-cooled nuclear plants [J]. Corrosion Science, 2008, 50(11): 3056-3062.

[24] Zhong X Y, Han E H, Wu X Q. Corrosion behavior of alloy 690 in aerated supercritical water [J]. Corrosion Science, 2013, 66: 369-379.

[25] Xu P, Zhao L Y, Sridharan K, et al. Oxidation behavior of grain boundary engineered alloy 690 in supercritical water environment [J]. Journal of Nuclear Materials, 2012, 422(1-3): 143-151.

[26] Zhang Q, Yin K, Tang R, et al. Corrosion behavior of Hastelloy C-276 in supercritical water [J]. Corrosion Science, 2009, 51(9): 2092-2097.

[27] Li Y H, Wang S Z, Yang J Q, et al. Corrosion characteristics of a nickel-base alloy C-276 in harsh environments [J]. International Journal of Hydrogen Energy, 2017, 42(31): 19829-19835.

[28] Roine A. HSC chemistry thermo-chemical database [Z]. Version, 2007

[29] Tan L, Yang Y, Allen T R. Oxidation behavior of iron-based alloy HCM12A exposed in supercritical water [J]. Corrosion Science, 2006, 48(10): 3123-3138.

[30] Kruse A. Hydrothermal biomass gasification [J]. The Journal of Supercritical Fluids, 2009, 47(3): 391-399.

[31] Holser W T. Fugacity of water at high temperatures and pressures [J]. The Journal of Physical Chemistry, 1954, 58(4): 316-317.

[32] Labranche M, Garrattreed A, Yurek G J. Early stages of the oxidation of chromium in $H_2$-$H_2O$-$H_2S$ gas-mixtures [J]. Journal of the Electrochemical Society, 1983, 130(12): 2405-2413.

[33] Sun M, Wu X, Zhang Z, et al. Oxidation of 316 stainless steel in supercritical water [J]. Corrosion Science, 2009, 51(5): 1069-1072.

[34] Baxter D J, Natesan K. Breakdown of chromium oxide scales in sulfur-containing environments at elevated temperatures [J]. Oxidation of Metals, 1989, 31(3-4): 305-323.

[35] Li H, Chen W. Effect of sulfur partial pressures on oxidation behavior of Fe-Ni-Cr alloys [J]. Oxidation of Metals, 2012, 78(1-2): 103-122.

[36] Kai W, Lee C H, Lee T W, Et Al. Sulfidation behavior of Inconel 738 superalloy at 500-900 degrees C [J]. Oxidation of Metals, 2001, 56(1-2): 51-71.

[37] Lee J C, Kim M J, Lee D B. High-temperature corrosion of aluminized and chromized Fe-25.8%Cr-19.5%Ni alloys in $N_2$/$H_2S$/$H_2O$-mixed gases [J]. Oxidation of Metals, 2014, 81(5-6): 617-630.

[38] Znamirowski W, Gesmundo F, Mrowec S, et al. The sulfidation of manganese at low sulfur pressures at 700-950℃ [J]. Oxidation of Metals, 1991, 35(3-4): 175-198.

[39] Schulte M, Rahmel A, Schutze M. The sulfidation behavior of several commercial ferritic and austenitic steels [J]. Oxidation of Metals, 1998, 49(1-2): 33-70.

# 第5章　高氧复杂超临界水环境合金腐蚀特性及机理

在超临界水氧化处理有机废弃物系统中，反应器、反应器出口管道内溶解氧量(DO)分别高达几千至数万毫克每升、数十至几千毫克每升，并且有盐和一些原始或生成的酸存在，使得反应器处于高氧复杂超临界水环境中，影响材料的服役寿命，严重制约SCWO技术的商业化[1-3]。由于超临界水氧化工艺环境中含有大量氧气，因此会发生严重的腐蚀问题，如点蚀、脱合金和应力腐蚀开裂[4]。此外，由于超临界水氧化工艺环境中的离子在超临界水中的溶解度较小，在SCWO工厂的预热管道中，废水通过加热器(在启动过程中)或热交换器(在正常运行过程中)加热至超临界温度。一旦达到饱和点，盐就会迅速结晶，结晶盐通常会吸附在设备和管道的内壁上，这可能在相对较短的时间内导致堵塞[5-11]。其中，SCWO系统中加热器和换热器的内表面更容易发生盐沉积，这主要是因为其温度通常高于流体温度，接近壁面处易形成局部过热区，将会首先达到结晶临界点，出现盐沉积作用下合金腐蚀问题。盐沉积中盐的熔点不同，且超临界水中盐以固体形式或者熔融态形式存在，因此存在熔融盐作用下合金的腐蚀问题。

研究表明，候选材料(主要是镍基合金)在不同溶解氧量[12-15]、高浓度氢离子[16]和盐[17-19]的超临界水环境下，材料表面形成了一种双层氧化物结构，外层富镍、富铁，内层富铬，其中$Cr_2O_3$为常见镍/铁基合金表面保护性氧化膜的主要有效组分。然而，在强氧化性超临界水环境中，$Cr_2O_3$易于向非保护性的六价铬转变，加剧合金基体腐蚀，严重威胁该环境中相关设备的长周期安全运行。对废水中的典型盐(如KCl、$K_2SO_4$和$K_2CO_3$[7,20-23])的沉淀行为、溶解度和流动特性研究表明，盐的沉淀行为明显受环境温度、压力、盐的浓度和类型影响。对于以熔融态形式存在的盐，Marshall等[24,25]在实验中已经观察到，从SCW中析出的磷酸盐以熔融态形式出现。对亚临界和超临界水系统中$Cl^-$、$Br^-$、$SO_4^{2-}$、$NO_3^-$和$PO_4^{3-}$等侵蚀性离子对奥氏体不锈钢、镍基合金、钛合金和贵金属等材料的腐蚀行为研究中发现，没有一种材料能够抵抗上述任何侵蚀性离子的腐蚀[2,17,26-31]。研究发现，氯和氧的协同作用会加剧材料的腐蚀[29]。400℃的SCW系统中，磷酸盐在一定程度上会减弱氧和侵蚀性氯化物对合金的侵蚀[32]。Zhu等[33]探究了磷酸盐、硫酸盐、氯化物和氧气对不锈钢和镍基合金的腐蚀影响发现，通过添加硫酸盐、氯化物可以加速不锈钢和镍基合金在含氧和磷酸盐的超临界水环境中的腐蚀。此外，合金中的 Fe、Ni 和 Cr 会向外扩散，并与 $PO_4^{3-}$ 反应形成不溶性的磷酸盐产物，可以避免腐蚀性物质与基体接触。在 SCW 中高浓度磷酸盐、硫酸盐、氯化物和氧气共存的条件下，不锈钢 316 上氧化皮的两层结构由富含 Cr 氧化物(如 $Cr_2O_3$)的内层和富含磷酸盐[如 $FePO_4$ 和 $Ni_3(PO_4)_2$]的外层组成。Incoloy 825 上形成了三层氧化皮结构，其腐蚀产物为 $Fe_2O_3$、NiO、$FePO_4$、$Ni_3(PO_4)_2$ 和 $NiCr_2O_4$；在 Hastelloy C-276 上形成氧化皮的两层结构，内层为金属氧化物，外层为磷酸盐，腐蚀产物为 $Fe_2O_3$、$Cr_2O_3$、NiO、$MoO_2$、$FePO_4$、$CrPO_4$、$Ni_3(PO_4)_2$ 和 $NiCr_2O_4$。Guo 等[34]发现在硫酸钠环境中添加氧气会导致合金遭受更严重的点蚀损坏。高浓度硫酸根离子和氧离子在凹坑中的协同作用进一步导致点蚀的发生和扩大。

因此，本章针对高氧复杂的超临界水环境，主要探究三大问题。第一，对于强氧化性超临界水环境中合金表面氧化膜形成机理的认识矛盾，部分学者认为氧化膜的生长遵循混合机理，即膜内层增厚为固态生长过程，而膜外层生长依靠金属氧化物或氢氧化物的沉淀。然而，Sun 等[35]提出强氧化性超临界水中不锈钢的腐蚀过程与气相氛围中相似，氧化膜整体以固体生长机理不断增厚。此外，初步实验研究结果(见 5.1.2 小节)表明，对于暴露于强氧化性超临界水环境中的 Inconel 625，其氧化膜外层厚度约为内层厚度的 2 倍及以上，而不是近纯超临界水环境中常见的外/内层厚度近似相等或者前者略高于后者，这背后的原因尚不清楚。因此，根据上述提到的复杂氧化性超临界水环境中的合金腐蚀问题，有必要进行高氧超临界水环境中合金腐蚀特性及腐蚀层生长机理的研究。第二，尽管大量研究关注了 SCWO 技术中的腐蚀及盐沉积问题，但很少有研究涉及盐沉积对候选材料腐蚀行为的影响。在盐沉积下，管壁和盐沉积层之间会形成一个微环境，这在一定程度上会阻碍腐蚀性离子、氧气和腐蚀产物的运输。因此，盐沉积下合金的腐蚀行为将受到一定影响。然而，盐层是否会提高或降低材料的腐蚀速率仍不得而知，因此需要进行高氧复杂超临界水环境盐沉积层对镍基合金腐蚀行为的影响探究。第三，低熔点盐会在超临界水中以熔融盐形式存在，因此出现了新的问题：熔融态磷酸盐对超临界水系统中的腐蚀行为有何影响。

综上所述，本章主要介绍高氧复杂超临界水环境中的合金腐蚀特性及机理，为超临界水氧化装置的安全运行提供理论指导。

## 5.1 高氧超临界水环境合金腐蚀特性及腐蚀层生长机理

以不锈钢 316(316SS)、奥氏体钢 800(Incoloy 800)、Inconel 625 作为目标铁/镍基合金，以往研究的表明，亚临界水环境中合金表面氧化膜外层的形成本质为金属阳离子的沉淀过程[36]。由于磷酸盐的溶解度通常低于其金属离子对应氢氧化物的溶解度，Tang 等[19]及 Atkinson[37]的研究结果皆指出，亚临界水环境中磷酸盐的存在可促进合金腐蚀所释放金属离子的沉淀，从而降低合金的腐蚀速率。因此，本节采用磷酸氢二钠为标记物，以 0.07mol·L$^{-1}$磷酸氢二钠溶液(pH 约为 9)为测试溶液、pH=9 的氢氧化钠溶液为对照组，分别考察了 DO=100mg·L$^{-1}$上述两种溶液达到 600℃、25MPa 超临界状态下，不锈钢 316 与 Inconel 625 暴露其中 24h 后表面特征，以探究氧化性超临界水环境中合金表面腐蚀外层的形成机理。

此外，研究了在不同 DO(100mg·L$^{-1}$、1000mg·L$^{-1}$、5000mg·L$^{-1}$、50000mg·L$^{-1}$)超临界水中上述三种合金的腐蚀行为随暴露时间的演变，实验温度为 520℃与 600℃，暴露时间为 24h、72h 与 120h。探究了不锈钢 316 暴露于 600℃近纯超临界水中累积约 100h 后的腐蚀形貌，并对比其与 DO=50000mg·L$^{-1}$强氧化性超临界水环境中不锈钢 316 表面氧化膜的结构特征。实验研究了高温高压水溶液中 $H_2O_2$ 的分解速率，结果表明 300℃左右时，几秒的停留时间足以让 $H_2O_2$ 完全分解[38]，因此以 $H_2O_2$ 分解所得氧气作为氧化剂($2H_2O_2 \longrightarrow 2H_2O+O_2$)，以配比 $H_2O_2$ 浓度控制腐蚀体系内溶解氧量。

### 5.1.1 铁基合金腐蚀特性

在 DO 分别为 100mg·L$^{-1}$、1000mg·L$^{-1}$、5000mg·L$^{-1}$、50000mg·L$^{-1}$下探究三种合金不锈钢 316、奥氏体钢 800、Inconel 625 腐蚀行为随暴露时间 24h、72h、120h 的变化。图 5-1 给出了 520℃、三种 DO 下不锈钢 316 腐蚀形貌随暴露时间的变化。DO=100mg·L$^{-1}$时，随着暴露时间由 24h 依次延长至 72h、120h，不锈钢 316 表面氧化膜逐渐增厚，零散分布的氧化物颗粒不断增大。相对于 DO=100mg·L$^{-1}$工况，DO=1000mg·L$^{-1}$时相同暴露时间下，不锈钢 316 表面的氧化膜明显较厚，且在 120h 时氧化膜发生局部剥落。结合 EDS 分析可知，当 DO 进一步升高至 5000mg·L$^{-1}$，暴露时间为 24h 时，不锈钢 316 表面出现明显的富铬片状氧化物。富铬片状氧化物的出现很可能是源自氧化膜/超临界水界面处较高的氧势，其驱动氧化膜内层中铬的流失，继而向外迁移至氧化膜外层。当暴露时间为 72h 时，部分片状氧化物转化为米粒状氧化物，并参与构成氧化膜外层；氧化膜外层局部剥落，暴露出氧化膜内层。当暴露时间延长至 120h，72h 工况下因膜外层剥落所暴露出来的膜内层表面重新生成富铁氧化物。

图 5-2 中呈现出了 520℃氧化性超临界水环境中奥氏体钢 800 表面腐蚀形貌随 DO 及暴露时间的变化。不同于图 5-1 中不锈钢 316，DO=100mg·L$^{-1}$、24h 工况下奥氏体钢 800 表面已出现富铬片状氧化物，且其随暴露时间延长而不断增大；富铬片状氧化物在较低 DO 下便已出现，可以归因为相对于不锈钢 316，奥氏体钢 800 基体内铬质量分数较高。随着 DO 升高至 1000mg·L$^{-1}$，暴露时间 24h 时即可观察到大尺寸富铬片状氧化物；随着暴露时间延长，氧化膜外层逐渐转化

为以铁氧化物为主,富铬片状氧化物趋于消失。对于 DO 为 5000mg·L$^{-1}$ 工况,氧化膜外层几乎全由铁氧化物构成,且在 72h 时观察到氧化膜的局部脱落。

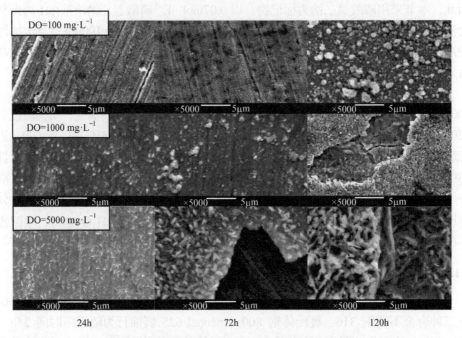

图 5-1 不锈钢 316 腐蚀形貌对暴露时间的依赖性

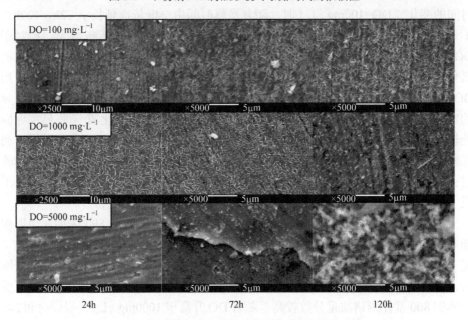

图 5-2 奥氏体钢 800 腐蚀形貌对暴露时间的依赖性

520℃、三种 DO 超临界水环境中不锈钢 316 与奥氏体钢 800 的表面 XRD 图对暴露时间(48~120h)与溶解氧量的依赖性见图 5-3，图中$(Fe, Cr)_2O_3$ 表示 $Fe_2O_3$ 或 $Cr_2O_3$，$(Fe, Cr)_3O_4$ 表示 $Fe_3O_4$ 或含铬尖晶石相 $FeCr_2O_4$。随着 DO 增大、暴露时间延长，不锈钢 316 表面$(Fe, Cr)_2O_3$ 与$(Fe, Cr)_3O_4$ 的特征峰皆趋于增强。然而，对于奥氏体钢 800，仅在 $DO=5000mg \cdot L^{-1}$、120h 工况下才检测到氧化物；其他工况下未检测到氧化物，这是因为氧化膜厚度低于当前广角 XRD 法的检测下限。

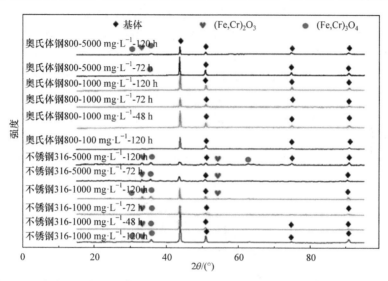

图 5-3　不锈钢 316 与奥氏体钢 800 表面 XRD 图对暴露时间与溶解氧量的依赖性

图 5-4 为 $Fe_2O_3$、$Fe_3O_4$、$FeCr_2O_4$ 的标准拉曼光谱及不锈钢 316 在 520℃、三种 $DO(100mg \cdot L^{-1}$、$1000mg \cdot L^{-1}$、$5000mg \cdot L^{-1})$超临界水中暴露 120h 后表面拉曼光谱。由图 5-4 可知，不同 DO 工况下，氧化膜表层主要组分皆为 $Fe_2O_3$ 与

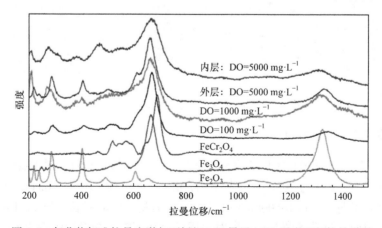

图 5-4　氧化物标准拉曼光谱与不锈钢 316 暴露 120h 后表面的拉曼光谱

$Fe_3O_4$；随着 DO 升高，相对于 $Fe_3O_4$ 首要特征峰，$Fe_2O_3$ 特征峰增强。对于 DO 为 5000mg·$L^{-1}$ 工况，图 5-4 分别给出了不锈钢 316 氧化膜表面(体现氧化膜外层组成)、氧化膜剥落区(体现膜内层组分)的拉曼光谱。可见相对于前者，后者在 600~750$cm^{-1}$(基本覆盖了氧化物 $FeCr_2O_4$ 与 $Fe_3O_4$ 的首要特征峰)内的特征峰拉曼位移增大，意味着氧化膜内层中存在较高比例的尖晶石相 $FeCr_2O_4$。

图 5-5 对比呈现了 600℃近纯超临界水、DO=50000mg·$L^{-1}$ 强氧化性超临界水中不锈钢 316 腐蚀后表面形貌。图 5-5(a)为在连续式超临界水环境实验平台上累积暴露约 100h 后的不锈钢 316 管道，可见，近纯超临界水环境中，不锈钢 316 表面氧化膜外层主要组分为 $Fe_3O_4$。然而，不锈钢 316 在强氧化性超临界水环境中暴露 120h 后，其表面氧化膜发生严重开裂剥落，见图 5-5(b)，剥落部分主要属于氧化膜外层，其由大尺寸 $Fe_2O_3$、$Fe_3O_4$ 颗粒构成；氧化膜内层(脱落后所暴露区域)的主要组分为等轴小径粒含铬尖晶石相 $FeCr_2O_4$。由此可以得出，超临界水环境中高溶解氧量导致氧化膜外层主要组分 $Fe_3O_4$ 向 $Fe_2O_3$ 转变，氧化膜开裂、剥落可能性增大；氧化膜内层中铬向外层迁移，致使氧化膜内/外层界面处氧化膜内层的破坏减弱(有待进一步研究验证)，氧化膜外/内层厚度比值增大。

(a) 近纯超临界水环境

(b) 强氧化性超临界水环境

图 5-5 600℃不同超临界水环境中不锈钢 316 腐蚀后表面形貌

### 5.1.2 镍基合金腐蚀特性

图 5-6 给出了 520℃氧化性超临界水环境中 DO 与暴露时间对 Inconel 625 腐蚀形貌的影响。DO 为 100mg·$L^{-1}$ 与 1000mg·$L^{-1}$ 两种工况下，Inconel 625 腐蚀形貌差异并不明显；DO=5000mg·$L^{-1}$ 时，随着暴露时间延长，Inconel 625 氧化膜表层的镍原子分数不断升高，同时铬质量分数下降。当腐蚀体系内 DO 进一步

升高至 50000mg·L$^{-1}$(图 5-7)，Inconel 625 氧化膜表面层的镍富集、铬耗竭现象更为明显。所有研究工况下，均未观察到 Inconel 625 氧化膜的开裂现象，表明相对于不锈钢 316 与奥氏体钢 800，Inconel 625 表面氧化膜具有较强的稳定性，不易发生开裂、剥落，可持续保护其底部合金基体。

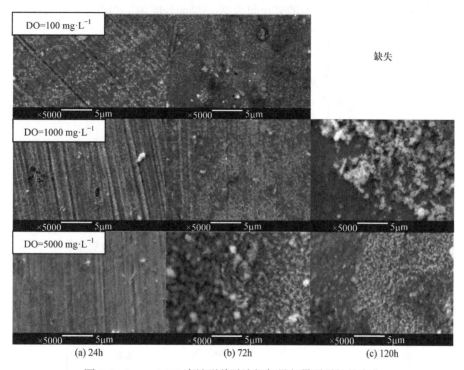

图 5-6 Inconel 625 腐蚀形貌随溶解氧量与暴露时间的变化

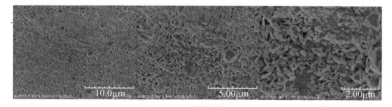

图 5-7 强氧化性超临界水中 Inconel 625 腐蚀后表面形貌

针对图 5-7 中 DO=50000mg·L$^{-1}$ 强氧化性超临界水环境中腐蚀 120h 后的 Inconel 625，图 5-8 给出了其横截面上主要金属元素及氧的原子分数在膜深度方向上的分布(通过 XPS 深度分析获得)。图 5-7 表明，强氧化性超临界水环境中，经较长时间的暴露，Inconel 625 氧化膜呈现出双层结构：内层富铬、外层以含镍氧化物为主。结合图 5-9 中 Inconel 625 表面 XRD 图及拉曼光谱，可得到 Inconel 625 表面氧化膜外层主要由 NiO 及少量 NiCr$_2$O$_4$ 尖晶石相构成，而内层近似为极薄 Cr$_2$O$_3$

层；此时(对应暴露时间为 120h)氧化膜内外层厚度分别约为 0.62μm、3.02μm。同理，借助 XPS 深度分析不同暴露时间下氧化膜的元素分布，可得 24h、72h 时氧化膜总厚度分别为 0.45μm、1.99μm，对应的氧化膜内层厚度依次为 0.18μm、0.48μm。此时，氧化膜外/内层厚度比值为 2～5，不同于近纯超临界水的 1～1.5，这可以归结为高溶解氧量引发的氧化膜内/外层界面处膜内层的破坏。

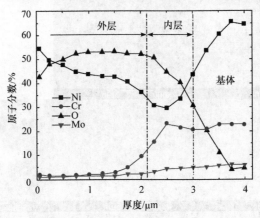

图 5-8 Inconel 625 暴露 120h 后横截面上主要元素的原子分数分布

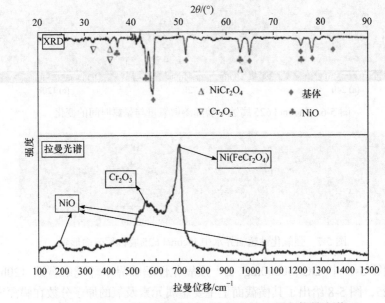

图 5-9 Inconel 625 暴露 120h 后表面 XRD 图与拉曼光谱

### 5.1.3 腐蚀层的形成与生长机理

针对初始溶液 pH=9、DO=100mg·L$^{-1}$ 的 25MPa 超临界水环境，图 5-10 与

图 5-11 分别给出了 400℃、600℃条件下,体系存在或无磷酸盐时不锈钢 316 暴露 24h 后表面 SEM 图。图 5-10 指出,400℃高密度(约 167kg·m$^{-3}$)超临界水工况下,磷酸盐促进了不锈钢表面腐蚀产物的快速成核[图 5-10(b)],因而相对于图 5-10(a)中所示无磷酸盐体系,图 5-10(b)中腐蚀产物颗粒尺寸细小、堆积紧密,氧化膜较致密。然而,对于 600℃低密度(约为 70kg·m$^{-3}$)超临界水工况,磷酸盐是否存在似乎并未对不锈钢 316 表面形貌造成明显的影响,如图 5-11 所示。

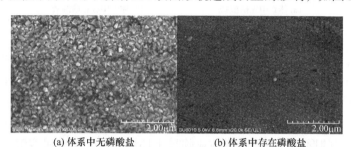

(a) 体系中无磷酸盐　　(b) 体系中存在磷酸盐

图 5-10　400℃时不锈钢 316 腐蚀后表面 SEM 图

(a) 体系中无磷酸盐　　(b) 体系中存在磷酸盐

图 5-11　600℃时不锈钢 316 腐蚀后表面 SEM 图

400℃、600℃时磷酸盐对 Inconel 625 暴露 24h 后表面形貌的影响,分别见图 5-12 与图 5-13。总的来说,与不锈钢 316 的情况相类似:400℃高密度超临界水中磷酸盐使得合金表面腐蚀层更薄、致密,而 600℃时磷酸盐的影响几乎可以忽略。

(a) 体系中无磷酸盐　　(b) 体系中存在磷酸盐

图 5-12　400℃时 Inconel 625 腐蚀后表面 SEM 图

(a) 体系中无磷酸盐　　　　　　(b) 体系中存在磷酸盐

图 5-13　600℃时 Inconel 625 腐蚀后表面 SEM 图

图 5-14 给出了不锈钢 316、Inconel 625 分别在 400℃、600℃氧化性(DO 为 100mg·L$^{-1}$)含磷酸盐超临界水环境中暴露 24h 后表面磷元素 XPS 窄谱。可以发现，磷元素 P 2p 峰清晰地出现在暴露于 400℃体系下两种合金的表面，而 600℃体系下并未检测到磷元素。因此，可以推断 400℃高密度超临界水环境中，合金表面腐蚀外层的形成机理很可能与亚临界水环境类似，即金属溶解/氧化物沉淀机理：由于金属磷酸盐的溶解度低于对应氢氧化物，磷酸盐促进了扩散至腐蚀阻挡层外界面的金属阳离子快速沉淀、成核，形成了较为致密的腐蚀外层，从而起到了沉淀型缓蚀剂的作用。然而，对于 600℃时的低密度超临界水环境，氧化膜外层的形成与磷酸盐的低溶解度特性似乎并无关系。容易推测，低密度超临界水可能更具"气相"特性，其氧化膜外层的形成过程主要为金属阳离子迁移至腐蚀外层外表面并形成新的氧化物，即固态生长机理。因此，结合第 3 章超临界水中耐热钢的腐蚀机理可以看出，总的来说，低密度超临界水中合金的腐蚀过程本质上为氧化膜的固态生长，并不因体系溶解氧量的升高而改变。在腐蚀体系逐步升温达到 600℃低密度超临界水工况的过程中，磷酸盐随超临界水温度升高而快

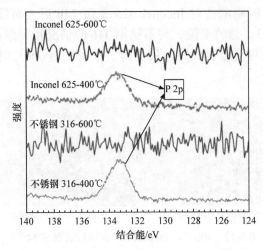

图 5-14　不锈钢 316 与 Inconel 625 暴露 24h 后表面磷元素 XPS 窄谱图

速析出,以颗粒形式分散于合金表面;随着暴露时间延长,氧化膜以固态生长机理使得外层向外增厚,将部分磷酸盐颗粒以夹杂物形式包裹到氧化膜外层的底部,因此氧化膜表面并未检测到磷元素。

综上,400℃氧化性超临界水环境中铁/镍基合金表面氧化膜外层的形成为阳离子沉淀过程,而 600℃工况下氧化膜外层的形成似乎并不受阳离子沉淀行为的影响。因此,依据氧化性超临界水环境的密度,体系内合金表面氧化膜外层的形成分别依赖于阳离子沉淀、外层膜内离子迁移。决定这两种机理分界线的关键参数应该是水的密度、介电常数,因为金属氧化物/氢氧化物的溶解度通常随水的密度及其介电常数减小而减小。25MPa 下水的密度、介电常数及 $\lg K_w$ 随温度的变化见图 5-15。由图可知,水的密度与介电常数皆随温度升高而减小,即金属氧化物/氢氧化物的溶解度同样随温度升高而降低或者趋于一个极小值。

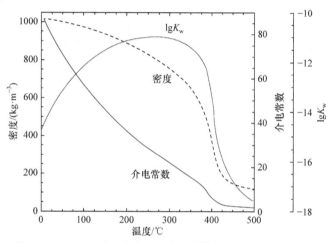

图 5-15  25MPa 下水的密度、介电常数及 $\lg K_w$ 随温度的变化

Macdonald 等借助电化学噪声测试评估分析了超临界水环境中不锈钢 304 的腐蚀行为[39],并指出低密度超临界水环境下氧化物溶解度可以忽略,以化学腐蚀(chemical corrosion,CC)为主。然而,高密度超临界水中主要发生电化学腐蚀(electrochemical corrosion,EC),其与氧化膜内阳离子向溶液中释放(实质上为金属阳离子跨相界面传递)、阳离子沉淀为氧化膜/氢氧化物有着十分紧密的联系。通常认为 100~200kg·m$^{-3}$ 是决定占优腐蚀机理的水密度分界点。然而,25MPa 下,400℃、600℃下水的密度分别约为 167kg·m$^{-3}$、70kg·m$^{-3}$,故 100kg·m$^{-3}$ 很可能是决定氧化膜外层形成过程的水密度分界点,其对应的 25MPa 下临界温度约为 470℃。也就是说,对于超临界水环境,当其密度高于 100kg·m$^{-3}$ 时氧化膜外层增厚主要源自阳离子的释放、对应氧化物/氢氧化物的沉淀;反之则依赖于阳离子在膜内的固态迁移过程。

基于上述分析，可以得出 25MPa、520℃/600℃下强氧化性超临界水环境属于低密度超临界水环境，其合金表面氧化膜的增厚应遵循固态生长机理，这与第 3 章中超临界水(温度皆高于 500℃，同样属于低密度超临界水环境)下耐热钢的腐蚀机理基本一致。然而，相对于超临界水，氧化性超临界水环境中铁/镍基合金的氧化膜生长主要呈现出如下三点不同：①氧化膜外/内层厚度比值较大，温度 600℃、溶解氧量 50000mg·L$^{-1}$、暴露时间 120h 下 Inconel 625 氧化膜外/内层厚度分别为 3.02μm、0.62μm，前者是后者的近 5 倍，而不是近纯超临界水环境中常见的 1~1.5 倍；②不同于近纯超临界水，腐蚀初期强氧化性超临界水环境中高铬铁/镍基合金表面已形成较为完整的氧化膜外层，如图 5-1、图 5-2 与图 5-6 所示，而非常见的氧化膜外层由零散的氧化物颗粒构成；③腐蚀早期，氧化膜外层中出现了含量较为丰富的富铬片状氧化物，其随 DO 升高与暴露时间延长逐渐消失。这些差异可以归因于腐蚀体系中较高氧势诱发了氧化膜内层中的铬离子向外迁移，氧化膜内/外层界面处氧化膜内层破坏、减薄，并加速了氧化膜外层的生长。也就是说，在氧化膜内/外层界面处，存在某一界面微观反应，使得该界面处氧化膜内层被破坏而产生金属阳离子并向外层供给，或者氧化膜内层直接转化为膜外层。无论如何，该界面反应总体可由式(5-1)表示：

$$\mathrm{MO}_{\chi/2} + \left(\frac{\delta-\chi}{4}\right)\mathrm{O}_2 \xrightarrow{k'} \mathrm{MO}_{\delta/2} \tag{5-1}$$

其反应速率 $r'$ 满足：

$$r' = k'(C'_\mathrm{O})^q \tag{5-2}$$

式中，$\mathrm{MO}_{\chi/2}$、$\mathrm{MO}_{\delta/2}$——膜内层氧化物、膜外层氧化物；

$\chi/\delta$——膜内/外层金属阳离子的平均化合价；

$k'$——反应速率常数；

$C'_\mathrm{O}$——膜内/外层界面处溶解氧量，又称氧势或氧分压；

$q$——反应对溶解氧量的动力学反应级数。

式(5-1)指出，氧化膜内层向外层的转化速率是内/外层界面处溶解氧量的函数。无论近纯还是氧化性超临界水环境，高铬奥氏体钢及镍基合金的氧化膜内层主要组分皆为富铬氧化物。在近纯超临界水环境(溶解氧量低于几毫克每升)，膜内/外层界面处氧势较低，式(5-1)中反应速率极低，因此氧化膜内层向外层的铬供给几乎可以忽略，奥氏体钢 800、Inconel 625 的氧化膜外层几乎始终由铁、镍氧化物构成。然而，对于强氧化性超临界水环境，氧化膜内/外层界面处氧势较高，式(5-1)中反应被促进，氧化膜内层表面破坏，以致大量铬阳离子向外迁移至氧化膜外层形成含铬片状氧化物。

需要注意，还原性、弱氧化性近纯超临界水环境，合金表面氧化膜对底部基体的保护作用主要归功于腐蚀内层(阻挡层);考虑到氧化膜外层对 $H_2O$ 分子的可穿透性及体系内较低的溶解氧量,通常假定氧化膜内/外层界面处溶解氧量近似等于腐蚀体系内主流体中溶解氧量 $C_O$,即存在 $C'_O \approx C_O$。然而,对于强氧化性超临界水腐蚀体系,占优氧化剂 $O_2$ 的分子直径大于 $H_2O$ 分子;合金表面氧化膜外/内层厚度比值较高,氧化膜外层势必对 $O_2$ 向内迁移起到一定的阻挡作用,从而使得 $C'_O$ 小于 $C_O$,也就是说氧化膜外层对减缓膜底合金基体腐蚀起到了不容忽视的积极作用。假定氧化膜外层为理想多孔介质,则由式(5-3)可评估 $C'_O$:

$$k'(C'_O)^q = K'D_{O_2}\frac{C_O - C'_O}{L_{ol}} \tag{5-3}$$

式中,$K'$——氧化膜外层中 $O_2$ 迁移供给速率与内/外层界面处反应速率 $r'$ 间的线性相关系数;

$D_{O_2}$——氧化膜外层中 $O_2$ 扩散系数;

$L_{ol}$——氧化膜外层厚度,cm。

由式(5-3)可知,随着暴露时间延长,膜外层增厚,膜内/外层界面处 $C'_O$ 降低,膜内层反应速率 $r'$ 下降。事实上,此时基体/氧化膜界面处膜内层的生长速率也将因膜内层增厚而减慢。然而,氧化膜外/内层净生长速率的比值很可能逐步增大,使得氧化膜外/内层厚度比值不断升高,这与 600℃、DO=50000mg·$L^{-1}$ 强氧化性超临界水环境中 Inconel 625 氧化膜厚度特征随暴露时间的演变规律一致。

此外,随着暴露时间延长,氧化膜外层含铬片状氧化物逐渐消失,可能是式(5-1)中反应的速率下降使得氧化膜内层向外层的铬供给速率降低,氧化膜外层表面高氧势导致膜内+3 价 Cr 向挥发性+6 价 Cr 组分 $CrO_2(OH)_2$ 的转变,以及铁/镍氧化物在氧化膜外层表面的不断生成。

### 5.1.4 超临界水氧化反应体系的防腐思考

超临界水氧化处理有机废弃物发生于一个高温、高压、高氧体系,超临界水氧化工艺参数的制订,不仅要考虑污染物的去除效果,还要结合材质的高温耐蚀性,以保证可用材质长期可靠。基于上述结果及部分应用、示范研究成果,从优化工艺参数、工艺流程升级和装备创新等主动防腐角度出发,提出如下建议。

1. 温度与压力

25MPa 压力下,水的离子积在 280℃左右时达到最大值,此时对应 pH 约为 5.5。在该温度附近,$H^+$ 和 $OH^-$ 的浓度是常温纯水中的 10 倍以上,有利于金属腐蚀反应的进行。温度继续升高,在 465℃之前,体系水密度一直高于 100kg·$m^{-3}$,

此时以电化学腐蚀为主，腐蚀速率非常快，这是大多数金属材料在高密度水环境(250～400℃)内腐蚀更为严重的原因。温度再升高时，水密度与介电常数降低成为影响水的离子积的主要因素，溶剂开始大规模缔合，水的离子积急剧降低，如500℃、25MPa 时水密度约为 89kg·m$^{-3}$，水的离子积仅约为 10$^{-20}$mol$^2$·L$^{-2}$，氢离子和氢氧根离子浓度很低，化学腐蚀占主要地位。因此，温度是决定水密度，甚至腐蚀速率大小的一个重要因素。

压力是影响超临界水环境水密度的另一个重要因素。相同温度下，水密度随压力升高而增大。若干研究表明，压力升高会加剧反应器腐蚀。建议在不影响污染物去除效果的前提下尽量降低反应压力，还有利于降低管材厚度，节省反应器制造成本。

因此，综合建议控制超临界水氧化反应器内工作压力为 24～27MPa。考虑到超临界水氧化系统运行过程中压力的波动，反应器温度应控制在 500℃以上，以确保反应器内超临界水的密度始终低于100kg·m$^{-3}$，从而尽量避免电化学腐蚀的发生。

2. 溶解氧量

溶解氧量升高，则超临界水环境的氧化性增加，结构材质腐蚀加剧。因此，对于服役于强氧化性超临界水环境的反应器，尤其是长流程反应器，如管式反应器，可考虑氧化剂多点分级注入，避免注入点处高浓度氧化剂导致该处设备急剧腐蚀。此外，设置缓蚀型超临界水氧化反应出水降温除氧工艺，以确保进入腐蚀最敏感温度区(250～400℃)的反应出水中氧化剂浓度尽量低，从而有效缓解服役于腐蚀敏感温度区设施的腐蚀破坏。

## 5.2 高氧复杂超临界水环境盐沉积层对镍基合金腐蚀行为的影响

### 5.2.1 腐蚀行为特征

因为 SCWO 系统中加热器和换热器内表面温度通常高于流体温度，在其内壁附近形成局部过热区，温度将不可避免地首先达到结晶临界点，所以内表面容易发生盐沉积。管壁和盐沉积层之间会形成一个微环境，这在一定程度上会阻碍腐蚀性离子、氧气和腐蚀产物的运输，影响盐沉积下合金的腐蚀行为。因此，十分有必要探究盐沉积对候选材料镍基合金腐蚀行为的影响，具体的测试实验条件如表 5-1 所示。

表 5-1  三种镍基合金腐蚀测试实验条件

| 工况 | $c(KCl)/(mg \cdot L^{-1})$ | 溶解氧量/$(mg \cdot L^{-1})$ | 温度/℃ | 压力/MPa | 暴露时间/h | 反应器类型 |
| --- | --- | --- | --- | --- | --- | --- |
| Run 1 | 6000 | 0 | 400±1 | 约 25 | 160 | 管式反应器 |
| Run 2 | 0 | 0 | 400±1 | 约 25 | 160 | 管式反应器 |
| Run 3 | 6000 | 5000 | 400±1 | 约 25 | 160 | 管式反应器 |
| Run 4 | 0 | 5000 | 400±1 | 约 25 | 160 | 管式反应器 |
| Run 5 | 6000 | 0 | 400±1 | 25.0±0.1 | 160 | 反应釜 |
| Run 6 | 6000 | 5000 | 400±1 | 25.0±0.1 | 160 | 反应釜 |

图 5-16 和图 5-17 给出了在 Run 1、Run 2 和 Run 3、Run 4 中暴露后的样品的表面形貌。可以看出 Run 1 样品表面形成了 KCl 沉积层。Run 2 是暴露在近纯超临界水中的对照组。在图 5-16(a)、(c)和(e)中(Run 1)发现了小颗粒，但是，Inconel 625、Incoloy 825 和 Incoloy 800 的颗粒大小各不相同，分别为 50nm、55nm 和 90nm。从 EDS 图(图 5-18)可以看出颗粒由 O、Fe、Ni 和少量 Cr 组成。然而，由于 EDS 的检测深度在微米范围内，所以合金基体的一些信号也可以被识别。

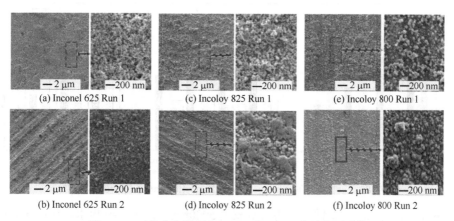

(a) Inconel 625 Run 1　　(c) Incoloy 825 Run 1　　(e) Incoloy 800 Run 1
(b) Inconel 625 Run 2　　(d) Incoloy 825 Run 2　　(f) Incoloy 800 Run 2

图 5-16  三种合金暴露在 Run 1 和 Run 2 中的表面形貌

暴露在近纯超临界水中的样品表面形貌图如图 5-16(b)、(d)和(f)所示，表面均形成不规则形状的颗粒，且颗粒尺寸大于 Run 1 中的颗粒尺寸。此外，Inconel 625 和 Incoloy 825 上出现的明显划痕表明存在相对较薄的氧化膜。

三种实验合金暴露在 Run 3 中的表面形貌如图 5-17(a)、(c)和(e)所示，可以看出样品表面形成了一层 KCl 盐沉积层。在所有实验合金上观察到不同程度的点蚀和氧化物剥落现象，尤其是 Inconel 625，可以识别出几个微米大小的点蚀。对于 Incoloy 800，样品表面有两种类型的颗粒，较小的颗粒尺寸为几十纳米，较大的颗粒尺寸约为500nm。图5-18的EDS扫描结果显示，大颗粒的Cr原子分数小于10%，因此可以推测，较大的氧化物颗粒可能是Fe-Ni尖晶石结构。此外，在Incoloy 800点蚀坑的点扫描剖面上，Ti原子分数达到15.00%，这与其他人员的研究结果类似[40,41]，表明样品的点蚀可能源于富Ti夹杂物。对于Incoloy 825，其暴露在Run 3中形成的颗粒形状和密度与Run 1中的颗粒相似，只是颗粒尺寸相对较大，这可能是因为较高溶解氧量的作用。

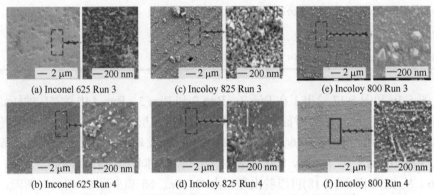

图 5-17 三种合金暴露在Run 3和Run 4中的表面形貌

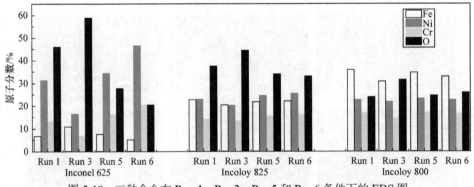

图 5-18 三种合金在Run 1、Run3、Run5和Run6条件下的EDS图

Run 4为对照组，腐蚀介质为溶解氧量5000mg·L$^{-1}$的超临界水。如图5-17(b)和(d)所示，Inconel 625和Incoloy 825表面上的明显划痕表明，这两种合金在400℃无盐氧化性超临界水中具有良好的耐蚀性。然而，在Incoloy 800上观察到了网状凹坑，这在图5-19中显示得更清楚。值得注意的是，图5-17(f)和图5-19是Incoloy 800在表面相同位置的腐蚀形貌。但是由于扫描电子显微镜的加速电压变化，它们似乎完全不同。一般情况下，扫描电子显微镜的探测深度随着加速电压的增加而增加。在3kV的加速电压下样品表面上氧化物颗粒的形态清晰可见(图5-17)。相对地，由于较高的加速电压(15kV)，样品表面凹坑更为清晰(图5-19)。与Run 4相比，Run 3中的腐蚀更严重，形成了更多的氧化物颗粒和高密度的凹坑。

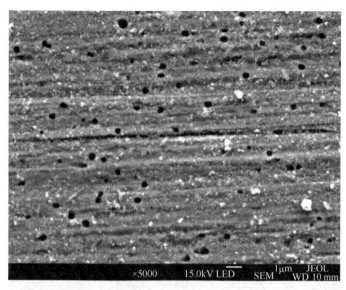

图 5-19　400℃和 25MPa 下 Incoloy 800 在溶解氧量 5000mg·L$^{-1}$ 的超临界水中的点蚀形貌

Run 5 和 Run 6 腐蚀实验是在高温高压釜中进行的。实验环境与 Run 1 和 Run 3 相同，且无盐沉积层。三种合金暴露在含有 6000mg·L$^{-1}$KCl 的超临界水中的腐蚀形貌图如图 5-20(a)、(b)和(c)所示。除了基体表面处散布一些大颗粒外，其样品表面比 Run 1 中的更均匀。并且在高压釜实验中生成了少量氧化物颗粒，图 5-18 的 EDS 图也解释了这一现象。基体表面生成的大颗粒很可能是铁氧化物，也可能是高压釜内壁的腐蚀产物[42]。

Run 6 的高压釜实验结果如图 5-20(b)、(d)和(f)所示。与有盐沉积层的样品(Run 3)相比，在 Run 6 中，测试合金的样品表面几乎没有氧化物颗粒，形成的凹坑更少。这可能是因为在 Run 3 中，盐沉积层促进了合金的腐蚀。

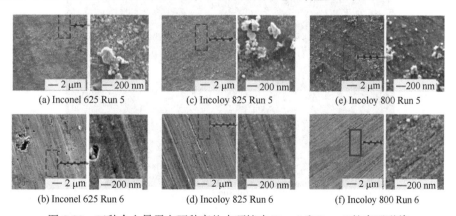

图 5-20　三种合金暴露在两种高盐水环境中(Run 5 和 Run 6)的表面形貌

图 5-18 为在 Run 1、Run 3、Run 5 和 Run 6 中暴露后三种合金的 EDS 图。选择一些均匀区域进行 EDS 检测。其中，有盐沉积层的样品的氧原子分数比没有盐沉积层的高，尤其是对于基体中含有大量镍的样品。一般地，EDS 图中的氧原子分数反映了氧的渗透程度。因此，可以得出结论，合金表面盐沉积层的存在促进了镍的溶解，尤其是在含有大量氧气的环境中。

Incoloy 825 暴露在含氧和 KCl 的超临界水中后的详细三维 AFM 形貌如图 5-21 所示。在有盐沉积层的样品上形成了柱状氧化物，在图 5-16(a)和图 5-17(a)中通过 SEM 观察到这些盐沉积层是球状颗粒。Run 1 和 Run 3 的实验结果表明，样品在仅含盐的超临界水中暴露后的峰密度和峰高高于含氧超临界水中暴露后的峰密度和峰高。在 Run 5 和 Run 6 的样品表面会发现一些沟壑，这些沟壑应该是腐蚀实验前样品抛光预处理形成的划痕，并且在沟壑沿线发现了一些结核状和柱状氧化物。

(a) Run 1

(b) Run 3

(c) Run 5

(d) Run 6

图 5-21　Incoloy 825 在 Run 1、Run 3、Run 5 和 Run 6 下的三维 AFM 形貌

试样表面的粗糙度是评价腐蚀损伤的重要参数，可以定义为高度均方根误差平均值，表示为

$$\mathrm{Ra} = \sqrt{\frac{\sum Z_i^2}{N}} \tag{5-4}$$

式中，$Z_i$——垂直坐标值；

$N$——点的数量。

选择扫描尺寸为 2μm × 2μm 的 AFM 形貌进行表面粗糙度分析，以避免沟壑区域影响 Ra 的精度。表 5-2 给出了 Run 1、Run 3、Run 5 和 Run 6 中暴露后的样品粗糙度。高压釜中暴露的样品的 Ra 低于管式反应器中暴露的样品。此外，含氧超临界水中的 Ra 也低于无氧超临界水中的 Ra。样品表面的氧化物是金属元素向外扩散和溶解氧向内扩散形成的。晶界是铁原子和镍原子垂直扩散的短路径。表面抛光形成的位错线会引起金属元素横向扩散路径的增加。盐沉积层使氧气的扩散受到抑制，导致盐沉积层下方形成缺氧微环境。因此，横向扩散受到抑制，

氧化物的纵向生长占主导地位，氧化物的峰高和粗糙度相对突出。

表 5-2　Run 1、Run 3、Run 5 和 Run 6 中暴露后的样品粗糙度

| 实验条件 | Run 1 | Run 3 | Run 5 | Run 6 |
| --- | --- | --- | --- | --- |
| Ra /nm | 31.8 | 19.6 | 10.9 | 9.6 |

相比之下，对于暴露在高压釜中的样品，由于氧气充足，金属原子在运输到样品表面后很容易与氧气结合。因此，横向扩散起主导作用，样品表面粗糙度相对较小。

### 5.2.2　腐蚀产物

通过 XRD 和激光拉曼光谱(LRS)分析了样品的氧化膜成分。由于形成的氧化膜相对较薄，仅检测到基体的特征峰，如图 5-22 所示。因此，暴露在 Run 1、Run 3、Run 5 和 Run 6 中后，使用 LRS 检测样品表面上的氧化膜成分。

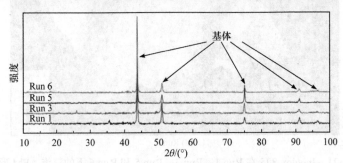

图 5-22　暴露在 Run 1、Run 3、Run 5 和 Run 6 的 XRD 图

图 5-23 给出了 Incoloy 825 和 Inconel 625 的一些典型腐蚀产物的拉曼光谱图，以及 $Fe_2O_3$、$Fe_3O_4$ 和 $NiFe_2O_4$ 的标准拉曼光谱图。

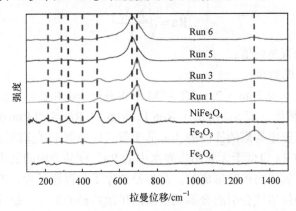

图 5-23　Incoloy 825 和 Inconel 625 典型腐蚀产物的拉曼光谱图及氧化物的标准拉曼光谱图

对有盐沉积层的 Incoloy 825，在除氧超临界水中暴露后，样品表面仅检测到 $NiFe_2O_4$，而在 400℃氧化超临界水中暴露后，样品表面同时形成 $NiFe_2O_4$ 和 $Fe_2O_3$。相反，高压釜实验结果表明，Run 5 中形成了 $Fe_3O_4$，在 Run 6 中暴露后样品表面检测到 $Fe_3O_4$ 和 $Fe_2O_3$。

合金的初始氧化发生在样品表面的活化位点。氧离子由超临界水提供，超临界水可吸附在活化位点并分解生成氧离子，与位于活化位点的金属原子结合生成氧化物[43]。金属原子的扩散速率表现为 $V_{Fe} > V_{Ni} \gg V_{Cr}$[44]，而且 $Fe_2O_3$、$Fe_3O_4$ 和 NiO 的生成热分别为 $-824.2 kJ \cdot mol^{-1}$、$-1118.4 kJ \cdot mol^{-1}$ 和 $-242.7 kJ \cdot mol^{-1}$[45]。因此，$Fe_3O_4$ 氧化物优先在活化位点被氧化。对于 Run 1 和 Run 3 中的试样，其表面盐沉积层阻挡了氧的扩散，阻止了氧和溶解离子之间进一步接触。因此，氧化过程中消耗氧气产生氢气，$Fe_3O_4$ 的成核和生长受到抑制[2,3]。同时，通过 $Fe_3O_4$ 和 NiO 的固溶体反应形成 $NiFe_2O_4$。在 Run 5 和 Run 6 中暴露后，样品表面没有盐沉积层，因此样品上未检测到 $NiFe_2O_4$。

此外，由于溶解氧量相对足够，在氧化性超临界水环境(Run 3 和 Run 6)中暴露后，合金表面会形成 $Fe_2O_3$。

### 5.2.3 合金元素的作用

镍、铁、铬和钼是镍基合金中的主要合金元素。其中，镍和钼对合金腐蚀行为的影响十分重要。镍基合金中的钼可以在酸性环境中提高抗晶间腐蚀和抗点蚀的能力。大量实验表明，合金中 1%质量分数的 Mo 在抗点蚀性方面可以起到 3.3%质量分数 Cr 的作用[46]。如果没有铬的存在，钼并不能提高合金耐蚀性[6,47]。本节研究表明，试样暴露在 400 ℃含氧超临界水后会出现点蚀现象。从图 5-17 可以看出，Incoloy 800 中的凹坑密度远远大于 Inconel 625 和 Incoloy 825 中的凹坑密度，这可能是因为 Incoloy 800 中不含钼。

Ni 是在超临界水中形成 NiO 的基本元素。然而，镍可以优先溶解在含有氯离子的超临界水中[48]，尤其是在含有氯离子的酸性环境中[49,50]。当暴露在 400℃下的含氧超临界水中时，在有盐沉积层的试样中发现了严重的点蚀和氧化皮剥落现象。盐沉积层对腐蚀产物，如浸出的 $Ni^{2+}$ 和 $Fe^{3+}$ 有阻塞作用。在高于 400℃的超临界水中，这些溶解物可以与水分子相互作用，改变金属基体和盐沉积层之间微环境中的局部水化学[51]。因此，金属离子的水解过程会导致微环境酸化，促进镍的溶解。根据 SEM 图像(图 5-17)，Inconel 625 显示了三个样品中最严重的氧化皮剥落现象，这可能是因为 Inconel 625 中的镍质量分数最高。

从上述分析可以看出，镍质量分数相对较低、钼质量分数较高的镍基合金应该是 SCWO 装置降解高盐有机废水的最佳结构材料。

### 5.2.4 共存溶解氧的影响

溶解氧量对氧化物的组成和形态有显著影响[42]。样品表面上盐沉积层对氧气有阻碍作用,降低了样品表面附近的溶解氧量。因此,有盐沉积层的试样形态和成分与没有盐沉积层的不同。

对于有盐沉积层的样品,金属元素的横向扩散受到抑制,氧化物的纵向生长占主导地位,导致氧化物峰高更高,表面粗糙度更大。溶解氧量不足还迫使$Fe_3O_4$和NiO通过固溶体反应形成尖晶石结构氧化物。

暴露于含氧超临界水中(Run 1)后,在Incoloy 825上检测到有盐沉积层的$Fe_2O_3$,但在类似的无氧环境中(Run 3)未检测到。可以推断尽管试样表面上形成了具有氧气阻挡作用的盐沉积层,但是Run 3中的腐蚀电位足够高,可形成$Fe_2O_3$,因此可以得出结论,盐沉积层不能完全阻止氧气从流体扩散到基体/盐沉积层界面。盐沉积层和合金表面之间的微环境中的溶解氧量随着暴露时间的增加而增加。

## 5.3 高氧复杂超临界水环境熔融盐作用下的合金腐蚀特性及机理

### 5.3.1 腐蚀形貌特性

为探究合金在熔融磷酸盐、硫酸盐和氯化物等多种盐存在下的氧化性超临界水体系中的腐蚀行为特性,本节开展了如表5-3所示的腐蚀测试实验。

表5-3 Inconel 600暴露于高盐高氧复杂超临界水中的腐蚀测试实验条件

| 实验工况 | Cl⁻浓度 /(mg·L⁻¹) | $PO_4^{3-}$浓度 /(mg·L⁻¹) | $SO_4^{2-}$浓度 /(mg·L⁻¹) | 溶解氧量 /(mg·L⁻¹) | 温度 /℃ | 压力 /MPa |
|---|---|---|---|---|---|---|
| Run 1 | 12400 | 9900 | 4400 | 14700 | 450 | 25 |
| Run 2 | 12400 | 9900 | 4400 | 14700 | 500 | 25 |
| Run 3 | 12400 | 9900 | 4400 | 88000 | 500 | 25 |
| Run 4 | 12400 | 9900 | 4400 | 88000 | 580 | 25 |

在不同实验条件下暴露在高盐SCW中60h的Inconel 600表面形貌如图5-24所示,从图中可以看出,随着实验条件的改变,试样表面形貌发生了显著的变化。EDS分析图5-24中标记点的元素分布如表5-4所示。从图5-24可以看出,在实验条件下的所有试样中,450℃/25MPa条件下,溶解氧量为14700mg·L⁻¹的

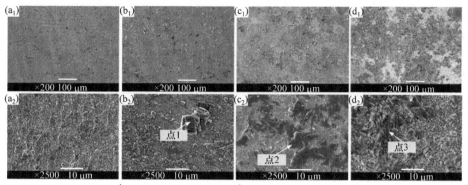

(a) 450℃,DO=14700 mg·L⁻¹  (b) 500℃,DO=14700 mg·L⁻¹  (c) 500℃,DO=88000 mg·L⁻¹  (d) 580℃,DO=88000 mg·L⁻¹

图 5-24　不同实验条件下 Inconel 600 暴露于高盐 SCW 中的表面形貌图

高盐度超临界水系统中暴露的试样几乎没有腐蚀。图 5-24(a)显示试样表面覆盖有一层氧化膜，内层由小颗粒组成，密度均匀，不连续且疏松的外层由一些大颗粒组成。EDS 分析表明，这些大颗粒很可能是镍氧化物，而那些小颗粒则是富铬氧化物。在溶解氧量较低、450℃下的高盐 SCW 系统中，未检测到明显的磷化合物。

表 5-4　实验 Run 2、Run 3 和 Run 4 中合金表面标记处沉积物的 EDS 分析结果(单位：%)

| 标记 | Ni 原子分数 | Cr 原子分数 | Fe 原子分数 | O 原子分数 | Na 原子分数 | P 原子分数 |
| --- | --- | --- | --- | --- | --- | --- |
| 点 1 | 9.89 | 1.46 | 16.87 | 8.25 | 35.94 | 27.59 |
| 点 2 | 16.42 | 2.16 | 10.54 | 17.01 | 28.29 | 25.58 |
| 点 3 | 26.04 | 1.03 | 8.91 | 15.75 | 25.67 | 22.60 |

随着实验温度从 450℃升高到 500℃，试样的表面形态发生了显著变化，如图 5-24(b)所示。EDS 结果证实，表面疏松分布的黑色大颗粒是磷化合物。随着温度从 450℃升高到 500℃，水的介电常数和无机盐的溶解度会进一步降低，因此磷酸盐和硫酸盐等离子快速从 SCW 系统中分离出来，并以熔融状态或固态呈现[52,53]。在其他区域，样品表面覆盖一层紧密均匀的富铬氧化物，最外层表面覆盖一层不连续的氧化镍颗粒。

根据实验 Run 2 和 Run 3 之间的比较[图 5-24(b)、(c)]，氧气在加剧合金腐蚀方面起到了重要作用。500℃时，在溶解氧量为 88000mg·L⁻¹ 的高盐 SCW 中，磷化合物(深色薄片和碎屑)更多地出现在合金试样的外部[放大倍数为 2500，图 5-24(c)]。在基体平坦区域疏松分布的氧化镍(白色颗粒)和氧化铬颗粒相对较小。合金的腐蚀速率与 $PO_4^{3-}$ 的浓度有关。Kritzer 等[54]指出，当磷酸浓度低于 0.1mol·kg⁻¹ 时，镍基合金表面会因为磷酸盐而钝化，磷酸盐浓度的增加将会加速腐蚀。在高磷酸盐氧化性超临界水环境中，不连续分布的磷化合物对基体的保护作用将会受到限制。

当温度进一步升高至 580℃时，合金表面被致密颗粒覆盖，进而形成典型的高温腐蚀形态，如图 5-24(d)所示。可以看出，温度对合金表面氧化膜的形态有显著影响，这是因为温度的升高加速了离子的扩散和金属与氧气之间的反应速率[55,56]。均匀、稳定、致密的氧化物颗粒可以保护合金不与腐蚀介质接触，进而有效抑制腐蚀。除了致密的氧化物颗粒外，在被测合金的表面上可以看到许多较厚且相互缠绕的产物，这表明在高温下构成外层的氧化物和磷化合物同时形成和累积。

### 5.3.2 腐蚀组分特性

不同实验条件下，暴露 60h 的 Inconel 600 试样表面形成的氧化膜中主要元素的质量分数见图 5-25。与其他元素相比，主要元素 Ni 的质量分数显著降低。合金表面的镍损失通常较为严重，尤其是在 SCWO 环境中存在氯化物时[57]。然而，在 450℃和 500℃时，铬质量分数变化很小，甚至略有增加。主要有两个原因：其一，SCW 中合金元素的氧化速率($D_x$)从高到低为 $D_{Fe}>D_{Ni}>D_{Ti}>D_{Mo}\gg D_{Cr}$，Cr 通过晶界时扩散速率最低[58]；其二，上述元素不同氧化物的稳定性从大到小排序为 $TiO_2$、$SiO_2$、$MnO$、$Cr_2O_3$、$FeCr_2O_4$、$Fe_3O_4$、$MoO_2$、$NiO$[59]。这表明，一旦生成 $Cr_2O_3$ 则会保持稳定，Cr 不容易损失。在 580℃时，Run 4 中 Cr 质量分数略低于基体的 Cr 质量分数，这可能是因为在 SEM[图 5-24(d)]中观察到的外层富镍层上覆盖的 Cr 氧化物在高溶解氧量和温度作用下的反式钝化而损失。综上所述，铁

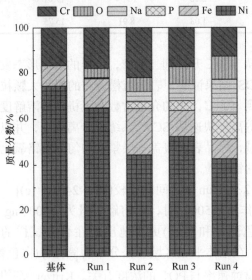

图 5-25 不同实验条件下暴露 60h 的 Inconel 600 样品中主要元素的质量分数

的氧化速率最高,但其氧化物的稳定性高于镍氧化物。因此,Inconel 600 的铁质量分数越低时,试样表面的铁富集越多,尤其是在低溶解氧量条件下。

在实验 Run 1~Run 4 中,氧化膜中磷质量分数随着温度和溶解氧量的增加而增加,这表明在 SCW 系统中,高温和高氧条件下更容易形成不溶性和稳定的磷,这与 SEM 的表面形貌一致。氯在 SCW 中通常很难转化为稳定的不溶性化合物[16]。在含有硫化物的非氧化性 SCW 环境中,Inconel 600 几乎被纯 $Ni_2S_3$ 外层和由富铬尖晶石氧化物、$Ni_3S_2$ 网络构成的内层覆盖[17]。这也证明了氧化物晶格氧中阴离子的置换。这些结果与之前的研究结果一致[18,19]。然而,在 500℃和 580℃条件下进行的 Run 2~Run 4 中,尽管在检测前用大量超高纯水反复清洗,但样品表面仍存在大量钠,这表明沉积的钠盐可能与腐蚀产物紧密结合。Ou 等[60]指出,当暴露在含有 $PO_4^{3-}$、$Cl^-$ 和 $SO_4^{2-}$ 的 550℃/23MPa 氧化性 SCW 中时,镍基合金表面上的沉积物是由 O、Ni、Fe、Na、P 和 Cr 组成的。如表 5-4 所示,对实验 Run 2~Run 4 表面标记处[如图 5-24(b)~(d)中点 1~点 3]沉积物的 EDS 分析表明,除 Na、P 和 O 外,沉积物中也含有丰富的 Ni 和 Fe,但 Cr 质量分数较小(不超过 3%)。

图 5-26 给出了在四种实验条件下 Inconel 600 样品的 XRD 图。其氧化膜主要由 NiO、$NiCr_2O_4$、$Cr_2O_3$、$Fe_2O_3$ 和磷酸盐组成,其中磷酸盐可能由 $FePO_4$、$Ni_3(PO_4)_2$、$Na_3PO_4$ 和 $Na_2HPO_4$ 组成。如表 5-4 所示,这些磷酸盐并非以单一的形式存在,而是以多种成分组合的形式存在。由于存在 $Na_3PO_4$ 和 $Na_2HPO_4$,实验结束后用大量超高纯水清洗,试样表面形成了稳定的不溶性物质。

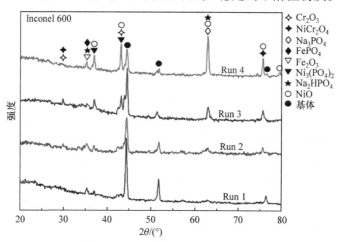

图 5-26 Inconel 600 在四种实验条件下暴露 60h 的 XRD 图

从实验 Run 1 的 XRD 图中可以看出,除了强基体峰外,只有三种磷酸盐和氧化物的弱峰。这表明在 450℃的低溶解氧量下,SCW 中存在轻微的腐蚀。随着温度升高到 500℃,实验 Run 2 的 XRD 光谱比实验 Run 1 有两个更弱的

$Cr_2O_3/NiCr_2O_4$ 和 $NiO/NiCr_2O_4$ 峰。此外，Run 2 比 Run 1 具有更明显的磷酸盐和氧化物峰。在实验 Run 2 和 Run 3 的相同温度下，XRD 曲线中的峰值几乎相同，而较高的镍和磷酸钠峰值表明表面磷酸盐的含量随着溶解氧量的增加而增加。与其他测试条件不同的是在高溶解氧量的实验 Run 4 中获得的 XRD 图显示出更高的氧化物和磷酸盐的峰值。结合图 5-24(d)可以看出，580℃时出现了致密且均匀的氧化镍颗粒。

通过 XPS 进一步分析了腐蚀产物中元素的化学形态，如图 5-27 所示。可以看出，四种受试合金中存在镍、铬、铁、氧、钠、磷和碳(可能由大气污染造成)，这与 EDS 和 XRD 分析结果一致。结合能相对于 C 1s 峰(284.8eV)的标准值进行校准。

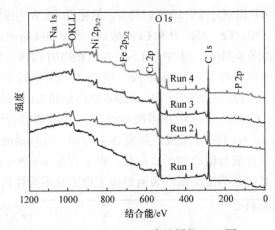

图 5-27 Inconel 600 腐蚀层的 XPS 图

虽然峰值强度随实验条件而改变，但并未观察到元素分布的显著变化。图 5-28 给出在 580℃和高溶解氧量下，实验 Run 4 中镍、铬、铁和磷的 XPS 精细谱图。高分辨率 Ni 2p 光谱由分别位于 855.5eV 的 Ni $2p_{3/2}$ 和 873.2eV 的 Ni $2p_{1/2}$ 组成，每个卫星峰分别位于 861.2eV 和 879.3eV。该特征反映了镍的化学形态，即 $Ni^{2+}$，这表示可能存在 NiO 和 $NiCr_2O_4$。此外，这些光谱特征在不同程度上也可以用镍盐解释，因为 $Ni^{2+}$ 可以与 $PO_4^{3-}$ 结合而产生 $Ni_3(PO_4)_2$[61,62]。对于 Cr 2p，结合能为 577.2eV 处的拟合峰 Cr $2p_{3/2}$ 和结合能为 586.4eV 的 Cr $2p_{1/2}$ 分别对应于 $Cr_2O_3$ 和 $NiCr_2O_4$。Cr 2p 的峰值强度相当弱，这表明在 580℃和高溶解氧量下外层中的 Cr 质量分数要少得多。这与 EDS 数据一致。很少有证据证明腐蚀产物中存在 $CrPO_4$，因为根据美国国家标准与技术研究院(NIST)标准数据，其 XPS 峰值应约为 577.78eV，并且通过 EDS 分析可知，沉积物中的 Cr 质量分数不超过3%。Fe 2p 光谱显示，Fe $2p_{3/2}$ 和 Fe $2p_{1/2}$ 分别集中在 711.6eV 和 725eV，这表明氧化膜

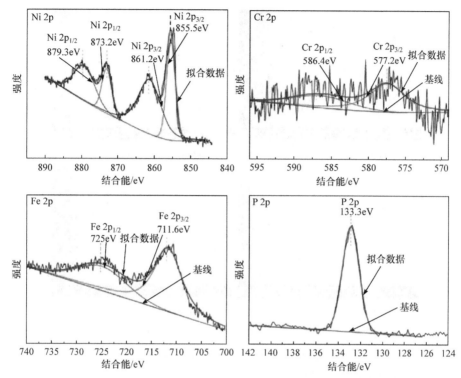

图 5-28 实验 Run 4 中 Inconel 600 试样上相关元素的 XPS 精细谱图

中存在 $Fe_2O_3$。Yin 等[63]和 Wu 等[64]指出，711.6eV 处的 $Fe^{3+}$ 峰值源自 $FePO_4$。观察到的 P 2p 的结合能为 133.3eV，这可以归因于 $HPO_4^{2-}$ 或 $PO_4^{3-}$ 的 P—O 键[65,66]。因此，结合 XPS 结果和 XRD 图，可以得出覆盖在合金表面的腐蚀产物主要是 NiO、$Cr_2O_3$、$NiCr_2O_4$、$Fe_2O_3$ 和磷酸盐。

### 5.3.3 腐蚀层结构分布特性

为了表征腐蚀性能，评估了在四次实验中获得的试样横截面上相关元素的质量分数分布。图 5-29 为试样在高盐超临界水中暴露 60h 后氧化膜 SEM 图。可以看出，暴露在 DO 为 14700mg·$L^{-1}$ 的 450℃ 的 SCW 系统中的试样受到了最轻微的腐蚀，仅有部分晶间氧化物。金属颗粒和相邻晶界之间通常存在化学差异。一些可能来自初始碳化铬的富铬氧化物倾向于沿晶界生成和聚集[37]。从实验 Run 1 下图 5-30(a)所示的腐蚀层深度元素剖面图可以看出，几乎没有出现连续腐蚀层结构。

实验 Run 2～Run 4 中形成的氧化膜相对连续且均匀(图 5-29 和图 5-30)。随着温度和溶解氧量的升高，氧化膜变厚，腐蚀加速。对于在 SCW 中镍基合金形成的双层氧化膜，外层为疏松的富镍层，而致密和具有保护性的内层主要由富铬

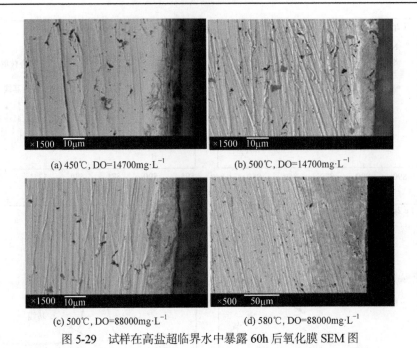

(a) 450℃, DO=14700mg·L⁻¹    (b) 500℃, DO=14700mg·L⁻¹

(c) 500℃, DO=88000mg·L⁻¹    (d) 580℃, DO=88000mg·L⁻¹

图 5-29 试样在高盐超临界水中暴露 60h 后氧化膜 SEM 图

氧化物组成[67,68]。因此，图 5-30 中 Run 2～Run 4 实验的元素分布表明，Cr 质量分数的最高值和 Ni 质量分数的最低值几乎出现在氧化膜的相同厚度，这可能是外部富镍层和内部富铬层之间的结合界面。在图 5-30 的 Run 4 中，较浅内层的厚度约为 74μm，较深外层的厚度约为 36μm。在 500℃溶解氧量较低的实验 Run 2 中，氧化膜中的铁相对富集。研究指出，在 500℃低氧条件下，Inconel 625 上形成的氧化膜中间区域相对富铁[42]。尽管合金基体中的铁质量分数远低于镍，但铁具有更高的氧亲和力，因此在较低的氧分压下优先被氧化[17]。此外，氧化铁通常比氧化镍更稳定。因此，在实验 Run 2 时优先形成的氧化铁相对富集。在实验 Run 1～Run 4 的所有腐蚀层中，钠和磷质量分数几乎都是协同的。随着温度和溶解氧量的增加，所有穿透深度和磷质量分数都有所增加，这在一定程度上意味着磷酸盐可能侵入腐蚀层。

### 5.3.4 合金元素腐蚀机理

固态生长机理、混合模型机理(外层是通过金属溶解/氧化物沉淀形成的，而内层是通过固态生长形成的)和金属溶解/氧化物沉淀机理是广泛接受的三种典型腐蚀机理[14,69,70]。在高盐氧化性 SCW 中，存在多个侵蚀性离子时的腐蚀现象，这与以往的研究不同。在含有磷酸盐的高盐氧化性 SCW 环境中，磷酸盐的熔融腐蚀和 SCW 腐蚀是一个显著特征。图 5-31 为 Inconel 600 在含有多种无机盐($Cl^-$、$SO_4^{2-}$、$PO_4^{3-}$)的氧化性 SCW 环境中的腐蚀机理示意图。

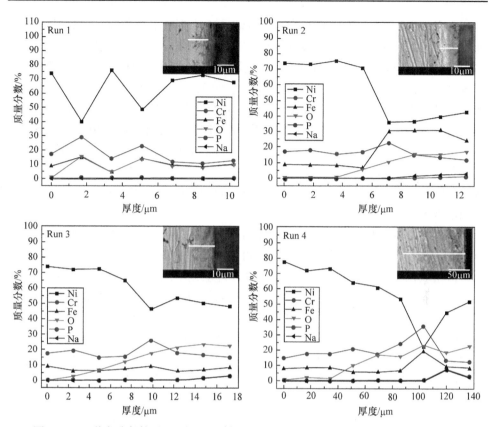

图 5-30 四种实验条件下 Inconel 600 暴露 60h 后氧化膜中元素分布 EDS 线扫描分析

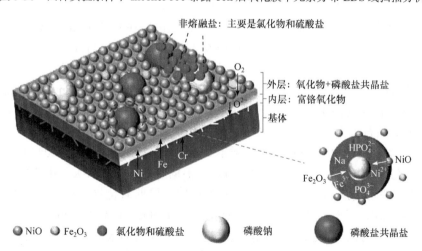

图 5-31 Inconel 600 在含有多种无机盐的氧化性 SCW 中的腐蚀机理示意图

研究发现，在氧化性 SCW 中，Inconel 600 上形成的氧化膜呈现双层结构，外层由疏松的大颗粒组成，内层由小颗粒氧化物组成。当温度超过水的临界点时水密度下降，同时，介电常数和氢键强度降低[70]。在 25MPa 下，450℃、500℃和 580℃下的水密度分别为 108.99kg·m$^{-3}$、89.75kg·m$^{-3}$ 和 73.56kg·m$^{-3}$。根据水的密度低于 100kg·m$^{-3}$ 或高于 200kg·m$^{-3}$[14,43,69]，提出了两种典型的生长机理：混合型生长机理和固态生长机理[71,72]。Yi 等[73]指出，在 500℃除氧 SCW 中，离子溶解量可忽略不计，氧化物是通过吸氧形成的。在密度较低的情况下，化学氧化机理基于氧气和金属之间的分子相互作用及金属离子在膜内的扩散过程[74,75]。因此，在 450℃、500℃和 580℃的氧化性 SCW 中，Inconel 600 的腐蚀通常遵循固态生长机理。

由于生长空间有限，内层由小的等轴晶体组成，外层由向外生长的大颗粒组成[36]，外层和内层氧化物的化学成分也可能不同。从图 5-31 可以看出，内层主要为富铬氧化物，而根据研究的不同条件，外层也不同。富铬氧化物的生成热远低于铁和镍氧化物[42]，因此富铬氧化物更容易生成。由于铬的扩散速率远低于铁和镍的扩散速率[58]，则留在氧化膜的内层。然而，在 SCWO 中，保护性+3 价铬在强氧化性 SCW 中会进一步溶解为+6 价铬[76]，随后每个合金外层氧化膜中的铬含量显著降低。在氧化膜和合金之间的界面上有一层富铬氧化物的内层，这与之前的许多研究报告一致[77,78]。均匀、连续的富铬氧化膜可有效保护 Inconel 600 基体免受高温水氧化。

在这四种实验条件下，合金表面的镍比其他元素减少得更明显。Kim 等指出，脱合金氧化层的生长速率由镍的扩散速率决定。镍氧化物是由扩散到金属表面的镍和扩散到金属内部的溶解氧发生反应形成的。在实验 Run 1~Run 3 中，最外层存在大量疏松的 NiO[图 5-24(a)~(c)]，而在 580℃的高温下，致密的 NiO 颗粒覆盖在合金表面[图 5-24(d)]。由疏松的 NiO 颗粒组成的氧化膜外层对合金的保护作用较弱，因为其容易剥落(如实验 Run 1~Run 3)，而在 Run 4 下，细而紧密的 NiO 颗粒的保护作用更强。同时，NiO 和 $Cr_2O_3$ 可以通过固溶反应生成 $NiCr_2O_4$ 尖晶石氧化物，$Ni^{2+}$(0.069nm)和 $Cr^{2+}$(0.062nm)的离子半径接近[79]。

尽管 Inconel 600 中铁的质量分数不高于 10%，但在 450℃和 500℃的低氧条件下观察到铁明显富集，如图 5-25 所示。根据绘制的 SCW 大气中叠加等温相图，氧化铁解离压力的氧分压低于氧化镍[17]。根据氧化铁的热力学分析，在 SCW 的低氧分压下，铁更有可能被氧化形成 $Fe_3O_4$，在高温(>400℃)下转化为 $Fe_2O_3$[80,81]。因此，检测到的氧化铁主要是试样表面的 $Fe_2O_3$。当氧分压达到氧化镍的临界氧分压时，合金中占主导地位的镍更容易形成氧化物。同时，由于 Inconel 600 基体的铁质量分数较低，在实验 Run 3 和 Run 4 中，铁的质量分数变化不明显。此外，铁和镍还会与磷酸盐反应，在合金表面形成共沉淀。

## 5.3.5 侵蚀性离子的影响机制

对于含 $Cl^-$、$SO_4^{2-}$ 和 $PO_4^{3-}$ 的高盐超临界水系统，$Cl^-$和$SO_4^{2-}$ 的腐蚀效应完全不同于 $PO_4^{3-}$。来自无机盐的侵蚀性无机阴离子可以抑制或促进不同腐蚀过程，这取决于它们对 SCW 环境中保护性氧化层的影响。SCW 是极性物质(如无机盐)的不良溶剂[82]，因为其介电常数比水的介电常数急剧下降数十甚至数百倍，表现出非极性[27,83]。无机盐在 SCW 中的溶解特性和无机盐的熔点(与水的临界温度相比)可能会产生不同的相行为，从而引起完全不同的腐蚀行为。本小节分析了熔点较高的氯化物、硫酸盐，以及熔点较低的磷酸盐的腐蚀效应。

### 1. 氯化物和硫酸盐的腐蚀效应

当 SCW 中无机盐的熔点远高于水的临界温度和系统内 SCW 的温度时，无机盐的固相和SCW 将达到平衡[84]。对于硫酸钠和氯化钠(其熔点远高于水的临界温度)，这些盐在SCW 中通常会有气-液-固相。随着温度的升高，硫酸钠在超临界水中的溶解度显著降低，在达到超临界温度之前，固相开始沉积。在 440℃ 和 25MPa 条件下，饱和蒸汽和液相的低溶解度溶解硫酸钠仅为 $0.3mg \cdot L^{-1}$[85]。因此，与含有 $4400mg \cdot L^{-1}$ 的 $SO_4^{2-}$ 的实验条件相比，硫酸钠以固体形式存在的质量分数超过 99.5%。

在 SCW 中无机盐的气-液-固平衡状态下，当系统压力低于饱和固溶体的蒸汽压力时，其液相将消失[86]。在 400~600℃ 的 SCW 中，$NaCl+Na_2SO_4$ 的饱和蒸汽压力约为 22MPa[86]，低于 25MPa 的腐蚀压力。因此，氯化钠也会存在于气-液-固三相中。根据 Sourirajan 和 Kennedy 的研究[87]，氯化钠在温度为 450℃、500℃ 和 550℃，压力为 25MPa 的溶解度分别为 $150mg \cdot L^{-1}$、$200mg \cdot L^{-1}$ 和 $250mg \cdot L^{-1}$。在 $Cl^-$初始浓度为 $12400mg \cdot L^{-1}$ 的实验条件下，所研究的 SCW 系统中以固体形式存在的氯化钠质量分数超过 98%。

对于高盐有机废水，大量 $Cl^-$和$SO_4^{2-}$ 从 SCW 中沉淀，进而在合金表面形成固态、疏松的无机盐颗粒或无机盐层。实验结束后，不溶性固体盐会被大量去离子水冲走。此外，在饱和蒸汽和液相中还有微量 $Cl^-$和$SO_4^{2-}$，可形成可溶产物被冲走。腐蚀产物中未发现 Cl 和 S 元素，这与之前的研究结果一致[18,19]。尽管根据 Kritzer 等的报道，SCWO 系统中的杂原子可能会加速潜在结构合金的腐蚀[88]，但当杂原子为氯化物和硫化物时，这种腐蚀将不那么严重，这些杂原子可以转化为相应的无机氯化物和硫酸盐。随着温度的升高，SCW 的介电常数和腐蚀产物的溶解度相对降低。一旦生成，绝大多数 $Cl^-$和$SO_4^{2-}$ 会很容易从 SCW 系统中析出，因此它们对氧化物中晶格氧的侵蚀性明显减弱。

## 2. 磷酸盐的腐蚀效应

当 SCW 中盐的熔点低于水的超临界温度(如磷酸盐)时，其相行为完全不同于上述氯化物和硫酸盐，因此会导致不同的腐蚀行为。

对于磷酸盐和磷酸氢盐，其中磷的具体形式取决于初始溶液的 pH。在碱性条件下，磷主要以 $HPO_4^{2-}$ 和 $PO_4^{3-}$ 的形式存在，通过 $HPO_4^{2-} \rightleftharpoons PO_4^{3-} + H^+$ 转化，$pK_a$ = 12.63(温度为 25℃)。在 SCW 环境中，溶解度极低的无机盐通常以固体形式析出[11,89]。因为磷酸盐的熔点较低，所以完全不同于这种形式。在 400℃ 的环境压力下，磷酸氢钾可以完全转化为焦磷酸钾。然而，在密封 SCW 系统中，该过程将被抑制[33]。研究人员观察到正磷酸钠和正磷酸钾水溶液分别在高于 275℃ 和 360℃ 的温度下分离为两个不互溶的液相[34]。然而，当温度超过水的临界温度时，只有一种超临界流体和一种浓缩液相为液态熔体[37,90,91]。磷酸盐在 SCW 中的溶解度随温度的升高而降低，在 400℃ 和 23MPa 的条件下溶解度不超过 $90mg \cdot L^{-1}$[92]。因此，可以计算出在实验中磷酸盐的浓度不超过 $90mg \cdot L^{-1}$，即超临界流体中磷酸盐的质量分数小于 0.2%。

与 SCW 中析出的熔点较高的固体盐(如氯化物和硫酸盐)不同，磷酸盐在碱性条件下会形成熔点较低的磷酸氢盐，其析出并主要以熔融液体形式存在。超临界流体中的磷酸盐可能对合金试样有腐蚀性。然而，根据实验结果和上述分析，熔融磷酸盐驱动的主要腐蚀机理可以总结如下。

熔融磷酸盐具有较高的离子传质能力，可与生成的氧化物反应，使得一些金属阳离子进入熔融磷酸盐。由于熔融磷酸盐的电导率比普通电解质溶液的电导率高一个数量级，也比目前的 SCW 的电导率高得多，因此金属阳离子和磷酸盐阴离子之间的反应会形成含有合金元素的磷酸盐产物，这与 SCW 中的过程明显不同。因此，在最初熔融磷酸盐的局部区域，可以形成共晶 $FePO_4$-$Ni_3(PO_4)_2$-$Na_3PO_4$-$Na_2HPO_4$ 盐。含有公共离子的共晶盐更接近理想混合物[93]，以至于几乎不会发生相分离。综上所述，磷酸盐沉积物不是以单一物种的形式存在，而是以共晶盐的形式存在。

## 参 考 文 献

[1] Kritzer P, Dinjus E. An assessment of supercritical water oxidation (SCWO)—Existing problems, possible solutions and new reactor concepts [J]. Chemical Engineering Journal, 2001, 83(3): 207-214.

[2] Wang S Z, Xu D H, Guo Y, et al. Supercritical Water Processing Technologies for Environment, Energy and Nanomaterial Applications [M]. Singapore: Springer, 2020.

[3] Fauvel E, Joussot-Dubien C, Tanneur V, et al. A porous reactor for supercritical water oxidation: Experimental results on salty compounds and corrosive solvents oxidation [J]. Industrial and Engineering Chemistry Research, 2005, 44(24):

8968-8971.

[4] Tang X, Wang S, Qian L, et al. Corrosion properties of candidate materials in supercritical water oxidation process [J]. Journal of Advanced Oxidation Technologies, 2016, 19(1): 141-157.

[5] Eliaz N, Mitton D B, Latanision R M. Review of materials issues in supercritical water oxidation systems and the need for corrosion control [J]. Transactions- Indian Institute of Metals, 2003, 56(3): 305-314.

[6] Kritzer P. Corrosion in high-temperature and supercritical water and aqueous solutions: A review [J]. Journal of Supercritical Fluids, 2004, 29(1-2): 1-29.

[7] Hodes M, Griffith P, Smith K A, et al. Salt solubility and deposition in high temperature and pressure aqueous solutions [J]. AIChE Journal, 2004, 50(9): 2038-2049.

[8] Xu D H, Huang C B, Wang S Z, et al. Salt deposition problems in supercritical water oxidation [J]. Chemical Engineering Journal, 2015, 279: 1010-1022.

[9] Zhang S, Zhang Z, Zhao R, et al. A review of challenges and recent progress in supercritical water oxidation of wastewater [J]. Chemical Engineering Communications, 2017, 204(2): 265-282.

[10] Vadillo V, Sanchez-Oneto J, Ramon P J, et al. Problems in supercritical water oxidation process and proposed solutions[J]. Industrial and Engineering Chemistry Research, 2013, 52(23): 7617-7629.

[11] Yang J, Wang S, Li Y, et al. Novel design concept for a commercial-scale plant for supercritical water oxidation of industrial and sewage sludge [J]. Journal of Environmental Management, 2018, 233: 131-140.

[12] Sun M, Wu X, Zhang Z, et al. Analyses of oxide films grown on alloy 625 in oxidizing supercritical water [J]. Journal of Supercritical Fluids, 2008, 47(2): 309-317.

[13] Zhang Q, Tang R, Yin K, et al. Corrosion behavior of Hastelloy C-276 in supercritical water [J]. Corrosion Science, 2009, 51(9): 2092-2097.

[14] Tan L, Ren X, Sridharan K, et al. Corrosion behavior of Ni-base alloys for advanced high temperature water-cooled nuclear plants [J]. Corrosion Science, 2008, 50(11): 3056-3062.

[15] Chang K H, Chen S M, Yeh T K, et al. Effect of dissolved oxygen content on the oxide structure of alloy 625 in supercritical water environments at 700℃ [J]. Corrosion Science, 2014, 81: 21-26.

[16] Kim H, Mitton D B, Latanision R M. Corrosion behavior of Ni-base alloys in aqueous HCl solution of pH 2 at high temperature and pressure [J]. Corrosion Science, 2010, 52(3): 801-809.

[17] Yang J Q, Wang S Z, Xu D H, et al. Effect of ammonium chloride on corrosion behavior of Ni-based alloys and stainless steel in supercritical water gasification process [J]. International Journal of Hydrogen Energy, 2017, 42(31): 19788-19797.

[18] Tang X Y, Wang S Z, Qian L L, et al. Corrosion behavior of nickel base alloys, stainless steel and titanium alloy in supercritical water containing chloride, phosphate and oxygen [J]. Chemical Engineering Research and Design, 2015, 100: 530-541.

[19] Tang X Y, Wang S Z, Xu D H, et al. Corrosion behavior of Ni-based alloys in supercritical water containing high concentrations of salt and oxygen [J]. Industrial and Engineering Chemistry Research, 2013, 52(51): 18241-18250.

[20] Armellini F J, Tester J W, Hong G T. Precipitation of sodium-chloride and sodium-sulfate in water from sub- to supercritical conditions: 150 to 550 ℃, 100 to 300 bar [J]. Journal of Supercritical Fluids, 1994, 7(3): 147-158.

[21] Ding X, Lei Y L, Shen Z X, et al. Experimental determination and modeling of the solubility of sodium chloride in subcritical water from (568 to 598) K and (10 to 25) MPa [J]. Journal of Chemical and Engineering Data, 2017, 62(10): 3374-3390.

[22] Kawasaki S I, Oe T, Itoh S, et al. Flow characteristics of aqueous salt solutions for applications in supercritical water oxidation [J]. Journal of Supercritical Fluids, 2007, 42(2): 241-254.

[23] Khan M S, Rogak S N. Solubility of $Na_2SO_4$, $Na_2CO_3$ and their mixture in supercritical water [J]. Journal of Supercritical Fluids, 2004, 30(3): 359-373.

[24] Marshall W L, Hall C E, Mesmer R E. The system dipotassium hydrogen phosphate-water at high-temperatures (100-400 ℃); Liquid-liquid immiscibility and concentrated-solutions [J]. Journal of Inorganic and Nuclear Chemistry, 1981, 43(3): 449-455.

[25] Marshall W L. Two-liquid-phase boundaries and critical phenomena at 275-400. degree. C for high-temperature aqueous potassium phosphate and sodium-phosphate solutions. Potential applications for steam generators [J]. Journal of Chemical and Engineering Data, 1982, 27(2): 175-180.

[26] Friedrich C, Kritzer P, Boukis N, et al. The corrosion of tantalum in oxidizing sub- and supercritical aqueous solutions of HCl, $H_2SO_4$ and $H_3PO_4$ [J]. Journal of Materials Science, 1999, 34(13): 3137-3141.

[27] Li Y H, Wang S Z, Sun P P, et al. Early oxidation mechanism of austenitic stainless steel TP347H in supercritical water[J]. Corrosion Science, 2017, 128: 241-252.

[28] Li Y H, Wang S Z, Sun P P, et al.Early oxidation of Super304H stainless steel and its scales stability in supercritical water environments [J]. International Journal of Hydrogen Energy, 2016, 41(35): 15764-15771.

[29] Tan L, Ren X, Allen T R. Corrosion behavior of 9-12% Cr ferritic-martensitic steels in supercritical water [J]. Corrosion Science, 2010, 52(4): 1520-1528.

[30] Li Y H, Wang S Z, Tang X Y, et al. Effects of sulfides on the corrosion behavior of Inconel 600 and Incoloy 825 in supercritical water [J]. Oxidation of Metals, 2015, 84(5-6): 509-526.

[31] Ma Z J, Xu D H, Guo S W, et al. Corrosion properties and mechanisms of austenitic stainless steels and Ni-base alloys in supercritical water containing phosphate, sulfate, chloride and oxygen [J]. Oxidation of Metals, 2018, 90(5-6): 599-616.

[32] Pourbaix M. Atlas of Electrochemical Equilibria in Aqueous Solutions [R]. Houston: National Association of Corrosion Engineers, 1974.

[33] Zhu Z L, Xu H, Jiang D F, et al. Temperature dependence of oxidation behaviour of a ferritic-martensitic steel in supercritical water at 600-700 degrees C [J]. Oxidation of Metals, 2016, 86(5-6): 483-496.

[34] Guo S, Xu D, Jiang G, et al. Sulfate corrosion and phosphate passivation of Ni-based alloy in supercritical water [J]. Journal of Supercritical Fluids, 2022, 184: 105564.

[35] Sun M, Wu X, Han E H, et al. Microstructural characteristics of oxide scales grown on stainless steel exposed to supercritical water [J]. Scripta Materialia, 2009, 61(10): 996-999.

[36] Robertson J. The Mechanism of high-temperature aqueous corrosion of stainless-steels [J]. Corrosion Science, 1991, 32(4): 443-465.

[37] Atkinson A. Transport processes during the growth of oxide films at elevated temperature [J]. Reviews of Modern Physics, 1985, 57(2): 437-470.

[38] Bischoff J, Motta A T, Eichfeld C, et al. Corrosion of ferritic-martensitic steels in steam and supercritical water [J]. Journal of Nuclear Materials, 2013, 441(1-3): 604-611.

[39] Guan X, Macdonald D D. Determination of corrosion mechanisms and estimation of electrochemical kinetics of metal corrosion in high subcritical and supercritical aqueous systems [J]. Corrosion, 2009, 65(6): 376-387.

[40] Kritzer P, Boukis N, Dinjus E. Transpassive dissolution of alloy 625, chromium, nickel, and molybdenum in high-temperature solutions containing hydrochloric acid and oxygen [J]. Corrosion, 2000, 56(3): 265-272.

[41] Li X H, Wang J Q, Han E H, et al. Corrosion behavior for alloy 690 and alloy 800 tubes in simulated primary water[J]. Corrosion Science, 2013, 67: 169-178.

[42] Yang J Q, Wang S Z, Tang X Y, et al. Effect of low oxygen concentration on the oxidation behavior of Ni-based alloys 625 and 825 in supercritical water [J]. Journal of Supercritical Fluids, 2018, 131: 1-10.

[43] Bischoff J, Motta A T. Oxidation behavior of ferritic-martensitic and ODS steels in supercritical water [J]. Journal of Nuclear Materials, 2012, 424(1-3): 261-276.

[44] Dieckmann R, Mason T O, Hodge J D, et al. Defects and cation diffusion in magnetite (iii) tracer diffusion of foreign tracer cations as a function of temperature and oxygen potential [J]. Berichte der Bunsengesellschaft fur Physikalische Chemie, 1978, 82(8): 778-783.

[45] Haynes, William M. CRC Handbook of Chemistry and Physics [M]. 95th Edition. Leiden: CRC Press, 2016.

[46] Jessen C Q. Stainless Steel and Corrosion [M]. Langenfeld: Damstahl, 2011.

[47] Behnamian Y, Mostafaei A, Kohandehghan A, et al. A comparative study on corrosion behavior of stainless steel and nickel-based superalloys in ultra-high temperature supercritical water at 800℃ [J]. Corrosion Science, 2016, 106: 188-207.

[48] Wang L Y, Li H P, Liu Q Y, et al. Effect of sodium chloride on the electrochemical corrosion of Inconel 625 at high temperature and pressure [J]. Journal of Alloys and Compounds, 2017, 703: 523-529.

[49] Kolarik V, Michelfelder B, Wagner M. Corrosion of alloys 625 and pure chromium in Cl-Containing fluids during supercritical water oxidation (SCWO) [J]. Eighteenth-Century Life, 1999, 23(23): 30-45.

[50] Konys J, Fodi S, Hausselt J, et al. Corrosion of high-temperature alloys in chloride-containing supercritical water oxidation systems [J]. Corrosion, 1999, 55(1): 45-51.

[51] Kriksunov L B, Macdonald D D. Potential-pH diagrams for iron in supercritical water [J]. Corrosion, 1997, 53(8): 605-611.

[52] Schubert M, Regler J W, Vogel F. Continuous salt precipitation and separation from supercritical water. Part 2. Type 2 salts and mixtures of two salts [J]. Journal of Supercritical Fluids, 2010, 52(1): 113-124.

[53] Schubert M, Regler J W, Vogel F. Continuous salt precipitation and separation from supercritical water. Part 1: Type 1 salts [J]. Journal of Supercritical Fluids, 2010, 52(1): 99-112.

[54] Kritzer P, Boukis N, Dinjus E. The corrosion of alloy 625 (NiCr22Mo9Nb; 2.4856) in high-temperature, high-pressure aqueous solutions of phosphoric acid and oxygen. Corrosion at sub- and supercritical temperatures [J]. Materials and Corrosion-Werkstoffe Und Korrosion, 1998, 49(11): 831-839.

[55] Ren X, Sridharan K, Allen T R. Corrosion behavior of alloys 625 and 718 in supercritical water [J]. Corrosion, 2007, 63(7): 603-612.

[56] Li Y H, Wang S Z, Yang J Q, et al. Corrosion characteristics of a nickel-base alloy C-276 in harsh environments [J]. International Journal of Hydrogen Energy, 2017, 42(31): 19829-19835.

[57] Son M, Kurata Y, Ikushima Y. Corrosion Behavior of Metals in SCW Environments Containing Salts and Oxygen [C]// Proceedings of the Corrosion 2002. Denver: NACE International, 2002.

[58] Lu P, Kursten B, Macdonald D D. Deconvolution of the partial anodic and cathodic processes during the corrosion of carbon steel in concrete pore solution under simulated anoxic conditions [J]. Electrochimica Acta, 2014, 143: 312-323.

[59] Yin K, Qiu S, Tang R, et al. Corrosion behavior of ferritic/martensitic steel P92 in supercritical water [J]. Journal of Supercritical Fluids, 2009, 50(3): 235-239.

[60] Ou M Q, Liu Y, Zha X D, et al. Corrosion behavior of a new nickel base alloy in supercritical water containing diverse ions [J]. Acta Metall Sin, 2016, 52(12): 1557-1564.

[61] Zhan T Y, Yin H Y, Zhu J J, et al. Ni$_3$(PO$_4$)$_2$ nanoparticles decorated carbon sphere composites for enhanced non-enzymatic glucose sensing [J]. Journal of Alloys and Compounds, 2019, 786: 18-26.

[62] Peng X, Chai H, Cao Y L, et al. Facile synthesis of cost-effective Ni$_3$(PO$_4$)$_2$ · 8H$_2$O microstructures as a supercapattery electrode material [J]. Materials today energy, 2018, 7: 129-135.

[63] Yin Y J, Hu Y J, Wu P, et al. A graphene-amorphous FePO$_4$ hollow nanosphere hybrid as a cathode material for lithium ion batteries [J]. Chemical Communications, 2012, 48(15): 2137-2139.

[64] Wu F, Zhang X X, Zhao T L, et al. Surface modification of a cobalt-free layered Li[Li$_{0.2}$Fe$_{0.1}$Ni$_{0.15}$Mn$_{0.55}$]O$_2$ oxide with the FePO$_4$/Li$_3$PO$_4$ composite as the cathode for lithium-ion batteries [J]. Journal of Materials Chemistry A, 2015, 3(18): 9528-9537.

[65] Kuroda D, Tanaka Y, Kawasaki H, et al. Characterization of surface oxide film formed on Ti-8Fe-8Ta-4Zr [J]. Materials Transactions, 2005, 46(12): 3015-3019.

[66] Fan X Q, Xia Y Q, Wang L P. Tribological properties of conductive lubricating greases [J]. Friction, 2014, 2(4): 343-353.

[67] Chang K H, Huang J H, Yan C B, et al. Corrosion behavior of alloy 625 in supercritical water environments [J]. Progress in Nuclear Energy, 2012, 57: 20-31.

[68] Sikora J, Sikora E, Macdonald D D. The electronic structure of the passive film on tungsten [J]. Electrochimica Acta, 2000, 45(12): 1875-1883.

[69] Li Y H, Xu T T, Wang S Z, et al. Characterization of oxide scales formed on heating equipment in supercritical water gasification process for producing hydrogen [J]. International Journal of Hydrogen Energy, 2019, 44(56): 29508-29515.

[70] Li Y H, Wang S Z, Sun P P, et al. Investigation on early formation and evolution of oxide scales on ferritic-martensitic steels in supercritical water [J]. Corrosion Science, 2018, 135: 136-146.

[71] Rodriguez D, Chidambaram D. Oxidation of stainless steel 316 and Nitronic 50 in supercritical and ultrasupercritical water [J]. Applied Surface Science, 2015, 347: 10-16.

[72] Zhong X Y, Han E H, Wu X Q. Corrosion behavior of alloy 690 in aerated supercritical water [J]. Corrosion Science, 2013, 66: 369-379.

[73] Yi Y, Lee B, Kim S, et al. Corrosion and corrosion fatigue behaviors of 9cr steel in a supercritical water condition [J]. Materials Science and Engineering: A, 2006, 429: 161-168.

[74] Macdonald D D, Guan X. Volume of activation for the corrosion of type 304 stainless steel in high subcritical and supercritical aqueous systems [J]. Corrosion, 2009, 65(7): 427-437.

[75] Li Y H, Macdonald D D, Yang J, et al. Point defect model for the corrosion of steels in supercritical water: Part I, film growth kinetics [J]. Corrosion Science, 2020, 163: 108280.

[76] Son S H, Lee J H, Lee C H. Corrosion phenomena of alloys by subcritical and supercritical water oxidation of 2-chlorophenol [J]. Journal of Supercritical Fluids, 2008, 44(3): 370-378.

[77] Panter J, Viguier B, Cloue J M, et al. Influence of oxide films on primary water stress corrosion cracking initiation of alloy 600 [J]. Journal of Nuclear Materials, 2006, 348(1-2): 213-221.

[78] Terachi T, Totsuka N, Yamada T, et al. Influence of dissolved hydrogen on structure of oxide film on alloy 600 formed in primary water of pressurized water reactors [J]. Journal of Nuclear Science and Technology, 2003, 40(7): 509-516.

[79] Hiraga T, Anderson I M, Kohlstedt D L. Grain boundaries as reservoirs of incompatible elements in the earth's mantle[J]. Nature, 2004, 427(6976): 699-703.

[80] Deboer F E, Selwood P W. The activation energy for the solid state reaction $\gamma$-Fe$_2$O$_3 \longrightarrow \alpha$-Fe$_2$O$_3$ [J]. Journal of the American Chemical Society, 1954, 76(13): 3365-3367.

[81] Goto Y. The effect of squeezing on the phase transformation and magnetic properties of γ-$Fe_2O_3$ [J]. Japanese Journal of Applied Physics, 1964, 3(12): 739-744.

[82] Marrone P A. Supercritical water oxidation-Current status of full-scale commercial activity for waste destruction [J]. Journal of Supercritical Fluids, 2013, 79: 283-288.

[83] Shaw R W, Brill T B, Clifford A A, et al. Supercritical water a medium for chemistry [J]. Chemical and Engineering News, 1991, 69(51): 26-39.

[84] Valyashko V M, Abdulagatov I M, Sengers J. Vapor-liquid-solid phase transitions in aqueous sodium sulfate and sodium carbonate from heat capacity measurements near the first critical end point. 2. Phase boundaries [J]. Journal of Chemical and Engineering Data, 2000, 45(6): 1139-1149.

[85] Armellini F J, Tester J W. Solubility of sodium-chloride and sulfate in subcritical and supercritical water-vapor from 450-550 ℃ and 100-250 bar [J]. Fluid Phase Equilib, 1993, 84: 123-142.

[86] Valyashko V, Urusova M. Solubility behavior in ternary water-salt systems under sub- and supercritical conditions [J]. Monatshefte für Chemie/Chemical Monthly, 2003, 134(5): 679-692.

[87] Sourirajan S, Kennedy G C. The system $H_2O$-NaCl at elevated temperatures and pressures [J]. American Journal of Science, 1962, 260(2): 115-141.

[88] Kritzer P, Boukis N, Dinjus E. Corrosion of alloy 625 in high-temperature, high-pressure sulfate solutions [J]. Corrosion, 1998, 54(9): 689-699.

[89] Marrone P A, Hodes M, Smith K A, et al. Salt precipitation and scale control in supercritical water oxidation-part B: Commercial/full-scale applications [J]. Journal of Supercritical Fluids, 2004, 29(3): 289-312.

[90] Wofford W T, Dellorco P C, Gloyna E F. Solubility of potassium hydroxide and potassium phosphate in supercritical water [J]. Journal of Chemical and Engineering Data, 1995, 40(4): 968-973.

[91] Marshall W L, Begun G M. Raman-spectroscopy of aqueous phosphate solutions at temperatures up to 450℃. Two liquid-phases, supercritical fluids, and pyro-phosphate to ortho-phosphate conversions [J]. Journal of the Chemical Society, Faraday Transactions 2: Molecular and Chemical Physics, 1989, 85: 1963-1978.

[92] Leusbrock I, Metz S J, Rexwinkel G, et al. The solubilities of phosphate and sulfate salts in supercritical water [J]. Journal of Supercritical Fluids, 2010, 54(1): 1-8.

[93] Aukrust E, Bjorge B, Flood H, et al. Activities in molten salt mixtures of potassium-lithium-halide mixtures—a preliminary report [J]. Annals of the New York Academy of Sciences, 79(11): 830-837.

# 第6章 近纯超临界水环境合金氧化膜的点缺陷类型及生长物化基础过程

国内外现有研究对超临界水中耐热钢早期氧化过程、膜内占优点缺陷类型及膜生长微观过程的认识缺乏，第3章对比研究了代表性奥氏体钢 TP347H 与铁马氏体钢 T91 表面氧化膜的早期形成机理；探究了环境温度与压力对耐热钢表面氧化膜特性的影响规律。通过早期形成机理及氧化膜生长特性，如何辨析氧化膜内主要点缺陷类型和建立膜生长的部分机理性微观界面反应十分必要。本章将结合第3章实验及分析，讨论超临界水环境合金氧化膜成形，解释氧化膜生长的微观物化基础过程，对理解合金腐蚀微观本质具有重要意义。

## 6.1 氧化膜外层点缺陷类型

超临界水中铁马氏体钢表面氧化膜的内层组分为 $Fe_{3-x}Cr_xO_4(0<x<3)$，膜外层几乎全由 $Fe_3O_4$ 构成。通过对比分析第3章铁马氏体钢的氧化膜结构及氧化膜表面的元素分析，所评估给出氧化膜的铁缺陷因子 $DF_{Fe}$(即氧化物晶格中金属阳离子空位数与金属阳离子总晶格位数的比值)大于零，表明氧化膜内金属阳离子缺陷很可能为金属阳离子空位；若占优金属阳离子缺陷为阳离子间隙，则 $DF_{Fe}$ 小于零。从第3章的实验分析可以得到 T91 暴露于 540℃超临界水中 40h 后，$DF_{Fe} = 0.30$ 且氧化膜外层的厚度约 10μm，因此可以推断所得 $DF_{Fe}$ 几乎仅仅体现了氧化膜外层的特性，即氧化膜外层中金属阳离子缺陷的占优类型为阳离子空位。本节将结合部分可用的 $Fe_3O_4$ 点缺陷分布数据，从热力学角度更进一步探讨该问题。超临界水分解反应及 $Fe_3O_4$ 二次氧化反应分别如下：

$$2H_2O\ (25\ MPa) \longrightarrow 2H_2 + O_2 \qquad (6-1)$$

$$4Fe_3O_4 + O_2 \longrightarrow 6Fe_2O_3 \qquad (6-2)$$

热力学评估所得各反应的平衡氧分压随温度的变化如图 6-1 所示。超临界水分解平衡维持着主流超临界水中氧分压，由于流动边界层的存在，氧化膜表面的氧分压通常低于主流超临界水中的氧分压[1]。然而，大量的长周期实验研究及超临界火电机组锅炉受热面铁马氏体钢的实际测试[2,3]表明，近纯超临界水环境下确实可以发生 $Fe_3O_4$ 的二次氧化。因此，氧化膜外层表面处氧分压介于式(6-1)与式(6-2)的平衡氧分压之间，并且在氧化膜深度上越靠近基体/氧化膜界面则膜内氧分压越低。此外，已有研究表明，对于氧化物 $Fe_{3-x}Cr_xO_4$ 与 $Fe_3O_4$ 内占优的金属阳离子缺陷类型，存在一个临界氧分压 $p_{c,O_2}$ [4]，高于 $p_{c,O_2}$ 时氧化物晶胞内容易产生金属阳离子空位，而低于 $p_{c,O_2}$ 时金属阳离子间隙往往为占优的缺陷类型。$Fe_3O_4$ 的 $p_{c,O_2}$ 随温度的变化见图 6-1。从该图可以看出，相当部分氧化膜外层内以金属阳离子空位为占优缺陷，且与温度无关。

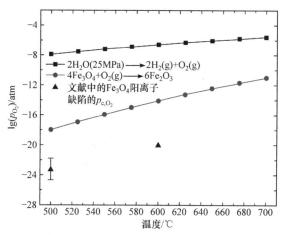

图 6-1　超临界水分解与 $Fe_3O_4$ 二次氧化的平衡氧分压随温度的变化及 $Fe_3O_4$ 缺陷临界氧分压[4,5]

实验温度 600℃、压力 25MPa 下，Payet 等[6]开展了耐热钢在分别以 $O^{16}$、$O^{18}$ 标记超临界水中的分阶段氧化实验：暴露于超临界 $H_2O^{16}$ 中 700h 后，在超临界 $H_2O^{18}$ 中进行历时 305h 的第二阶段氧化实验，结果发现 $O^{18}$ 在氧化膜外层/超临界水界面处的显著富集及氧化膜内外/层界面处的轻微积累，表明氧化膜外层的生长前沿主要位于氧化膜外层/超临界水界面处。鉴于氧化膜外层中金属阳离子缺陷主要为阳离子空位，可以推断来自基体/氧化膜界面的金属阳离子传输至氧化膜内/外层界面处后，接着以空位迁移机理穿越氧化膜外层至氧化膜外层表面，继而生成新的氧化物以增厚氧化膜外层。氧化膜外层表面的金属阳离子空位 ($V_{M,ol}^{\delta}$)的持续产生见式(6-3)，$V_{M,ol}^{\delta}$ 向内迁移是氧化膜外层中金属阳离子向外传输的根本驱动力。式(6-3)产生阳离子空位的同时产生电子空位($\dot{h}$)。氧化膜外层中 $Fe_3O_4$ 同时含有 Fe(Ⅱ)和 Fe(Ⅲ)，Fe(Ⅲ)担当着电子空位的角色。氧化膜外层/超临界水界面处阳离子空位的化学(电化学)电位高于氧化膜内/外层界面处的 $V_{M,ol}^{\delta}$ 化学(电化学)电位，阳离子空位向内迁移，导致阳离子向外迁移，氧化膜外层持续生长。此外，直接达到氧化膜内/外层界面处的部分水分子也于该界面处与金属阳离子结合，促进了氧化膜外层在该界面处的微量生长[6]。

$$M_{M,ol} + \frac{\delta}{2}H_2O \longrightarrow \frac{\delta}{2}O_O + \frac{\delta}{2}H_2 + V_{M,ol}^{\delta'} + \delta \dot{h} \tag{6-3}$$

## 6.2 氧化膜内层点缺陷类型

### 6.2.1 氧化膜内层生长的供氧体形式

针对奥氏体钢的腐蚀特性，可以知道超临界水中耐热钢的氧化膜结构，通常包括富铁氧化物外层(其上可能存在氧化物颗粒，或者经氧化膜外层二次氧化生成的额外表面层[3,7])、以富铬氧化物为主的氧化膜内层以及扩散层(有时出现于氧化膜内层与合金基体间，以局部内氧化区或者氧化物-未氧化金属晶粒混合区的形式存在)[8-10]。富铬内层及可能存在的扩散层通常扮演着阻隔阴阳离子扩散、保护合金基体的角色[11-14]，故可以统称为阻挡层。笼统地讲，所有耐热钢及合金的氧化膜结构均可被看作双层结构：氧化膜外层、阻挡层(主要或者全部由氧化膜内层组成)。氧化膜内/外层界面往往是比较平直的，并且系列标记实验表明，该界面为暴露于超临界水中之前的合金初始表面[15,16]。结合图 3-28 中所指出的合金基体/氧化膜内层界面局部"伸入"合金，可以推测奥氏体钢表面氧化膜的生长前沿位于基体/氧化膜界面处，即氧化膜内层(或者说氧化膜阻挡层)向内生长。该推断也被 Payet 等的标记实验所证实[16]。首先，将不锈钢 316 暴露于 600℃常规超临界水($H_2O^{16}$)中 700h；其次，将试样转移至 $O^{18}$ 标记的超临界水($H_2O^{16}$)继续开展历时 305h 的第二阶段氧化；最后，于合金基体/氧化膜界面处观察到 $O^{18}$ 的富集，证明了氧化膜内向生长。氧化膜内层的生长实质上为载氧体向内供给氧化物生长所需氧离子的过程。国内外研究指出，潜在载氧体主要包括 $O^{2-}$、水、羟基、$O_2$[15,17-20]，辨析以明确氧化膜内层的载氧体形式，是深入理解氧化膜的生长机理、提出相关模型及理论的基础，至关重要。

第 3 章指出 TP347H 腐蚀后的表面存在氢氧化物，很容易猜测到 $OH^-$ 可能是氧化膜内的载氧体(或者之一)。对铁、镍、铬潜在氢氧化物的热力学分析表明，400℃以上的高温体系下金属氢氧化物稳定性差，极易分解转化成各类氧化物，见图 6-2。以 Fe 氢氧化物为例，对于 $Fe(OH)_2$、$Fe(OH)O$、$Fe(OH)_3$ 转化生成 $Fe_3O_4$、$Fe_2O_3$、$FeO$(560℃以下时 FeO 不稳定，仅可能作为中间产物出现)，其吉布斯自由能变化皆为负值且随温度升高而急剧降低，说明铁氢氧化物很容易发生图 6-2 所示转化过程，且温度越高越容易转化，而对于 $Cr(OH)_2$、$Cr(OH)O$ 向 $Cr_2O_3$ 的转化，温度为 100℃时其吉布斯自由能变化已低至 $-70kJ \cdot mol^{-1}$，因此铬氢氧化物同样难以存在于 374.15℃以上超临界水环境。因此，图 3-19 中所示 TP347H 表面氢氧化物的出现很可能源自两方面，其一为腐蚀测试冷却过程中氧化物的水合反应[13,21]，其二为 $H_2O$ 和/或 $H_2$ 中 H 解离吸附于表面氧化物的晶格氧上[22]。不同暴露时间工况下测试装置冷却时间基本一致，吸附作用通常仅限于少数表面氧化物，可以很好地解释合金表面氢氧化物含量不受暴露时间的影响。

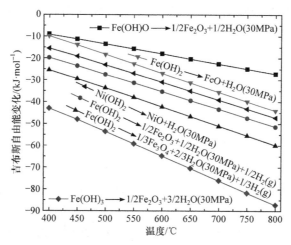

图 6-2　几种金属氢氧化物向氧化物转变的吉布斯自由能变化

根据 Atkinson[23]所述，高温气相环境中金属及合金表面通常出现双层氧化膜，金属离子向外扩散促进氧化膜生长；氧化膜内层生长往往与气体分子直接穿透氧化膜有关。对于超临界水环境中耐热钢及合金的氧化膜外层，考虑到其多孔性、柱状氧化物晶粒间的宽晶界[24]及其内部高应力可能引发大量贯通式微裂纹[7]，有充分的理由相信 $O_2$ 和 $H_2O$ 分子能够穿透氧化膜外层，进入氧化膜内/外层界面处。然而，氧化膜内层为抑制底层合金基体进一步快速氧化的保护层，假如氧化膜内层中存在直至氧化膜内层/合金基体界面处的贯通式微观通道，$O_2$ 与 $H_2O$ 将可以直接到达该界面，与合金基体金属接触，继而迅速发生腐蚀反应，该过程过于激烈，与合金处于扩散控制氧化阶段的事实不符。因此，尽管氧化膜内层中局部缺陷处可能存在 $O_2$、$H_2O$ 分子，但它们绝非可以向氧化膜内层生长前沿直接供氧的供氧体。上述讨论分析，实质上使得氧离子($O^{2-}$)成为氧化膜内层氧化物晶格上唯一的阴离子，以及氧化膜内层生长的直接供氧体。只有氧空位于氧化膜/合金基体界面处产生，氧化膜内层才会向基体内部不断扩展[25]。氧化膜内层借助氧空位的生成向基体方向生长，引发氧空位向外迁移及 $O^{2-}$ 向内流动；金属阳离子穿越氧化膜内层向外迁移，进而促进氧化膜外层增厚。金属阳离子向外迁移受到氧化膜内层的阻碍作用，这很好地解释了已有的大量实验证据：暴露于超临界水中铁马氏体钢氧化增重的速率控制步骤是铁阳离子向外扩散[10-12,26]。

氧化膜内层的生长前沿位于氧化膜内层/合金基体界面处，且 $O^{2-}$ 是该界面的直接供氧体。按照经典点缺陷理论[27,28]，氧化膜内层/合金基体界面处金属 M 发生氧化生成氧空位 $V_{\ddot{O}}$，进而形成由氧空位与金属阳离子 $M_M$ 构成的氧化物晶胞，如方程式(6-4)所示；然后氧空位向外迁移至氧化膜内/外层界面，与穿透氧化膜外层而至的 $O_2$、$H_2O$ 发生反应，氧空位湮灭生成晶格氧 $O_O$ 见方程式(6-5)。借助于氧化膜内层氧化物的晶格氧位交换，氧空位向外迁移的同时实现了氧离子的向内传输，以维持氧化膜内层持续生长。

$$M \longrightarrow M_M + \frac{\chi}{2}V_{\ddot{O}} + \chi e^- \qquad (6-4)$$

$$V_{\ddot{O}} + 2e^- + \frac{1}{2}O_2(H_2O) \longrightarrow O_O(+H_2) \qquad (6-5)$$

### 6.2.2 氧化膜内层金属阳离子的点缺陷类型

氧化膜内层为保护性阻挡层，其阻碍着金属阳离子及氧空位向外迁移。此外，大量实验及理论证实超临界水中铁马氏体钢氧化增重的速率控制步骤是铁阳离子向外扩散[10-12,26]。因此，必须辨析氧化膜内层中金属阳离子的主要点缺陷类型，弄清金属阳离子向外传输的占优途径。氧化物内点缺陷分布通常受到温度、氧分压($p_{O_2}$)、铬含量、金属基体/氧化膜和氧化膜/环境界面处微观反应等因素的共同作用[4,5,29,30]，其中氧分压($p_{O_2}$)起着关键性作用。高 $p_{O_2}$ 时氧化物晶胞内八面体晶格位处容易产生金属阳离子空位，而低 $p_{O_2}$ 时金属阳离子间隙往往为占优的点缺陷类型，即存在着一个临界氧分压($p_{c,O_2}$)，其通常随温度升高而增大。以 $Fe_3O_4$ 为例，系列研究文献给出其不同温度下 $p_{c,O_2}$ 近似值：1200℃时为 $10^{-6}$atm[30]、1000℃时为 $10^{-8.3}$atm[4]、600℃时为 $10^{-20}$atm[5]、500℃时为 $10^{-25} \sim 10^{-22}$atm[4,5]、400℃时为 $10^{-30}$atm[5]。超临界水环境中耐热钢及合金其氧化膜内层以富铬尖晶石氧化物为主，如 $Cr_2O_3$、$NiCr_2O_4$、$FeCr_2O_4$ 等，500~700℃这些富铬尖晶石氧化物的临界生成氧分压皆低于 $10^{-35}$atm，而基体/氧化膜界面为氧化膜内层的生长前沿，因此可以推测金属基体/氧化膜界面处氧分压应约在 $10^{-35}$atm 以下。基于上述分析，氧化膜内层中金属阳离子点缺陷应以阳离子间隙为主[5,31]。因此，考虑到耐热钢基体以铁为主及高浓度的金属阳离子间隙存在于金属基体/氧化膜界面，700℃时此界面处铁氧化物可以近似表示为 $Fe_3(Fe_i^{2+})O_4 \equiv FeO$，对应其平衡氧分压约为 $2.74 \times 10^{-22}$atm，小于 $FeO/Fe_3O_4$ 的平衡氧分压($3FeO + 1/2O_2 \longrightarrow Fe_3O_4$，700℃时平衡氧分压计算值约为 $1.12 \times 10^{-21}$atm)，因此 FeO 是金属基体/氧化膜界面上的热稳定相。然而，即使温度低于 560℃时 FeO 稳定性下降，但是 $Fe_3O_4$ 仍为稳定氧化物，且其仍然含有 Fe(Ⅱ)和 Fe(Ⅲ)。因此，对于氧化物内层中铁阳离子缺陷，其应该为阳离子间隙 $Fe_i^{2+}$。根据点缺陷模型及一些高温氧化理论[32]，基体/氧化膜界面处阳离子间隙生成反应通式可表示如下：

$$M \longrightarrow M_i^{\chi+} + V_M + \chi e^- \qquad (6-6)$$

该反应表示金属基体/氧化膜界面处，基体表面金属原子 M 失去 $\chi$ 个电子，生成化合价为 $+\chi$ 的金属阳离子，其继而进入氧化膜成为阳离子间隙 $M_i^{\chi+}$，该界面处产生空置的金属原子位 $V_M$。该反应既是氧化膜中金属阳离子间隙的源头，又是金属阳离子间隙穿越氧化膜内层的基本驱动力。金属阳离子除了上述以阳离子间隙的形式向外迁移，某些腐蚀体系下或者对于其他金属元素，金属阳离子的向外传输也可以通过阳离子空位 $V_M^{\chi'}$ 的向内迁移及其在基体/氧化膜界面处的湮灭[式(6-7)]来实现。

$$M + V_M^{\chi'} \longrightarrow M_M + V_M + \chi e^- \tag{6-7}$$

式中，M——金属基体/氧化膜界面处基体表面层金属原子；

$M_M$——氧化膜中氧化物晶格位上金属阳离子；

$V_M$——金属基体/氧化膜界面处基体表面的金属原子空位。

## 6.3 氧化膜生长物化基础过程

### 6.3.1 氧化膜生长物化基础过程的构建

第 3 章关于耐热钢表面氧化膜的成膜机理及膜特性的探讨指出，氧化膜内/外层界面为暴露之前合金的原始表面，氧化膜内层向内生长，氧化膜外层向外生长。高温体系下金属氢氧化物的稳定性极差，因此 $O^{2-}$ 为氧化膜中氧化物晶格上唯一的载氧体形式，即晶格氧($O_O$)。氧化膜内层的生长前沿位于氧化膜内层/合金基体界面处，且 $O^{2-}$ 是该界面处形成氧化物晶胞的直接供氧体。氧化膜内层向金属基体方向生长，于二者界面处产生氧空位 $V_Ö$，氧空位穿越氧化膜内层向外迁移的同时诱发晶格氧向内迁移，维持氧化膜内层向内生长；迁移至氧化膜内/外层界面处的氧空位，与 $H_2O$、$O_2$ 等载氧体接触后发生湮灭，形成晶格氧。通常认为，$H_2O$、$O_2$ 分子可穿透氧化膜外层，至少其穿透通量可以满足氧化膜内/外层界面处氧空位湮灭对载氧体的需求。氧化膜外层中金属阳离子缺陷以金属阳离子空位 $V_{M,ol}^{\delta'}$ 占优；金属阳离子穿越氧化膜内层后，以空位迁移机理穿越氧化膜外层至氧化膜外层/环境界面，形成新的氧化物晶胞，增厚氧化膜外层。氧空位生成及湮灭、氧化膜外层中金属阳离子空位生成的微观过程，分别见式(6-8)～式(6-10)：

氧空位生成：

$$M \longrightarrow M_M + \frac{\chi}{2} V_Ö + \chi e^- \tag{6-8}$$

氧空位湮灭：

$$V_{\ddot{O}} + 2e^- + \frac{1}{2}O_2(H_2O) \longrightarrow O_O(+H_2) \tag{6-9}$$

氧化膜外层金属阳离子空位生成：

$$M_{M,ol} + \frac{\delta}{2}H_2O \longrightarrow \frac{\delta}{2}O_O + \frac{\delta}{2}H_2 + V_{M,ol}^{\delta'} + \delta\dot{h} \tag{6-10}$$

对于超临界水环境中耐热钢表面生成的氧化膜，氧化膜内层中金属阳离子缺陷主要为金属阳离子间隙 $M_i^{\chi+}$，生成于氧化膜内层基体界面处的部分金属阳离子以间隙形式向外迁移穿越氧化膜内层，维持氧化膜外层的生长，见式(6-11)。然而，氧化膜外层中占优阳离子缺陷为金属阳离子空位 $V_{M,ol}^{\delta'}$，则金属阳离子间隙跨越氧化膜内/外层界面，进入氧化膜外层的微观过程，即金属阳离子间隙湮灭可表示如下：

$$M_i^{\chi+} + V_{M,ol}^{\delta'} \longrightarrow M_{M,ol} + (\delta-\chi)e^- \tag{6-11}$$

此外，高密度水相体系中金属腐蚀研究表明，对于铜等金属表面的氧化膜内层，其金属阳离子还可能依靠金属阳离子空位向内迁移的方式实现金属阳离子的向外供给[33]。因此，为保持所建立超临界水环境中各类金属及合金氧化膜生长物化基础的完整性，上述微观过程也被考虑。此时，氧化膜内层中的金属阳离子空位 $V_M^{\chi'}$ 在基体/氧化膜界面处湮灭反应见式(6-7)，而在氧化膜内/外层界面处的生成反应如下：

膜内层金属阳离子空位生成：

$$M_M + V_M^{\chi'} \longrightarrow M_{M,ol} + V_M^{\chi'} + (\delta-\chi)e^- \tag{6-12}$$

尽管第3章指出氧化膜外层的生长前沿主要位于氧化膜外层外表面，即氧化膜外层/超临界水界面处，但是仍存在扩散至氧化膜内/外层界面处的少量金属阳离子与载氧体分子发生反应，生成金属阳离子空位或者消耗金属阳离子间隙，致使氧化膜外层缓慢增厚[15]。

$$M_M + \frac{\delta}{4}O_2\left(\frac{\delta}{2}H_2O\right) + \chi e^- \xrightarrow{k_4} V_M^{\chi'} + MO_{\delta/2}\left(+\frac{\delta}{2}H_2\right) \tag{6-13}$$

$$M_i^{\chi+} + \frac{\delta}{4}O_2\left(\frac{\delta}{2}H_2O\right) + \chi e^- \xrightarrow{k_5} MO_{\delta/2}\left(+\frac{\delta}{2}H_2\right) \tag{6-14}$$

事实上，金属阳离子穿越氧化膜内层向外迁移是氧化膜外层生长的速率控制步骤[11-14]，也就是说，金属阳离子穿越氧化膜内/外层界面处的通量直接决定着氧化膜外层的生长速率。因此，从评估氧化膜外层的生长或者增重速率角度考虑，可以假设氧化膜外层的生长反应皆发生于氧化膜内/外层界面处，以式(6-13)

与式(6-14)统一表示,以便简化。此外,针对高铬合金如奥氏体钢、镍基合金等,连续的氧化膜富铬内层优先于氧化膜外层形成,氧化膜外层并非连续的一层,而是由离散的氧化物颗粒构成的,此时式(6-13)与式(6-14)还可以很好地解释后续氧化过程中的氧化物颗粒逐渐增大,直至彼此融合形成连续的氧化膜外层。

基于上述分析,可以构建获得超临界水环境中氧化膜生长的微观物化基础过程,其原子层面物化基础示意图如图 6-3 所示。本节将结合第 3 章中给出的铁马氏体钢表面早期成膜机理,以及本章预测所得氧化膜生长的周期性行为,依该物化基础定性分析超临界水中铁马氏体钢表面氧化膜成膜、生长的全周期过程,可以从侧面验证当前所提出膜生长基本物化基础的合理性与有效性。

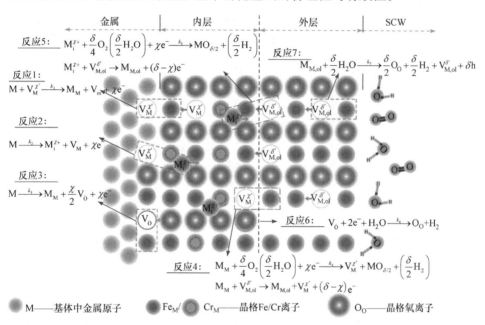

图 6-3 超临界水环境中氧化膜生长原子层面物化基础的示意图

$MO_{\chi/2}$/$MO_{\delta/2}$-氧化膜内外层氧化物;$M_M$-氧化膜内层晶格阳离子(M 代表 Fe、Cr、Ni 等);$M_{M,ol}$-氧化膜外层晶格阳离子(M = Fe);$M_i^{\chi+}$/$V_{\ddot{O}}$-氧化膜内层阳离子间隙/氧空位;$V_M^{\chi'}$/$V_{M,ol}^{\delta'}$-氧化膜内/外层阳离子空位;$k_1 \sim k_7$-反应 1~反应 7 的反应速率

## 6.3.2 基于氧化膜生长物化基础过程的膜演变行为

在快速氧化阶段,铁马氏体钢基体内各金属的氧化物在钢表面快速成核、长大,反应式见图 6-3 中反应 5,示意图见图 6-4 第一阶段,540℃、1h 时即可形成连续的氧化膜内外层见图 6-4 第二阶段。扩散层出现得比较晚,540℃下至少发生在 40h 以后。图 6-3 中反应 2 与反应 3 分别于氧化膜内层/基体界面处产生金属阳离子间隙 $M_i^{\chi+}$ 与氧空位 $V_{\ddot{O}}$,二者穿越氧化膜内层向外迁移,如图 6-4 第二阶

段所示。因此，氧化膜内层阻碍了晶格氧离子向内传输(氧空位向外迁移的伴随过程)、$M_i^{z+}$ 向外供给，起到了减缓基体氧化的作用。氧化膜内层厚度随暴露时间延长而增加，阳离子间隙与氧空位生成反应(即图 6-3 中反应 2 与反应 3)的反应速率下降，点缺陷穿越氧化膜内层的迁移路径加长，致使金属阳离子间隙向外和晶格氧离子向内的输运通量均减小，宏观上表现为合金氧化增重量的增长速率下降。虽然具体原因尚不清楚，但是相对于晶格氧离子氧化膜内层对金属阳离子空隙的阻碍作用很可能更有效，最终导致铁离子向外迁移成为合金氧化的速率控制过程[12,15,34]，只有这样才能解释氧化膜扩散层的出现[35]。合金内氧化(扩散层出现的本质过程)的必要条件是氧化膜整体的向外生长速率(对应反应 2 的反应速率 $k_2$)不高于向内生长速率(对应反应 3 的反应速率 $k_3$)。也就是说，如果氧化膜外层的增厚速度快于阻挡层(内层+扩散层)，则不可能看到膜扩散层。对于常规 9Cr 铁

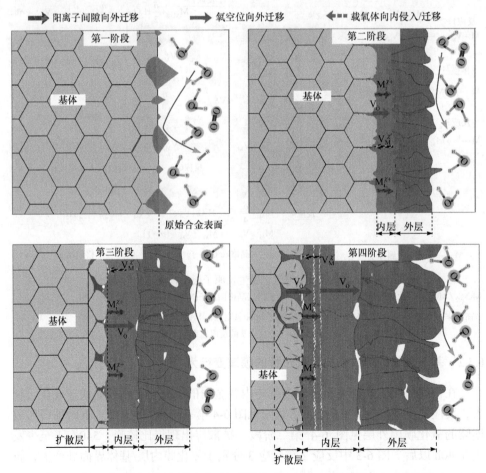

图 6-4 超临界水中铁马氏体钢氧化膜生长的全周期过程示意图及空洞分布

马氏体钢，不同暴露时间下其表面氧化膜外层的厚度接近或略高于阻挡层，因此扩散层相对较薄；然而，对于氧化膜阻挡层与外层厚度比值较大的9Cr铁马氏体钢，其具有相对较厚的扩散层。暴露于600℃超临界水中的10.83Cr钢同样具有较大的阻挡层/外层厚度比，以及相应的较厚扩散层(8.3节)。在500℃及以下的较低温度下，图6-3中反应2与反应3的反应速率差异较小，即$k_2 \approx k_3$(具体数学分析见第7章)，导致生成的氧化膜无扩散层或者扩散层非常薄。同样的暴露温度下，9CrODS钢表面氧化膜扩散层通常较厚，这可以归因于沿金属基体晶界隔离的纳米级氧化物颗粒加速了由氧化物构成部分的扩散层向内"深入"。

随着阻挡层厚度不断增加，$k_3$和$k_2$均减小，即阻挡层向内、氧化膜外层向外的生长速率均下降。同时，氧化膜内层与扩散层边界处氧势不断降低，当氧势低至不能满足$Fe_3O_4$的形成时，氧化膜内层向扩散层的推进(也就是由未氧化金属晶粒构成部分的扩散层向氧化膜内层的转化)几乎停止。由于富铬氧化物生成的临界氧势远低于$Fe_3O_4$生成的临界氧势，超越金属基体与富铬氧化物构成扩散层的界面尖端，反应3仍可继续沿着金属基体中的晶界向内进行，氧化含铬碳化物产生$Cr_2O_3$和/或Fe-Cr尖晶石相，扩散层增厚。随着氧化物构成部分扩散层沿基体晶界的不断深入，其生长前沿的尖端处应力不断增大且氧势下降，生长速率势必降低乃至停止。在上述过程中，在扩散层与氧化膜内层的界面，反应2可继续生成金属阳离子间隙并在该界面处留下金属原子空位$V_M$。由于扩散层与氧化膜内层的界面处往往存在富铬氧化物区，阻挡着扩散层中金属的向外供给，无法填补上述生成的金属原子空位，这些金属原子空位堆积致使该界面处形成空洞，见图6-4第三阶段。

扩散层/氧化膜内层界面处的富铬氧化物区限制着铁的向外迁移，且此界面处无法形成铁氧化物，连续的上述抑制过程，无疑会导致界面处内迁移氧的积累，氧势逐步增高，直至达到形成$Fe_3O_4$所需的临界氧势[1]，氧化膜内层再次开始向扩散层"侵占"(因为扩散层被氧化转化为氧化膜内层，这是氧化膜内层增厚的实际过程)，扩散层迅速收缩，称为收缩期(shrinking stage)。该过程导致之前聚集于扩散层/内层界面处的富铬氧化物区消失，分布于该界面处的聚集空洞被包裹进氧化膜内层。随着氧化过程的继续推进，新的扩散层/氧化膜内层界面处的氧势将再次逐渐降低，当不足以生成$Fe_3O_4$时，下一个周期的扩散层"增厚期"将启动。这与第3章中基于奥氏体钢基体/氧化膜界面处的局部氧化物前沿基体晶界局部"伸入"基体的实际观测结果(图3-28)的推断是一致的：氧化膜内层的向内生长是一个局部生长前沿(氧化物构成部分的扩散层)向合金基体周期性"深入"的过程。由于人工神经网络(ANN)模型训练所用数据库中数据点的暴露时间间隔较大。暴露于540℃超临界水中120h后的T91表面氧化膜内层中出现5条以上微空洞聚集层，表明该温度下当暴露时间从40h延长至120h，扩散层生长至少经历了 5 个周期，因此可以推断一旦进入稳态氧化阶段，扩散层生长的真实收缩/增厚周期应该很短，以至于少有人从氧化动力学角度观测到超临界水中合金氧化过程的周期性行为。

在扩散层第一个"增厚期"的末期，假如扩散层/内层界面处能够形成富铬氧化物区，氧化膜内层/扩散层界面周期性向内迁移的行为将不再出现，因此氧化膜内层内也不会再出现周期性分布的空洞聚集层。

此外，对于超临界水中耐热钢表面的稳态氧化膜，空洞于其膜内/外层界面处的聚集是一个常见的现象[5,7,36,37]。针对该现象，建立的膜生长微观反应也给予了很好的解释。物化基础示意图 6-3 中反应 4 与反应 5 的反应速率 $k_4$ 与 $k_5$ 体现着氧化膜内/外层界面处来自氧化膜外层的金属阳离子空位的消耗速率。金属阳离子穿越氧化膜内层向外迁移是氧化膜外层生长的速率控制步骤，且在稳态氧化阶段其向外迁移通量与反应 4、反应 5 的反应速率近似处于平衡，因此可以推断当反应 4 与反应 5 消耗 $V_{M,ol}^{\delta'}$ 的速率低于氧化膜外层中 $V_{M,ol}^{\delta'}$ 向膜内/外层界面处的供给速率，富裕 $V_{M,ol}^{\delta'}$ 在此界面处堆积进而形成空洞。

## 参 考 文 献

[1] Young D J. Effects of water vapour on oxidation [J]. Corrosion series, 2008,1:455-495.

[2] Robertson J. The mechanism of high temperature aqueous corrosion of steel [J]. Corrosion Science, 1989, 29(11-12): 1275-1291.

[3] Hansson A N, Danielsen H, Grumsen F B, et al. Microstructural investigation of the oxide formed on TP347HFG during long-term steam oxidation [J]. Materials and Corrosion, 2010, 61(8): 665-675.

[4] Hallström S, Höglund L, ÅGREN J. Modeling of iron diffusion in the iron oxides magnetite and hematite with variable stoichiometry [J]. Acta Materialia, 2011, 59(1): 53-60.

[5] Sun L, Yan W P. Estimation of oxidation kinetics and oxide scale void position of ferritic-martensitic steels in supercritical water [J]. Advances in Materials Science and Engineering, 2017: 1-12.

[6] Payet M, Marchetti L, Tabarant M, et al. Corrosion mechanism of a Ni-based alloy in supercritical water: Impact of surface plastic deformation [J]. Corrosion Science, 2015, 100: 47-56.

[7] Li Y, Wang S, Sun P, et al.Early oxidation of Super304H stainless steel and its scales stability in supercritical water environments [J]. International Journal of Hydrogen Energy, 2016, 41(35): 15764-15771.

[8] Hansson A N, Korcakova L, Hald J, et al. Long term steam oxidation of TP347HFG in power plants [J]. Materials at High Temperatures, 2005, 22(3-4): 263-267.

[9] Li Y, Wang S, Sun P, et al. Early oxidation mechanism of austenitic stainless steel TP347H in supercritical water [J]. Corrosion Science, 2017, 128: 241-252.

[10] Zhu Z, Xu H, Jiang D, et al. Influence of temperature on the oxidation behaviour of a ferritic-martensitic steel in supercritical water [J]. Corrosion Science, 2016, 113: 172-179.

[11] Bischoff J, Motta A T. Oxidation behavior of ferritic-martensitic and ODS steels in supercritical water [J]. Journal of

Nuclear Materials, 2012, 424(1-3): 261-276.

[12] Tan L, Ren X, Allen T R. Corrosion behavior of 9-12% Cr ferritic-martensitic steels in supercritical water [J]. Corrosion Science, 2010, 52(4): 1520-1528.

[13] Zhang Q, Yin K, Tang R, et al. Corrosion behavior of Hastelloy C-276 in supercritical water [J]. Corrosion Science, 2009, 51(9): 2092-2097.

[14] Viswanathan R, Sarver J, Tanzosh J M. Boiler materials for ultra-supercritical coal power plants—Steamside oxidation [J]. Journal of Materials Engineering And Performance, 2006, 15(3): 255-274.

[15] Bischoff J, Motta A T, Eichfeld C, et al. Corrosion of ferritic-martensitic steels in steam and supercritical water [J]. Journal of Nuclear Materials, 2013, 441(1-3): 604-611.

[16] Payet M. Mechanism Study of C.F.C Fe-Ni-Cr Alloy Corrosion in Supercritical Water [D]. La Rochelle: Conservatoire National des Arts et Metiers, 2011.

[17] Yuan J, Wu X, Wang W, et al. The effect of surface finish on the scaling behavior of stainless steel in steam and supercritical water [J]. Oxidation of Metals, 2013, 79(5-6): 541-551.

[18] Zhong X Y, Han E H, Wu X Q. Corrosion behavior of alloy 690 in aerated supercritical water [J]. Corrosion Science, 2013, 66: 369-379.

[19] Briceno D G, Blazquez F, Maderuelo A S. Oxidation of austenitic and ferritic/martensitic alloys in supercritical water [J]. Journal of Supercritical Fluids, 2013, 78: 103-113.

[20] Li Y H, Wang S Z, Tang X Y, et al. Effects of sulfides on the corrosion behavior of Inconel 600 and Incoloy 825 in supercritical water [J]. Oxidation of Metals, 2015, 84(5-6): 509-526.

[21] Rodriguez D, Merwin A, Chidambaram D. On the oxidation of stainless steel alloy 304 in subcritical and supercritical water [J]. Journal of Nuclear Materials, 2014, 452(1-3): 440-445.

[22] Kondo J N, Yuzawa T, Kubota J, et al. IRAS study of hydroxyl species on NiO/Ni(110): Formation and isotope exchange reaction [J]. Surface Science, 1995, 343(1-2): 71-79.

[23] Atkinson A. Transport processes during the growth of oxide films at elevated temperature [J]. Reviews of Modern Physics, 1985, 57(2): 437-470.

[24] Robertson J. The mechanism of high-temperature aqueous corrosion of stainless-steels [J]. Corrosion Science, 1991, 32(4): 443-465.

[25] Macdonald D D, Rifaie M A, Engelhardt G R. New rate laws for the growth and reduction of passive films [J]. Journal of the Electrochemical Society, 2001, 148(9): B343-B347.

[26] Tan L, Machut M T, Sridharan K, et al. Corrosion behavior of a ferritic/martensitic steel HCM12A exposed to harsh environments [J]. Journal of Nuclear Materials, 2007, 371(1-3): 161-170.

[27] Chao C Y, Lin L F, Macdonald D D. A point defect model for anodic passive films: I. Film growth kinetics [J]. Journal of the Electrochemical Society, 1981, 128(6): 1187-1194.

[28] Macdonald DD. The history of the Point Defect Model for the passive state: A brief review of film growth aspects [J]. Electrochimica Acta, 2011, 56(4): 1761-1772.

[29] Backhaus-ricoult M, Dieckmann R. Defects and cation diffusion in magnetite (Ⅶ): Diffusion controlled formation of magnetite during reactions in the iron-oxygen system [J]. Berichte der Bunsengesellschaft für Physikalische Chemie, 1986, 90(8): 690-698.

[30] Töpfer J, Aggarwal S, Dieckmann R. Point defects and cation tracer diffusion in $(Cr_xFe_{1-x})_{3-\delta}O_4$ spinels [J]. Solid State Ionics, 1995, 81(3-4): 251-266.

[31] Tan L, Yang Y, Allen T R. Porosity prediction in supercritical water exposed ferritic/martensitic steel HCM12A [J]. Corrosion Science, 2006, 48(12): 4234-4242.

[32] Zhang N Q, Xu H, Li B R, et al. Influence of the dissolved oxygen content on corrosion of the ferritic-martensitic steel P92 in supercritical water [J]. Corrosion Science, 2012, 56: 123-128.

[33] Huttunen-Saarivirta E, Ghanbari E, Mao F, et al. Kinetic properties of the passive film on copper in the presence of sulfate-reducing bacteria [J]. Journal of the Electrochemical Society, 2018, 165(9): C450-C460.

[34] Zhu Z L, Xu H, Jiang D F, et al. Temperature dependence of oxidation behaviour of a ferritic-martensitic steel in supercritical water at 600-700 degrees C [J]. Oxidation of Metals, 2016, 86(5-6): 483-496.

[35] Li Y, Wang S, Sun P, et al. Investigation on early formation and evolution of oxide scales on ferritic-martensitic steels in supercritical water [J]. Corrosion Science, 2018, 135: 136-146.

[36] Holcomb G R. High pressure steam oxidation of alloys for advanced ultra-supercritical conditions [J]. Oxidation of Metals, 2014, 82(3-4): 271-295.

[37] Dooley R, Wright I, Tortorelli P. Program on Technology Innovation: Oxide Growth and Exfoliation on Alloys Exposed to Steam [R/OL].California：EPRI，2007. https://www.epri.com /#/pages/ product/1013666/?lang=en-US.

# 第 7 章　超临界水环境合金腐蚀点缺陷理论

在超临界水环境中，合金表面形成的氧化膜是其耐蚀性的关键。一层致密、稳定、连续的氧化膜不仅可以抑制合金元素从基体向表面扩散的速率，还可以阻隔溶解氧和侵蚀性离子对金属基体的侵害，进而抑制腐蚀。在超临界水氧化处理有机废物系统中，高溶解氧量、无机盐结晶沉积、腐蚀介质高速流动，以及固体颗粒磨蚀作用等都会影响氧化膜的生长过程与稳定性。因此，探究材料的腐蚀防护机制及措施之前，必须先明确高温高压水环境中氧化膜的生长机理[1]。

Li 等[2]通过磷酸盐标记实验，得到 400℃氧化性超临界水环境(水密度约 167kg·m$^{-3}$)中铁/镍基合金表面氧化膜外层的形成为阳离子沉淀过程，而 600℃工况(水密度约 70kg·m$^{-3}$)下氧化膜外层的形成似乎并不受阳离子沉淀行为的影响，进而提出 100kg·m$^{-3}$ 很可能是决定氧化膜外层形成过程的水密度分界点，其对应的 25MPa 下临界温度约为 470℃。具体来说，对于亚临界水环境或者高密度超临界水环境，合金表面氧化膜的形成、生长可以用混合模型来解释。混合模型即 Robertson 模型(解释膜内层生长)和 Winkler 模型(描述膜外层形成)的结合[3,4]。Robertson 模型和 Winkler 模型皆主要利用了扩散原理，Robertson 模型是从基体及氧化膜内不同金属元素扩散速率差异性角度进行分析的，而 Winkler 模型是从不同氧化物形成自由能的角度出发，前者很好地解释了氧化膜内层富 Cr、外层富 Fe 的现象，后者阐述了氧化膜外层氧化物颗粒较粗大、膜内层粒径较小的原因。混合模型认为氧化膜内层增厚为固态生长机理，氧化膜内层的生长前沿位于基体/氧化膜界面，氧离子向内传递及水穿过氧化膜内微小孔洞达到该界面提供所需氧；水溶液中金属阳离子的沉淀引发膜外层生长[3]。混合模型已得到高温高密度水环境下铁/镍基合金腐蚀特性相关研究工作者的普遍认可[3-5]。

在高温高压水环境中，合金表面形成的氧化膜内层为致密的富 Cr 氧化物，其往往起到阻碍载氧体向内迁移、阳离子向外扩散的作用，有效减缓了膜底层金属基体的继续氧化。20 世纪 70 年代，Pourbaix 提出了电位-pH 图[6]，使得相关学者对金属钝化现象有了更为直观、清晰的理解。然而，仍有人将钝化区误解为纯粹的氧化膜内氧化物热力学稳定区。事实上，金属或者合金的钝化源自其表面形成了亚稳态的钝化膜，这不是一个热力学问题，而是一个动力学过程(钝化膜的生长与损伤两个过程达到动态平衡)[7-9]。钝化膜生长速率高于损伤速率为钝化过程，钝化膜不断增厚；当钝化膜生长速率低于损伤速率时，发生去钝化或者金属活性溶解，钝化膜减薄或者完全消失[9]。基于"钝化现象源自钝化膜生长速率与损伤速率的动态平衡"这一认识，以及前文所述氧化膜生长混合模型，即氧化膜层内发生点缺陷的固态迁移过程，其扮演着阻挡离子迁移、减缓腐蚀速率的角色，又被称为阻挡层(barrier layer，BL 或 bl)；外层(outer layer，OL 或 ol)为阳离子沉淀形成的氧化物或者氢氧化物，其通常多孔且水分子可穿透。1981 年，Macdonald 等提出点缺陷模型(point defect model，PDM)[7,10]，现已发展至第三代，即 PDM Ⅲ。

金属或合金的腐蚀动力学通常表示为腐蚀增重或者氧化膜厚度随暴露时间的变化。腐蚀动力学往往用作工程设计的依据，更重要的是还提供了关于腐蚀机制的相关信息，如膜保护性、氧化过程的速率控制因素、反应速率常数、活化能等。腐蚀动力学规律往往由合金种类、温度、暴露时间及腐蚀介质等共同决定。高温氧化动力学规律大致可分为抛物线型、直线型、立方型、对数型和反对数型五大类[11]。除了少数强酸、强氧化性超临界水环境外，不锈钢等合金表面氧化膜稳定性差，易开裂、剥落，又无愈合能力，其腐蚀动力学为近直线型[12]，当前已有研究表明，超临界水环境中绝大多数合金腐蚀动力学遵循抛物线型或者近抛物线型规律[13-22]。

经典 PDM，从原子层面描述了电解质溶液中合金表面多层阳极氧化膜的生长过程[23]。该模型基础认为氧化膜内层的生长是源于氧离子向内传递(借助氧空位的向外迁移得以实现)；通过阳离子空位机理或者阳离子间隙的形式，金属阳离子向外穿越氧化膜内层，导致多孔、水分子可穿透的氧化膜外层生长[24]。超临界水环境中合金表面氧化膜的生长机理，与经典 PDM 对氧化膜生长的描述过程有较强的相似性。

超临界水中腐蚀实验乃至一些标记测试结果皆表明，氧化膜阻挡层与膜外层的界面通常位于金属原始表面[18,25,26](图 7-1)。在阻挡层向内生长时，系统似乎"知道"基体/阻挡层界面处应该以阳离子向外传输的形式失去多少金属，在该界面处应保留多少金属。也就是说，穿越氧化膜阻挡层向外迁移的金属阳离子通量与向内流入的氧离子通量之间存在某一适当的比率，使得阻挡层/外层界面始终保持固定，位于合金暴露前的原始表面。合金高温气相(空气、氧气、高温蒸汽等)氧化领域也时常观察到该现象。对这一非比寻常的事实现象——膜内层等体积生长的合理解释，是当今金属氧化理论的一大挑战。

同为 25MPa 超临界水，温度由 380℃升高至 500℃时，水密度由高于 600kg·m$^{-3}$下降至 100kg·m$^{-3}$以下。当密度高于 100kg·m$^{-3}$为高密度超临界水，反之为低密度超临界水。超临界水环境中合金腐蚀过程的本质为低密度环境下氧化物溶解度可以忽略，以化学腐蚀(chemical corrosion，CC)为主；高密度超临界水中主要发生电化学腐蚀(electrochemical corrosion，EC)[1]。考虑到超临界水环境

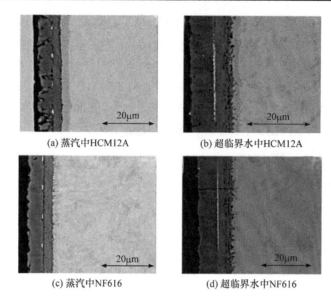

图 7-1 500℃不同体系下纳米钯线标记耐热钢暴露 6 周后的腐蚀层截面图

中的双重腐蚀机理,超临界水环境中建立任何腐蚀模型必须兼顾这两种腐蚀机理。水相体系中金属腐蚀的点缺陷模型(point defect model,PDM),经 40 多年的完善,当前已发展至第三代(PDM Ⅲ),该模型已被成功地用于描述水相体系下金属表面钝化膜的微观生长过程及动力学[7,10,27-34],可考虑将其拓展到超临界水环境用于解释高密度超临界水中金属与合金的氧化问题;但是,PDM Ⅲ 不能解释低密度超临界水环境中合金表面氧化膜外层的固态生长过程。

因此,本章以解决上述问题为目标,先介绍目前超临界水环境合金腐蚀点缺陷模型,然后从原子尺度出发,构建超临界水环境中腐蚀过程的氧化膜生长理论,并建立简单实用的氧化膜诊断手段、基于微观机理的动力学模型,有利于深入理解超临界水环境中的合金腐蚀机理,完善、拓展经典 PDM,丰富高温氧化理论,同时为工程选材设计提供微观物理意义明确的腐蚀动力学模型。

## 7.1 超临界水环境合金腐蚀点缺陷模型基础

超临界水环境中,金属与合金腐蚀的常见氧化剂为氧气或水。考虑到产生氧气的水分解反应一直处于动态平衡,即使水为氧化剂时,也可将腐蚀过程"假想"为水分解生成的 $O_2$ 致使氧化膜形成。某些超临界水环境中合金氧化膜具有三层结构:扩散层、膜内层、膜外层。扩散层实质上是沿晶界"伸入"基体的局部氧化膜内层生长前沿,其与富铬氧化膜内层共同扮演着阻碍阴阳离子扩散、保护金属基体的角色,可被统称为阻挡层。因此,超临界水环境中所有铁/镍基合金表面氧化膜皆可以被看作双层结构，即阻挡层、外层。同时考虑低密度超临界水下化学腐蚀、高密度超临界水下电化学腐蚀，可建立通用型含氧超临界水环境金属与合金表面氧化膜的生长模型，如图7-2所示，将此模型定义为超临界水环境点缺陷模型(SCW_point defect model，SCW_PDM)。其中，反应 $R_3$、$R_9$、$R_{9'}$、$R_{10}$ 是晶格非守恒的，导致界面的迁移，而其他反应为晶格守恒反应[29]；坐标系原点设置于阻挡层/外层界面，氧空位迁移方向为负。

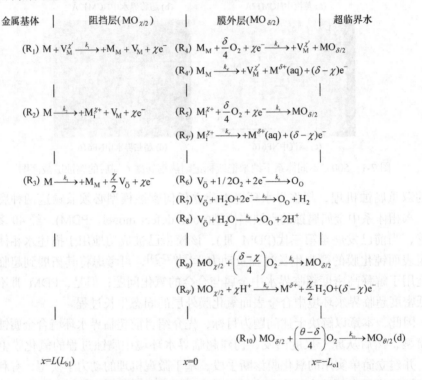

图7-2 氧化膜界面处缺陷产生与湮灭以及晶胞消耗与生成的微观反应

$V_M^{\chi'}$-阳离子空位；$M_i^{\chi+}$-阳离子间隙；$V_{\ddot{O}}$-氧空位；$O_O$-阻挡层晶格氧；$MO_{\chi/2}/MO_{\delta/2}$-膜阻挡层/外层氧化物；$MO_{\theta/2}$(d)-膜外层氧化物溶解或者二次氧化产物；$L_{bl}$-阻挡层厚度；$L_{ol}$-膜外层厚度；$L$-距离

### 7.1.1 界面电势降

基于前文的讨论，超临界水分子可一定程度地穿透膜外层且具有较高的扩散系数，因此可以忽略跨越氧化膜外层的电势降。依据经典 PDM 理论[7,10,27-29]，假定氧化膜上电势分布如图7-3所示，具体如下：①电势降存在于金属基体/阻挡层界面、阻挡层/膜外层界面，分别记为 $\varphi_{m/bl}$、$\varphi_{bl/e}$；②阻挡层内电场强度 $\varepsilon$ 均匀且为常数，不受施加电压的影响；③阻挡层/膜外层界面处电势降是施加电压 $V$、环境 pH 的函数[27]，且与阻挡层厚度 $L_{bl}$ 无关，其可以表达为式(7-1)：

$$\varphi_{bl/e} = \alpha V + \beta pH + \varphi^0 \tag{7-1}$$

施加电压与氧化膜上电势分布存在如下关系：

$$V = (\varphi_m - \varphi_e) = \varphi_{m/bl} + \varepsilon L_{bl} + \varphi_{bl/e} = \varphi_{m/bl} + \varepsilon L_{bl} + \alpha V + \beta pH + \varphi^0 \tag{7-2}$$

于是，基体/阻挡层界面处电势降为

$$\varphi_{m/bl} = (1-\alpha)V - \varepsilon L_{bl} - \beta pH - \varphi^0 \tag{7-3}$$

式中，$\alpha$——阻挡层/膜外层界面处极化率，表示阻挡层/膜外层界面处电势降对施加电压 $V$ 的依赖性；

$\beta$——阻挡层/膜外层界面处电势降对环境 pH 的依赖性，通常小于 0；

$\varphi^0$——没有施加电压且氧化膜阻挡层不存在时阻挡层/膜外层界面处电势降，存在 $V=0$、$L_{bl}=0$ 且 pH = 0 时 $\varphi^0 = 0$。

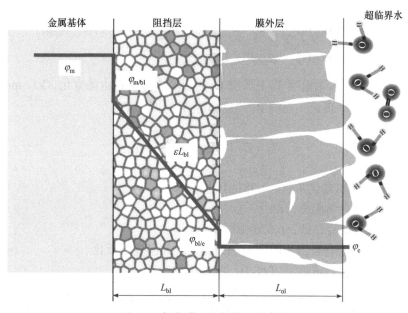

图 7-3 氧化膜上电势分布示意图

### 7.1.2 界面反应速率常数

超临界水环境合金腐蚀点缺陷模型中一系列界面反应 $R_1 \sim R_{10}$ 的速率常数 $k_i(i=1,2,\cdots,10)$ 可借助活化络合物理论(又称"过渡态理论")进行定义，此时 $k_i$ 将反应 $i$ 的速率与反应物-过渡态间平衡联系在一起。定义各个反应的传递系数 $\alpha_i(i=1,2,\cdots,10)$，其表示特定反应 $R_i$ 涉及电荷转移时反应过渡态相对于初始态的电荷转移程度[35]。

以反应 $R_1$ 为例，其过渡态可表示如下：

$$\left[(1-\alpha_1)M + (1-\alpha_1)V_M^{\chi'} + \alpha_1 M_M + \alpha_1 V_M + \alpha_1 \chi e^-\right] \qquad (7-4)$$

该过渡态电化学势可表示为式(7-4)各项电化学势之和：

$$\eta_{TS,1} = (1-\alpha_1)\mu_m^0 + \left[(1-\alpha_1)\mu_{V_M^{\chi'}}^0 - (1-\alpha_1)\chi F\varphi_{f,m/bl}\right]$$
$$+ \alpha_1 \mu_{M_M}^0 + \alpha_1 \mu_{V_M}^0 + \left[\alpha_1 \mu_{e^-}^0 - \alpha_1 \chi F\varphi_m\right] \qquad (7-5)$$

式中，$\mu_j^0$——组分 $j$ 的标准化学势；

$F$——法拉第常数，96485.33C·mol$^{-1}$；

$\varphi_{f,m/bl}$——金属基体/阻挡层界面处氧化膜中静电势，V，有 $\varphi_{f,m/bl}=\varphi_m-\varphi_{m/bl}$。

对于从反应物到过渡态的摩尔吉布斯自由能变化 $\Delta G_1^{0++}$，可表示为式(7-6)：

$$\Delta G_1^{0++} = \eta_{TS,1} - \left[\mu_m^0 + \mu_{V_M^{\chi'}}^0 - \chi F\varphi_{f,m/bl}\right]$$
$$= \alpha_1\left(\mu_{M_M}^0 + \mu_{V_M}^0 + \mu_{e^-}^0 - \mu_m^0 - \mu_{V_M^{\chi'}}^0\right) - \alpha_1 \chi F(\varphi_m - \varphi_{f,m/bl})$$
$$= \alpha_1 \Delta G_{R,1}^0 - \alpha_1 \chi F\varphi_{m/bl} \qquad (7-6)$$

式中，$\Delta G_{R,1}^0$——参考温度 $T_0$ 下反应 $R_1$ 的标准吉布斯自由能变化，kJ·mol$^{-1}$。

按照绝对速率理论，反应 $R_1$ 的速率常数可以表示为

$$k_1 = k_1' \frac{k_B T}{h} \exp\left(-\frac{\Delta G_1^{0++}}{RT}\right) \qquad (7-7)$$

式中，$k_B$——玻尔兹曼常数，1.381×10$^{-23}$J·K$^{-1}$；

$T$——热力学温度，K；

$h$——普朗克常数，6.626×10$^{-34}$J·s；

$k_1'$——与所有反应物的分配函数相关，与温度成反比。

将式(7-3)、式(7-6)代入式(7-7)，整理得

$$k_1 = k_1^0 \exp\left[\frac{\alpha_1 \chi F(1-\alpha)V}{RT}\right]\exp\left(-\frac{\alpha_1 \chi F\varepsilon L_{bl}}{RT}\right)\exp\left(-\frac{\alpha_1 \chi F\beta \text{pH}}{RT}\right) \qquad (7-8)$$

$$k_1^0 = k_1^{00} \exp\left(-\frac{\alpha_1 \chi F\varphi^0}{RT}\right) \qquad (7-9)$$

$$k_1^{00} = k_1^{00'} \exp\left[-\frac{\alpha_1 \Delta G_{R,1}^0}{R}\left(\frac{1}{T} - \frac{1}{T_0}\right)\right] \qquad (7-10)$$

式中，$k_1^0$、$k_1^{00}$、$k_1^{00'}$——反应 $R_1$ 的标准速率常数、基础速率常数、标准基础速率常数。

类似地，阻挡层/膜外层界面处反应 $R_2$ 和反应 $R_3$ 的标准速率常数、基础速率

常数、标准基础速率常数，可分别表示为式(7-11)~式(7-13)：

$$k_i = k_i^0 \exp\left[\frac{\alpha_i \chi F(1-\alpha)V}{RT}\right] \exp\left(-\frac{\alpha_i \chi F \varepsilon L_{bl}}{RT}\right) \exp\left(-\frac{\alpha_i \chi F \beta \mathrm{pH}}{RT}\right), \quad i=2,3 \quad (7\text{-}11)$$

$$k_i^0 = k_i^{00} \exp\left(-\frac{\alpha_i \chi F \varphi^0}{RT}\right), \quad i=2,3 \quad (7\text{-}12)$$

$$k_i^{00} = k_i^{00'} \exp\left[-\frac{\alpha_i \Delta G_{R,i}^0}{R}\left(\frac{1}{T}-\frac{1}{T_0}\right)\right], \quad i=2,3 \quad (7\text{-}13)$$

同理，对于其他反应相对应的速率常数，可得到并列举如式(7-14)~式(7-25)所示的标准速率常数、基础速率常数、标准基础速率常数：

$$k_j = k_j^0 \exp\left(\frac{\alpha_j \delta F \alpha V}{RT}\right) \exp\left(\frac{\alpha_j \delta F \beta \mathrm{pH}}{RT}\right), \quad j=4',5' \quad (7\text{-}14)$$

$$k_j^0 = k_j^{00} \exp\left(\frac{\alpha_j \delta F \varphi^0}{RT}\right), \quad j=4',5' \quad (7\text{-}15)$$

$$k_j^{00} = k_j^{00'} \exp\left[-\frac{\alpha_j \Delta G_{R,j}^0}{R}\left(\frac{1}{T}-\frac{1}{T_0}\right)\right], \quad j=4',5' \quad (7\text{-}16)$$

$$k_8 = k_8^0 \exp\left(\frac{2\alpha_8 F \alpha V}{RT}\right) \exp\left(\frac{2\alpha_8 F \beta \mathrm{pH}}{RT}\right) \quad (7\text{-}17)$$

$$k_8^0 = k_8^{00} \exp\left(\frac{2\alpha_8 F \varphi^0}{RT}\right) \quad (7\text{-}18)$$

$$k_8^{00} = k_8^{00'} \exp\left[-\frac{\alpha_8 \Delta G_{R,8}^0}{R}\left(\frac{1}{T}-\frac{1}{T_0}\right)\right] \quad (7\text{-}19)$$

$$k_{9'} = k_{9'}^0 \exp\left[\frac{\alpha_{9'}(\delta-\chi)F\alpha V}{RT}\right] \exp\left[\frac{\alpha_{9'}(\delta-\chi)F\beta \mathrm{pH}}{RT}\right] \quad (7\text{-}20)$$

$$k_{9'}^0 = k_{9'}^{00} \exp\left[\frac{\alpha_{9'}(\delta-\chi)F\varphi^0}{RT}\right] \quad (7\text{-}21)$$

$$k_{9'}^{00} = k_{9'}^{00'} \exp\left[-\frac{\alpha_{9'}\Delta G_{R,9'}^0}{R}\left(\frac{1}{T}-\frac{1}{T_0}\right)\right] \quad (7\text{-}22)$$

$$k_s = k_s^0, \quad s=4,5,6,7,9,10 \quad (7\text{-}23)$$

$$k_s^0 = k_s^{00}, \quad s=4,5,6,7,9,10 \quad (7\text{-}24)$$

$$k_s^{00} = k_s^{00'} \exp\left[-\frac{\alpha_s \Delta G_{R,s}^0}{R}\left(\frac{1}{T}-\frac{1}{T_0}\right)\right], \quad s=4,5,6,7,9,10 \quad (7\text{-}25)$$

在上述 13 个界面反应的速率常数定义中，$\Delta G_{R,i}^0$ 为参考温度 $T_0$ 下反应 $R_i$ ($i=1,2,\cdots,10$) 的标准吉布斯自由能变化，$k_i^0$、$k_i^{00}$、$k_i^{00'}$ 分别代表基本界面反应 $R_i$ 的标准速率常数、基础速率常数、标准基础速率常数。所有基本界面反应的速率常数通式如式(7-26)和式(7-27)所示，其中相关参数的定义及各反应重要性见表 7-1 和表 7-2。

$$k_i = k_i^0 \exp(a_i V) \exp(b_i L_{bl}) \exp(c_i \mathrm{pH}) \tag{7-26}$$

$$k_i^{00} = k_i^{00'} \exp\left[-\frac{\alpha_i \Delta G_{R,i}^0}{R}\left(\frac{1}{T} - \frac{1}{T_0}\right)\right] \tag{7-27}$$

**表 7-1　界面反应速率常数中参数的定义及各反应重要性**

| 反应 | $a_i$ /V$^{-1}$ | $b_i$ /cm$^{-1}$ | $c_i$ | 不同超临界水中重要性 低密度① | 高密度 |
|---|---|---|---|---|---|
| (R$_1$)　$M + V_M^{\chi'} \xrightarrow{k_1} M_M + V_M + \chi e^-$ | $\alpha_1 \chi \gamma (1-\alpha)$ | $-\alpha_1 \chi \gamma \varepsilon$ | $-\alpha_1 \chi \gamma \beta$ | ✓✓ | ✓✓ |
| (R$_2$)　$M \xrightarrow{k_2} M_i^{\chi+} + V_M + \chi e^-$ | $\alpha_2 \chi \gamma (1-\alpha)$ | $-\alpha_2 \chi \gamma \varepsilon$ | $-\alpha_2 \chi \gamma \beta$ | ✓✓ | ✓✓ |
| (R$_3$)　$M \xrightarrow{k_3} M_M + \frac{\chi}{2} V_O^{\cdot\cdot} + \chi e^-$ | $\alpha_3 \chi \gamma (1-\alpha)$ | $-\alpha_3 \chi \gamma \varepsilon$ | $-\alpha_3 \chi \gamma \beta$ | ✓✓ | ✓✓ |
| (R$_4$)　$M_M + \frac{\delta}{4} O_2 + \chi e^- \xrightarrow{k_4} V_M^{\chi'} + MO_{\delta/2}$ | 0 | 0 | 0 | ✓✓ | ✓ |
| (R$_{4'}$)　$M_M \xrightarrow{k_{4'}} V_M^{\chi'} + M^{\delta+}(\mathrm{aq}) + (\delta - \chi) e^-$ | $\alpha_{4'} \delta \gamma \alpha$ | 0 | $\alpha_{4'} \delta \gamma \beta$ | ✓ | ✓✓ |
| (R$_5$)　$M_i^{\chi+} + \frac{\delta}{4} O_2 + \chi e^- \xrightarrow{k_5} MO_{\delta/2}$ | 0 | 0 | 0 | ✓✓ | ✓ |
| (R$_{5'}$)　$M_i^{\chi+} \xrightarrow{k_{5'}} M^{\delta+}(\mathrm{aq}) + (\delta - \chi) e^-$ | $\alpha_5 \delta \gamma \alpha$ | 0 | $\alpha_5 \delta \gamma \beta$ | ✓ | ✓✓ |
| (R$_6$)　$V_O^{\cdot\cdot} + \frac{1}{2} O_2 + 2e^- \xrightarrow{k_6} O_O$ | 0 | 0 | 0 | ✓✓ | ✓✓ |
| (R$_7$)　$V_O^{\cdot\cdot} + H_2O + 2e^- \xrightarrow{k_7} O_O + H_2$ | 0 | 0 | 0 | ✓✓ | ✓ |
| (R$_8$)　$V_O^{\cdot\cdot} + H_2O \xrightarrow{k_8} O_O + 2H^+$ | $2\alpha_8 \gamma \alpha$ | 0 | $2\alpha_8 \gamma \beta$ | ✓ | ✓✓ |
| (R$_9$)　$MO_{\chi/2} + \left(\frac{\delta - \chi}{4}\right) O_2 \xrightarrow{k_9} MO_{\delta/2}$ | 0 | 0 | 0 | ✓✓ | ✓ |
| (R$_{9'}$)　$MO_{\chi/2} + \chi H^+ \xrightarrow{k_{9'}} M^{\delta+} + \frac{\chi}{2} H_2O + (\delta - \chi) e^-$ | $\alpha_{9'} \gamma (\delta - \chi) \alpha$ | 0 | $\alpha_{9'} \gamma (\delta - \chi) \beta$ | ✓ | ✓✓ |
| (R$_{10}$)　$MO_{\delta/2} + \left(\frac{\theta - \delta}{4}\right) O_2 \xrightarrow{k_{10}} MO_{\theta/2}(\mathrm{d})$ | 0 | 0 | 0 | ✓② | ✓✓ |

注：$k_i = k_i^0 \exp(a_i V) \exp(b_i L_{bl}) \exp(c_i \mathrm{pH})$；$k_i^0$ 为标准速率常数(表 7-2)；$\gamma = F/(RT)$；$F$ 为法拉第常数，96485.33 C·mol$^{-1}$；$R$ 为摩尔气体常数，8.314 J·mol$^{-1}$·K$^{-1}$；$T$ 为热力学温度，K。①高低密度超临界水的水密度临界值为 0.1~0.2 g·cm$^{-3}$[1]。②当膜外层表面氧化物发生二次氧化时，反应 R$_{10}$ 重要性变得突出。

表 7-2　13 个基本界面反应的标准速率常数 $k_i^0$ 和基础速率常数 $k_i^{00}$

| 反应 | $k_i^0$ | $k_i^{00}$ | 单位 |
|---|---|---|---|
| (R$_1$)　$M + V_M^{\chi'} \xrightarrow{k_1} M_M + V_M + \chi e^-$ | $k_1^{00} \exp\left(-\dfrac{\alpha_1 \chi F \varphi^0}{RT}\right)$ | $k_1^{00'} \exp\left[-\dfrac{\alpha_1 \Delta G_{R,1}^0}{R}\left(\dfrac{1}{T} - \dfrac{1}{T_0}\right)\right]$ | cm·s$^{-1}$ |
| (R$_2$)　$M \xrightarrow{k_2} M_i^{\chi+} + V_M + \chi e^-$ | $k_2^{00} \exp\left(-\dfrac{\alpha_2 \chi F \varphi^0}{RT}\right)$ | $k_2^{00'} \exp\left[-\dfrac{\alpha_2 \Delta G_{R,2}^0}{R}\left(\dfrac{1}{T} - \dfrac{1}{T_0}\right)\right]$ | mol·cm$^{-2}$·s$^{-1}$ |
| (R$_3$)　$M \xrightarrow{k_3} M_M + \dfrac{\chi}{2} V_{\ddot{O}} + \chi e^-$ | $k_3^{00} \exp\left(-\dfrac{\alpha_3 \chi F \varphi^0}{RT}\right)$ | $k_3^{00'} \exp\left[-\dfrac{\alpha_3 \Delta G_{R,3}^0}{R}\left(\dfrac{1}{T} - \dfrac{1}{T_0}\right)\right]$ | mol·cm$^{-2}$·s$^{-1}$ |
| (R$_4$)　$M_M + \dfrac{\delta}{4}O_2 + \chi e^- \xrightarrow{k_4} V_M^{\chi'} + MO_{\delta/2}$ | $k_4^{00}$ | $k_4^{00'} \exp\left[-\dfrac{\alpha_4 \Delta G_{R,4}^0}{R}\left(\dfrac{1}{T} - \dfrac{1}{T_0}\right)\right]$ | mol·cm$^{-2}$·s$^{-1}$ |
| (R$_{4'}$)　$M_M \xrightarrow{k_{4'}} V_M^{\chi'} + M^{\delta+}(aq) + (\delta - \chi)e^-$ | $k_{4'}^{00} \exp\left(\dfrac{\alpha_{4'} \delta F \varphi^0}{RT}\right)$ | $k_{4'}^{00'} \exp\left[-\dfrac{\alpha_{4'} \Delta G_{R,4'}^0}{R}\left(\dfrac{1}{T} - \dfrac{1}{T_0}\right)\right]$ | cm·s$^{-1}$ |
| (R$_5$)　$M_i^{\chi+} + \dfrac{\delta}{4}O_2 + \chi e^- \xrightarrow{k_5} MO_{\delta/2}$ | $k_5^{00}$ | $k_5^{00'} \exp\left[-\dfrac{\alpha_5 \Delta G_{R,5}^0}{R}\left(\dfrac{1}{T} - \dfrac{1}{T_0}\right)\right]$ | cm·s$^{-1}$ |
| (R$_{5'}$)　$M_i^{\chi+} \xrightarrow{k_{5'}} M^{\delta+}(aq) + (\delta - \chi)e^-$ | $k_{5'}^{00} \exp\left(\dfrac{\alpha_{5'} \delta F \varphi^0}{RT}\right)$ | $k_{5'}^{00'} \exp\left[-\dfrac{\alpha_{5'} \Delta G_{R,5'}^0}{R}\left(\dfrac{1}{T} - \dfrac{1}{T_0}\right)\right]$ | cm·s$^{-1}$ |
| (R$_6$)　$V_{\ddot{O}} + \dfrac{1}{2}O_2 + 2e^- \xrightarrow{k_6} O_O$ | $k_6^{00}$ | $k_6^{00'} \exp\left[-\dfrac{\alpha_6 \Delta G_{R,6}^0}{R}\left(\dfrac{1}{T} - \dfrac{1}{T_0}\right)\right]$ | cm·s$^{-1}$ |
| (R$_7$)　$V_{\ddot{O}} + H_2O + 2e^- \xrightarrow{k_7} O_O + H_2$ | $k_7^{00}$ | $k_7^{00'} \exp\left[-\dfrac{\alpha_7 \Delta G_{R,7}^0}{R}\left(\dfrac{1}{T} - \dfrac{1}{T_0}\right)\right]$ | cm·s$^{-1}$ |
| (R$_8$)　$V_{\ddot{O}} + H_2O \xrightarrow{k_8} O_O + 2H^+$ | $k_8^{00} \exp\left(\dfrac{2\alpha_8 F \varphi^0}{RT}\right)$ | $k_8^{00'} \exp\left[-\dfrac{\alpha_8 \Delta G_{R,8}^0}{R}\left(\dfrac{1}{T} - \dfrac{1}{T_0}\right)\right]$ | cm·s$^{-1}$ |
| (R$_9$)　$MO_{\chi/2} + \left(\dfrac{\delta - \chi}{4}\right)O_2 \xrightarrow{k_9} MO_{\delta/2}$ | $k_9^{00}$ | $k_9^{00'} \exp\left[-\dfrac{\alpha_9 \Delta G_{R,9}^0}{R}\left(\dfrac{1}{T} - \dfrac{1}{T_0}\right)\right]$ | mol·cm$^{-2}$·s$^{-1}$ |
| (R$_{9'}$)　$MO_{\chi/2} + \chi H^+ \xrightarrow{k_{9'}} M^{\delta+} + \dfrac{\chi}{2}H_2O + (\delta - \chi)e^-$ | $k_{9'}^{00} \exp\left[\dfrac{\alpha_{9'}(\delta - \chi)F\varphi^0}{RT}\right]$ | $k_{9'}^{00'} \exp\left[-\dfrac{\alpha_{9'} \Delta G_{R,9'}^0}{R}\left(\dfrac{1}{T} - \dfrac{1}{T_0}\right)\right]$ | cm·s$^{-1}$ |
| (R$_{10}$)　$MO_{\delta/2} + \left(\dfrac{\theta - \delta}{4}\right)O_2 \xrightarrow{k_{10}} MO_{\theta/2}(d)$ | $k_{10}^{00}$ | $k_{10}^{00'} \exp\left[-\dfrac{\alpha_{10} \Delta G_{R,10}^0}{R}\left(\dfrac{1}{T} - \dfrac{1}{T_0}\right)\right]$ | mol·cm$^{-2}$·s$^{-1}$ |

注：$T_0$ 为参考温度；$k_i^{00'}$ 为标准基础速率常数；$k_i^{00}$ 为基础速率常数；$\Delta G_{R,i}^0$ 为标准吉布斯自由能变化。

图 7-3 中超临界水环境腐蚀点缺陷模型指出，阳离子空位、氧空位、阳离子间隙三类点缺陷的浓度均由上述基本界面微观过程的动力学特征决定，而反应动力学主要由标准速率常数、传递系数、反应物浓度及其反应级数决定。稳态或准稳态工况下，氧化膜各界面处缺陷浓度一定程度上维持恒定。也就是说，任一类型点缺陷在阻挡层内外侧界面处的点缺陷产生与湮灭速率间存在相等关系，即：

$$k_1 C_{V_M}^L = k_4 C_O^n + k_{4'} \tag{7-28}$$

$$k_2 = k_5 C_O^n C_{M_i}^0 + k_{5'} C_{M_i}^0 \tag{7-29}$$

$$k_3 = k_6 C_O^m C_{V_O}^0 + k_7 C_{H_2O}^p C_{V_O}^0 + k_8 C_{H_2O}^p C_{V_O}^0 \tag{7-30}$$

式中，$C_{V_M}^L$ ——金属基体/阻挡层界面处阳离子空位浓度，$mol \cdot cm^{-3}$；

$C_{M_i}^0$、$C_{V_O}^0$ ——阻挡层/膜外层处阳离子间隙、氧空位的浓度，$mol \cdot cm^{-3}$；

$C_O$ 和 $C_{H_2O}$ ——超临界水环境 $O_2$ 和 $H_2O$ 的摩尔浓度，$mol \cdot cm^{-3}$；

$m$ ——反应 $R_6$ 对溶解氧量的动力学反应级数；

$n$ ——反应 $R_4$ 与 $R_5$ 对溶解氧量的动力学反应级数；

$p$ ——反应 $R_7$ 和 $R_8$ 对水浓度的动力学反应级数。

分子碰撞频率正比于反应物的空间密度如摩尔浓度，因此定义 $C_O$ 和 $C_{H_2O}$ 为相对摩尔浓度：

$$C_{H_2O} = \frac{1000\rho}{M_{H_2O} C_{H_2O}^0} \tag{7-31}$$

$$C_O = \frac{DO \cdot \rho \times 10^{-3}}{M_{O_2} C_O^0} \tag{7-32}$$

式中，$M_{H_2O}$ 和 $M_{O_2}$ ——$H_2O$ 和 $O_2$ 摩尔质量，$g \cdot mol^{-1}$；

$C_{H_2O}^0$ 和 $C_O^0$ ——超临界水中 $H_2O$ 和 $O_2$ 的标准参考浓度，$1 mol \cdot L^{-1}$；

DO ——环境温度下水中的溶解氧量，$mg \cdot L^{-1}$；

$\rho$ ——工作条件下的水密度，$kg \cdot L^{-1}$。

超临界水环境溶质浓度极低，该体系密度可以按照纯超临界水查询 NIST 物性数据库获得[36]。

### 7.1.3 界面电流

超临界水环境腐蚀点缺陷模型中界面反应 $R_1$、$R_2$、$R_3$ 失去电子，界面反应

$R_4$、$R_5$、$R_6$、$R_7$ 得到电子；对于反应 $R_{4'}$、$R_{5'}$、$R_{9'}$，其失去或者得到电子取决于 "$\delta-\chi$" 的正负。各界面反应所贡献分电流，分别表征如下：

$$i_1 = \chi F k_1 C_{V_M}^L \tag{7-33}$$

$$i_2 = \chi F k_2 \tag{7-34}$$

$$i_3 = \chi F k_3 \tag{7-35}$$

$$i_4 = -\chi F k_4 C_O^n \tag{7-36}$$

$$i_{4'} = (\delta - \chi) F k_{4'} \tag{7-37}$$

$$i_5 = -\chi F k_5 C_O^n C_{M_i}^0 \tag{7-38}$$

$$i_{5'} = (\delta - \chi) F k_{5'} C_{M_i}^0 \tag{7-39}$$

$$i_6 = -2 F k_6 C_O^m C_{V_O}^0 \tag{7-40}$$

$$i_7 = -2 F k_7 C_{H_2O}^p C_{V_O}^0 \tag{7-41}$$

$$i_{9'} = (\delta - \chi) F k_{9'} C_{H^+}^h \tag{7-42}$$

式中，$h$——反应 $R_{9'}$ 对相对氢离子浓度 $C_{H^+}$ 的动力学反应级数。恒电位极化实验中，外电路所观测到极化电流 $i_{pol}$ 可表示为式(7-43)：

$$i_{pol} = i_1 + i_2 + i_3 + i_4 + i_{4'} + i_5 + i_{5'} + i_6 + i_7 + i_{9'} \tag{7-43}$$

在自然腐蚀电位(又称"开路电位"，$V_{OCP}$)下存在 $i_{pol} = 0$。

低密度超临界水环境，合金元素的化学氧化占主导地位，此时 $O_2$ 与 $H_2O$ 参与氧化反应可分别以下列通式表达，其中 M 代表合金元素。

$$M + \frac{\chi}{4} O_2 \longrightarrow MO_{\chi/2} \tag{7-44}$$

$$M + \frac{\chi}{2} H_2O \longrightarrow MO_{\chi/2} + \frac{\chi}{2} H_2 \tag{7-45}$$

可逆电压 $E_{rev}$ 是驱动反应进行的最大电动势，式(7-44)与式(7-45)的可逆电压可分别由式(7-46)和式(7-47)给出：

$$E_{rev,O_2} = E_{rev,O_2}^0 - \frac{RT}{\chi F} \ln \left( \frac{1}{f_{O_2}^{\frac{\chi}{4}}} \right) \tag{7-46}$$

$$E_{rev,H_2O} = E_{rev,H_2O}^0 - \frac{RT}{2F} \ln \left( \frac{f_{H_2}}{f_{H_2O}} \right) \tag{7-47}$$

式中，$f_i$——低密度超临界水环境组分 $i$($i$ 表示 $O_2$、$H_2O$、$H_2$)的逸度；

$E^0_{\text{rev},O_2}$ 和 $E^0_{\text{rev},H_2O}$——组分 $i$ 逸度皆为一个大气压时相应反应的标准可逆电压，V，可由该反应的标准吉布斯自由能变化计算而得，见式(7-48)：

$$E^0_{\text{rev},j} = -\Delta G^0_j / (\chi_j F) \tag{7-48}$$

式中，$\Delta G^0_j$——反应 $j$ 标准吉布斯自由能变化，$kJ \cdot mol^{-1}$；

$\chi_j$——反应 $j$ 转移电子数目。

对于服役于超临界水环境的铁/镍基合金，合金元素的潜在氧化反应如式(7-49)~式(7-58)所示：

$$Fe + \frac{1}{2}O_2 \longrightarrow FeO \tag{7-49}$$

$$Fe + H_2O(25MPa) \longrightarrow FeO + H_2 \tag{7-50}$$

$$Fe + \frac{2}{3}O_2 \longrightarrow \frac{1}{3}Fe_3O_4 \tag{7-51}$$

$$Fe + \frac{4}{3}H_2O(25MPa) \longrightarrow \frac{1}{3}Fe_3O_4 + \frac{4}{3}H_2 \tag{7-52}$$

$$Cr + \frac{3}{4}O_2 \longrightarrow \frac{1}{2}Cr_2O_3 \tag{7-53}$$

$$Cr + \frac{3}{2}H_2O(25MPa) \longrightarrow \frac{1}{2}Cr_2O_3 + \frac{3}{2}H_2 \tag{7-54}$$

$$Ni + \frac{1}{2}O_2 \longrightarrow NiO \tag{7-55}$$

$$Ni + H_2O(25MPa) \longrightarrow NiO + H_2 \tag{7-56}$$

$$Fe + 2Cr + 2O_2 \longrightarrow FeCr_2O_4 \tag{7-57}$$

$$Fe + 2Cr + 4H_2O(25MPa) \longrightarrow FeCr_2O_4 + 4H_2 \tag{7-58}$$

借助热力学软件 HSC6.0[37]，估算可得 450~800℃各反应标准可逆电压随温度的演变，如图 7-4 所示。含氧超临界水环境中合金元素标准可逆电压与温度成反比，且在所关注温度范围内铁/镍基合金标准可逆电压位于 0.74~1.63$V_{SHE}$[①]；对于近纯超临界水环境，合金元素标准可逆电压在 0~0.75$V_{SHE}$ 随温度升高而增大。

---

① SHE-标准氢电极。

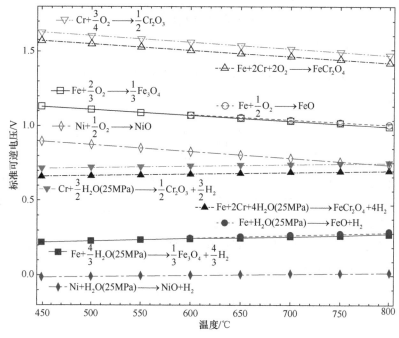

图 7-4 常见合金元素氧化反应的标准可逆电压

## 7.2 基于原子尺度腐蚀过程的氧化膜生长理论

### 7.2.1 稳态下阻挡层的增厚

氧化物晶胞中亚晶格上空位可以被看作真实的组元,因此阻挡层中最小单元包括$[M_M(O_O)_{\chi/2}]$、$[M_M(V_O)_{\chi/2}]$、$[V_M(O_O)_{\chi/2}]$。生成或者消耗上述最小单元的界面反应,将导致相界面(金属基体/阻挡层、阻挡层/膜外层、膜外层/超临界水界面)的移动,因而被称为晶格非保守反应;反之,被称为晶格保守反应,其不涉及上述任何相界面的变化。对于阻挡层,反应 $R_3$、$R_9$ 及 $R_{9'}$ 是晶格非保守的:$R_3$ 引发金属基体/阻挡层界面处阻挡层向内生长,$R_9$ 与 $R_{9'}$ 导致阻挡层/膜外层界面处阻挡层破坏。因此,阻挡层净生长速率可以表示为

$$\frac{\mathrm{d}L_{\mathrm{bl}}}{\mathrm{d}t} = \Omega k_3 - \Omega\left(k_9 C_{\mathrm{O}}^q + k_{9'} C_{\mathrm{H}^+}^h\right) \tag{7-59}$$

式中,$\Omega$——阻挡层氧化物$MO_{\chi/2}$的摩尔体积,$cm^3 \cdot mol^{-1}$;

$q$ 和 $h$——阻挡层/外层界面处阻挡层破坏反应对溶解氧量和氢离子浓度的动力学反应级数。

稳态工况下,有 $\mathrm{d}L_{\mathrm{bl}}/\mathrm{d}t = 0$(即氧化膜阻挡层厚度维持不变),可得

$$k_3 = k_9 C_O^q + k_{9'} C_{H^+}^h \tag{7-60}$$

将式(7-26)中 $k_3$ 表达式代入式(7-60)，则有

$$k_3^0 \exp(a_3 V) \exp(b_3 L_{bl,ss}) \exp(c_3 \text{pH}) = k_9 C_O^q + k_{9'} C_{H^+}^h \tag{7-61}$$

整理可得

$$L_{bl,ss} = \left(\frac{1-\alpha}{\varepsilon}\right) V - \frac{\beta}{\varepsilon} \text{pH} - \frac{1}{\alpha_3 \chi \varepsilon \gamma} \ln\left(\frac{k_9 C_O^q + k_{9'} C_{H^+}^h}{k_3^0}\right) \tag{7-62}$$

可见，稳态或者准稳态下阻挡层厚度与施加电压呈线性正相关关系。对于自腐蚀体系，意味着随着腐蚀过程推进，氧化膜阻挡层不断增厚，引发腐蚀体系电位不断升高直至达到自腐蚀电位，阻挡层厚度不再变化，达到最终稳定态。

将式(7-26)中 $k_3$ 表达式代入式(7-59)，整理可得某一施加电压 $V$ 下阻挡层厚度净变化率如式(7-63)所示：

$$\frac{dL_{bl}}{dt} = [A\exp(b_3 L_{bl}) - C_{bl}]\rho_{0,bl}/\rho_{bl} \tag{7-63}$$

式中，

$$A = \Omega k_3^0 \exp(a_3 V) \exp(c_3 \text{pH}) \tag{7-64}$$

$$C_{bl} = \Omega\left(k_9 C_O^q + k_{9'} C_{H^+}^h\right) \tag{7-65}$$

式中，$a_3$、$b_3$、$c_3$ 可由表 7-1 计算得出。考虑到阻挡层内存在少量孔隙，式(7-63)等号右侧存在系数 $\rho_{0,bl}/\rho_{bl}$，该系数为阻挡层理论密度和实际密度的比值；

$C_{bl}$——阻挡层破坏速率，高、低密度超临界水环境其可分别被简化为 $\Omega k_{9'} C_{H^+}^h$、$\Omega k_9 C_O^q$。

$$L_{bl}(t) = \left\{L_{bl}^0 - \left(\frac{1}{b_3}\right)\ln\left[1 + \left(\frac{A'}{C_{bl}}\right)e^{b_3 L_{bl}^0}\left(e^{-b_3 C_{bl} t} - 1\right)\right] - C_{bl} t\right\}\rho_{0,bl}/\rho_{bl} \tag{7-66}$$

式中，$L_{bl}^0$——$t = t_0$ 时阻挡层初始厚度。且有

$$A' = \Omega k_3^0 \exp\left[a_3(V + \Delta V)\right]\exp(c_3 \text{pH}) \tag{7-67}$$

### 7.2.2 膜外层的生长

氧化膜外层生长途径有两条：路径一，金属阳离子穿越阻挡层至阻挡层/膜外层界面处，并供给外层；路径二，经反应 $R_9$ 与 $R_{9'}$，氧化膜阻挡层向膜外层转化。对于路径一，低密度超临界水环境主要通过反应 $R_1$ 和 $R_4$、$R_2$ 和 $R_5$ 两对反应实现金属阳离子向外迁移；在高密度超临界水环境中，$R_1$ 与 $R_{4'}$、$R_2$ 和 $R_{5'}$ 两对界

面反应的配合实现途径一。反应 $R_{10}$ 描述了氧化膜外层破坏速率。前文多次提及阻挡层内金属阳离子向外输送是氧化膜外层生长速率的限制步骤。尽管反应 $R_1$ 与 $R_2$ 为金属阳离子供给反应，但是反应 $R_4$、$R_{4'}$、$R_5$ 与 $R_{5'}$ 的动力学行为直接控制氧化膜外层的生长速率，即

$$\frac{dL_{ol}}{dt} = \Omega_{ol}\left(k_4 C_O^n + k_{4'} + k_5 C_O^n C_{M_i}^0 + k_{5'} C_{M_i}^0 + k_9 C_O^q + k_{9'} C_{H^+}^h - k_{10} C_O^r\right)\rho_{0,ol}/\rho_{ol} \quad (7\text{-}68)$$

式中，$\Omega_{ol}$ ——膜外层氧化 $MO_{\delta/2}$ 的摩尔体积，$cm^3 \cdot mol^{-1}$，$\Omega_{ol}$ 为常数，由具体氧化物组分决定；

$r$ ——膜外层/超临界水界面处反应 $R_{10}$ 对环境中溶解氧量的反应级数；

$\rho_{0,ol}/\rho_{ol}$ ——氧化膜外层的理论/实际密度，$g \cdot cm^{-3}$，考虑到氧化膜外层的多孔性，往往有 $\rho_{0,ol} > \rho_{ol}$。

将式(7-28)、式(7-29)代入式(7-68)，整理可得准稳态工况下膜外层的生长速率，如式(7-69)所示：

$$\frac{dL_{ol}}{dt} = \Omega_{ol}\left(k_1 C_{V_M}^{L_{bl}} + k_2 + k_9 C_O^q + k_{9'} C_{H^+}^h - k_{10} C_O^r\right)\rho_{0,ol}/\rho_{ol} \quad (7\text{-}69)$$

### 7.2.3 低密度超临界水环境合金的氧化增重

同气相环境类似，低密度超临界水环境钢及合金表面氧化膜的生长为固态过程，不涉及任何溶解过程[38]，至少可以认为低密度超临界水环境氧化物的溶解几乎可以忽略不计[18]。针对暴露于 500℃超临界水中的铁马氏体钢 P92。研究表明，理论评估所得氧化膜内总的含氧量为 2.89mg，非常接近于实测 P92 氧化增重量(约 3mg)[39]。总的来说，低密度超临界水环境合金氧化增重主要由氧化膜中的晶格氧引起，即从 $O_2$、$H_2O$、水相离子(如 $OH^-$)中捕获氧的界面反应引起了合金的增重。忽略低密度超临界水环境相对次要的界面反应，如界面反应 $R_{4'}$、$R_{5'}$、$R_8$ 与 $R_{9'}$，可得

$$\frac{d\Delta w}{dt} = MW_O\left(\frac{\delta}{2}k_4 C_O^n + \frac{\delta}{2}k_5 C_O^n C_{M_i}^0 + k_6 C_O^m C_{V_O}^0 + k_7 C_{H_2O}^m C_{V_O}^0 + \frac{\delta-x}{2}k_9 C_O^q + \frac{\theta-\delta}{2}k_{10} C_O^r\right)$$

$$(7\text{-}70)$$

式中，$MW_O$ ——氧原子的摩尔质量，$g \cdot mol^{-1}$，此时反应 $R_{10}$ 代表膜外层表面氧化物的二次氧化。

此外，结合式(7-63)、式(7-69)分别给出的 $dL_{bl}/dt$ 和 $dL_{ol}/dt$，腐蚀速率还可以表示成式(7-71)：

$$\frac{d\Delta w}{dt} = r_{bl}\rho_{bl}\frac{dL_{bl}}{dt} + r_{ol}\rho_{ol}\frac{dL_{ol}}{dt} \quad (7\text{-}71)$$

式中，$r_{bl}/r_{ol}$——阻挡层/膜外层氧化物的氧质量分数。

### 7.2.4 阻挡层等体积生长现象的内在机理

大量研究表明，对于金属及合金的高温氧化，氧化膜阻挡层通常向金属方向生长，而阻挡层/膜外层界面往往一直位于金属的初始表面，该现象在高温水环境[40]、超临界水环境[26]下的合金氧化研究中被普遍观测到。此处该现象被定义为膜阻挡层等体积生长，其宏观现象上意味着膜阻挡层体积恰恰等于被腐蚀的金属基体体积，微观上表明穿越阻挡层向外迁移的阳离子通量与氧空位通量(等于氧离子向内传输通量)之间必然存在某种确定关系，也就是说金属基体/阻挡层界面处系列反应的动力学具有某种约束关系。然而，这种约束关系从未在高温氧化理论中被报道过。

超临界水环境合金腐蚀点缺陷模型中反应 $R_1$、$R_2$ 产生金属阳离子，其引发的金属基体消耗速率如式(7-72)所示：

$$\frac{dL_m}{dt} = \Omega_m \left( k_1 C_{V_M}^L + k_2 \right) \tag{7-72}$$

式中，$\Omega_m$——金属原子摩尔体积，$cm^3 \cdot mol^{-1}$。依据式(7-59)，阻挡层向金属基体方向净生长速率可以由式(7-73)给出：

$$\frac{dL_{bl}}{dt} = \Omega_{bl} \left( k_3 - k_9 C_O^q \right) \tag{7-73}$$

需要明确一点，反应 $R_3$ 不仅引发了阻挡层向内生长，还导致了金属基体的破坏过程，该界面反应的本质过程是将基体金属原子转化为金属氧化物。因此，金属基体消耗的总速率表达式如式(7-74)所示：

$$\frac{dL_m}{dt} = \Omega_m \left( k_1 C_{CV}^L + k_2 + k_3 \right) \tag{7-74}$$

由于阻挡层/膜外层始终位于金属的初始表面，必存在阻挡层的生长速率等于金属基体的消耗速率，即 $dL_m/dt = dL_{bl}/dt$，由此得到式(7-75)：

$$k_1 C_{CV}^L + k_2 + k_3 = \text{PBR} \left( k_3 - k_9 C_O^q \right) \tag{7-75}$$

式中，PBR——Pilling-Bedworth 比率，表示所生成氧化物与被氧化金属的体积比 $\Omega_{bl}/\Omega_m$，各氧化物 PBR 理论计算值见表 7-3。

如果阻挡层内氧化物为 n 型半导体且阻挡层不会转变为外层，则有 $k_1 C_{CV}^L \ll k_2$ 且 $k_9 = 0$，此时存在式(7-76)：

$$k_2 = (\text{PBR} - 1) k_3 \tag{7-76}$$

迄今为止，对于尚未被充分认识的反应 $R_2$ 和 $R_3$ 速率常数的取值，式(7-75)提供了重要的约束条件。

表 7-3 目标氧化物 PBR 理论计算值

| 氧化物 | FeO | $Fe_3O_4$ | $Fe_2O_3$ | $FeCr_2O_4$ | $Cr_2O_3$ | NiO | $NiCr_2O_4$ |
|---|---|---|---|---|---|---|---|
| PBR | 1.76 | 2.10 | 2.15 | 2.05 | 2.01 | 1.70 | 2.06 |
| 氧化物 | $NiFe_2O_4$ | $Al_2O_3$ | $SiO_2$ | CuO | $Cu_2O$ | $TiO_2$ | $Ti_2O_3$ |
| PBR | 2.13 | 1.29 | 1.88 | 1.78 | 1.68 | 1.78 | 1.51 |

## 7.3 基于电化学阻抗谱的氧化膜诊断理论

电化学阻抗谱(electrochemical impedance spectroscopy，EIS)是通过向电化学系统施加正弦交流激励电压以测量响应电流获得的，该测试方法要求外加激励电压足够小，以确保获得近线性电压-电流响应。EIS 分析被认为是研究电极电化学行为有力、实用的方法。经典 PDM 已被广泛用于解析水相环境金属钝化膜的电化学阻抗谱数据，成功获取了钝化膜界面反应动力学、膜内缺陷特征等系列信息。与此类似，基于超临界水环境腐蚀点缺陷模型及该体系下金属及合金的腐蚀特征，本节旨在构建超临界水环境合金表面氧化膜的 EIS 诊断理论，建立超临界水环境辨析氧化膜特性的 EIS 诊断模型。

### 7.3.1 腐蚀体系总阻抗模型

采用 EIS 数据解析氧化膜特性过程，实质上为利用预先优化确立的等效电路模型拟合实验所测得的 EIS 数据，以达到捕获氧化膜内及其界面处微观过程信息的目的。因此，辨析、抽象概况以构建可以模拟超临界水环境合金表面氧化膜阻抗行为的等效电路图，并建立相应的总阻抗表达式，是开展 EIS 数据解析的基础与关键。对于所构建等效电路图，其各个元件都应具有清楚的物理基础，代表真实存在的电化学过程，并影响系统的总阻抗。基于广泛用于描述常压水相体系下钝化膜电化学行为的系列物理模型[32,41]及超临界水环境合金表面氧化膜的基本特性，图 7-5 给出了模拟超临界水环境合金腐蚀体系阻抗行为的等效电路图。

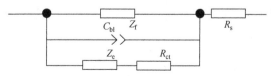

图 7-5 模拟超临界水环境合金腐蚀体系阻抗行为的等效电路图
$Z_f$-法拉第阻抗；$R_s$-等效电阻；$C_{bl}$-阻挡层电容；$Z_e$-电子阻抗；$R_{ct}$-电荷转移电阻

该等效电路图假定，当前腐蚀体系的总阻抗行为主要源自金属基体/阻挡层与阻挡层/膜外层界面处的微观反应、阻挡层内点缺陷的传输行为及超临界水穿越至阻抗层/膜外层界面引发的等效电阻 $R_s$。因此，当前等效电路的总阻抗与测

试频率的函数表达式如下:

$$Z = \left[ \frac{1}{1/Z_\text{f} + 1/Z_{C_\text{bl}} + 1/(Z_\text{e} + R_\text{ct})} \right] + R_\text{s} \quad (7\text{-}77)$$

式中,$Z_\text{f}$——法拉第阻抗(Faradaic impedance),源自金属基体/阻挡层、阻挡层/膜外层界面处点缺陷的产生与湮灭引发的电子转移反应,评估过程见 7.3.3 小节;

$R_\text{ct}$——电荷转移电阻,源于阻挡层/膜外层界面处得到电子穿越阻挡层。

$Z_{C_\text{bl}}$——阻挡层的电容阻抗,有

$$Z_{C_\text{bl}} = 1/(\text{j}\omega C_\text{bl}) \quad (7\text{-}78)$$

式中,$C_\text{bl}$——阻挡层电容,源于阻挡层的介电特性;

经典 PDM 通常认为钝化膜表面的阴极得电子反应几乎可以忽略,迁移至膜表面供阴极反应获取的电子电流较小,故认为数据分析时任意假定一个足够大 $Z_\text{e}(>10^{10}\text{F}\cdot\text{cm}^{-2})$ 即可。然而,在自然腐蚀电位下 $Z_\text{e}$ 并不能满足足够大,只有这样才能确保氧化膜表面阴极反应的电流足够大,近似等于基体金属失电子电流,只是符号相反。因此,电子阻抗 $Z_\text{e}$ 并不能被忽略,需要重新评估。

### 7.3.2 阻挡层的电容评估方法

阻挡层电容与阻挡层几何特征(氧化膜厚度非均一性、氧化物晶粒方向各异性)、层内空间电荷分布有关,而与法拉第过程无关,因此阻挡层电容也可以被称作非法拉第电容,相应的电容阻抗 $Z_{C_\text{bl}}$ 被称作非法拉第阻抗。经典 PDM 理论认为,阻挡层内空间电荷所引发的膜电容特性(即空间电荷电容,space charge capacitance,$C_\text{sc}$)几乎可以忽略,从而得出阻挡层电容近似等于几何电容 (geometric capacitance,$C_\text{g}$),并假定其等同于恒相位角元件。然而,在总结近十年来以 PDM 理论解析腐蚀体系 EIS 数据的系列文献资料时发现以下问题。

(1) 基于上述假设所得几何电容往往偏大,致使依据"平板"电容表达式(7-79)[33]评估所得的氧化膜阻挡层厚度偏小,其往往低于实际钝化膜厚度近一个及以上数量级。

$$C_\text{g} = \frac{\hat{\varepsilon} \cdot \hat{\varepsilon}_0}{L_\text{bl}} \quad (7\text{-}79)$$

式中,$\hat{\varepsilon}_0$——真空介电常数,$8.85 \times 10^{-12}\text{F}\cdot\text{cm}^{-1}$;

$\hat{\varepsilon}$——氧化膜的相对介电常数。

(2) 已有研究结果表明,经典 PDM 理论通常认为几何电容 $C_\text{g}$ 为膜内主导电容;然而,对于广泛应用的 Mott-Schottky 测试分析,其评估钝化膜半导体特性

与缺陷浓度基于空间电荷电容 $C_{sc}$ 占主导，上述两方面评估手段的假设在理论上是矛盾的。

因此，有必要同时考虑 $C_g$ 与 $C_{sc}$，重新建立阻挡层(钝化膜)内电容的评估模型，见式(7-80)，以解决该问题。

$$C_{bl} = C_g + C_{sc} \tag{7-80}$$

式(7-80)基于几何电容与空间电荷电容为并联关系[33]。此外，空间电荷电容 $C_{sc}$ 源自膜内电荷分离引发的空间电荷区，其通常与扰动电压的频率相关，因为较高的频率往往可以削弱膜内电荷分离，其定义如式(7-81)所示。

$$C_{sc} = C_{sc}^0 (j\omega)^{m-1} \tag{7-81}$$

式中，$C_{sc}^0$——与频率无关的空间电荷电容基本常数；

$m$——与扰动电压频率无关的指数($0<m<1$)，揭示了 $C_{sc}$ 对扰动电压角频率 $\omega$ 的依赖性。

式(7-81)解释了 Mott-Schottky 分析过程中经常出现的频率弥散现象，即在相同电压下所测得空间电荷电容随着测试频率的增加而减小[42]。然而，稳态工况下氧化膜厚度基本不变，即几何电容近似为常数。因此，空间电荷电容对频率的依赖性，可有效解决二者膜内占主导的矛盾(施加扰动电压信号的角频率，决定着当时何种电容占主导)。

### 7.3.3 法拉第阻抗的建立

流过腐蚀体系$(M|MO_{\chi/2}/MO_{\delta/2}|SCW)$的总极化电流已由式(7-43)给出，此处另记为式(7-82):

$$i_{pol} = i_1 + i_2 + i_3 + i_4 + i_{4'} + i_5 + i_{5'} + i_6 + i_7 + i_{9'} \tag{7-82}$$

将式(7-33)~式(7-42)代入式(7-82)，整理可得式(7-83):

$$i_{pol} = \chi F\left(k_1 C_{V_M}^L + k_2 + k_3 - k_4 C_O^n - k_5 C_O^n C_{M_i}^0\right) + (\delta' - \chi) F\left(k_{4'} + k_5 C_{M_i}^0 + k_9 C_{H^+}^h\right)$$
$$- 2F\left(k_6 C_O^m C_{V_O}^0 + k_7 C_{H_2O}^p C_{V_O}^0\right) \tag{7-83}$$

下面的推导过程中使用符号 $\delta X$ 表达参数 $X$ 的变化量。假定超临界水中溶解氧量、$H^+$ 浓度维持稳定，因此在施加微小电压扰动 $\delta V$ 作用下，极化电流的总微分式如式(7-84)所示：

$$\delta i_{pol} = \chi F\left[\delta\left(k_1 C_{V_M}^L\right) + \delta k_2 + \delta k_3 - (\delta k_4) C_O^n - \left(\delta k_5 C_{M_i}^0 C_O^n\right)\right]$$
$$+ (\delta - \chi) F\left[\delta k_{4'} + \delta\left(k_5 C_{M_i}^0\right) + (\delta k_9) C_{H^+}^h\right]$$
$$- 2F\left[C_O^m \delta\left(k_6 C_{V_O}^0\right) + C_{H_2O}^p \delta(k_7 C_{V_O}^0)\right] \tag{7-84}$$

注意到 $\delta(XYZ) = XZ\delta Y + YZ\delta X + XY\delta Z$，各界面反应速率常数是施加电压 $V$、阻挡层厚度 $L_{bl}$ 的函数，并且各反应动力学也受到 $C_{V_M}^L$、$C_{M_i}^0$ 和 $C_{V_O}^0$ 的影响，因此总极化电流以上述 5 个基本参数为自变量，即 $i_{pol} = i_{pol}(V, L_{bl}, C_{V_M}^L, C_{M_i}^O, C_{V_O}^0)$。此外，$k_4$、$k_5$、$k_6$ 和 $k_7$ 独立于上述自变量。为表达简便，接下来以符号 $L$ 代替 $L_{bl}$，$i$ 代替 $i_{pol}$，整理式(7-84)可得式(7-85)：

$$\delta i = \chi F\left(\overline{k}_1 \delta C_{V_M}^L + \overline{C}_{V_M}^L \delta k_1 + \delta k_2 + \delta k_3 - k_5 C_O^n \delta C_{M_i}^0\right) \\ + (\delta - \chi) F\left(\delta k_{4'} + \overline{k}_{5'} \delta C_{M_i}^0 + \overline{C}_{M_i}^0 \delta k_{5'} + C_{H^+}^h \delta k_{9'}\right) - 2F(k_6 C_O^m + k_7 C_{H_2O}^p) \delta C_{V_O}^0 \tag{7-85}$$

式中，$\overline{k}_i$ 和 $\overline{C}_j$ ——$\delta V$ 扰动作用下 $k_j$ 和 $C_j$ 的平均值。

依据电化学阻抗谱测试中的实际操作，扰动信号通常为正弦电压，则有式(7-86)～式(7-91)：

$$\delta V = \Delta V \mathrm{e}^{\mathrm{j}\omega t} \tag{7-86}$$

$$\delta i = \Delta i \mathrm{e}^{\mathrm{j}\omega t} \tag{7-87}$$

$$\delta L = \Delta L \mathrm{e}^{\mathrm{j}\omega t} \tag{7-88}$$

$$\delta C_{V_M}^L = \Delta C_{V_M}^L \mathrm{e}^{\mathrm{j}\omega t} \tag{7-89}$$

$$\delta C_{M_i}^0 = \Delta C_{M_i}^0 \mathrm{e}^{\mathrm{j}\omega t} \tag{7-90}$$

$$\delta C_{V_O}^0 = \Delta C_{V_O}^0 \mathrm{e}^{\mathrm{j}\omega t} \tag{7-91}$$

式中，$\omega$——扰动正弦电压信号的角频率，$\mathrm{rad \cdot s^{-1}}$；

$\Delta X$——零角频率($\omega = 0$)下参数 $X$ 的变化幅度；

j——复变量的虚部单位，$\mathrm{j} = \sqrt{-1}$。

根据式(7-26)，给定环境 pH 的界面反应 $R_i$ 速率常数的全微分形式如式(7-92)所示：

$$\delta k_i = a_i \overline{k}_i \delta V + b_i \overline{k}_i \delta L \tag{7-92}$$

将式(7-86)～式(7-92)代入式(7-82)，整理可得式(7-93)：

$$\delta i = A\delta V + B\delta L + C\delta C_{V_M}^L + D\delta C_{M_i}^0 + E\delta C_{V_O}^0 \tag{7-93}$$

式中，

$$A = \chi F\left(a_1 \overline{k}_1 \overline{C}_{V_M}^L + a_2 \overline{k}_2 + a_3 \overline{k}_3\right) + (\delta - \chi) F\left(a_{4'} \overline{k}_{4'} + a_{5'} \overline{k}_{5'} \overline{C}_{M_i}^0 + a_{9'} \overline{k}_{9'} C_{H^+}^h\right) \tag{7-94}$$

$$B = \chi F\left(b_1 \overline{k}_1 \overline{C}_{V_M}^L + b_2 \overline{k}_2 + b_3 \overline{k}_3\right) \tag{7-95}$$

$$C = \chi F \bar{k}_1 \tag{7-96}$$

$$D = -F\left[\chi k_5 C_O^n - (\delta - \chi)\bar{k}_{5'}\right] \tag{7-97}$$

$$E = -2F\left(k_6 C_O^n + k_7 C_{H_2O}^p\right) \tag{7-98}$$

且，

$$\bar{k}_i = k_i^0 \exp(a_i V_{pol}) \exp(b_i L_{bl,ss}) \exp(c_i \text{pH}) \tag{7-99}$$

式中，$\bar{k}_i$、$\bar{C}_{V_M}^L$、$\bar{C}_{M_i}^0$——正弦扰动电压一个周期内 $k_i$、$C_{V_M}^L$、$C_{M_i}^0$ 的平均值；

$L_{bl,ss}$——阻挡层的稳态厚度。

式(7-93)除以等式(7-86)可得到法拉第导纳，如式(7-100)所示，$Y_f$ 为法拉第阻抗 $Z_f$ 的倒数。

$$Y_f = \frac{\Delta i}{\Delta V} = A + B\frac{\Delta L}{\Delta V} + C\frac{\Delta C_{V_M}^L}{\Delta V} + D\frac{\Delta C_{M_i}^0}{\Delta V} + E\frac{C_{V_O}^0}{\Delta V} = \frac{1}{Z_f} \tag{7-100}$$

式中，$\Delta L/\Delta V$、$\Delta C_{V_M}^L/\Delta V$、$\Delta C_{M_i}^0/\Delta V$、$C_{V_O}^0/\Delta V$ 分别为正弦小扰动电压作用下 $L$、$C_{M_i}^0$、$C_{V_O}^0$、$C_{V_M}^L$ 的弛豫，其评估过程见下文。

1. 阻挡层厚度弛豫

阻挡层厚度弛豫指阻挡层厚度相对于正弦小扰动电压信号的变化响应，即 $\Delta L/\Delta V$。界面反应 $R_9$ 为化学过程，而非电化学过程，因此 $k_9$ 不是扰动电压、阻挡层厚度的函数，则阻挡层净生长速率式(7-59)的全微分形式如式(7-101)所示：

$$\delta\frac{dL}{dt} = \frac{d\Delta L}{dt} = \Omega\delta k_3 - \Omega\delta k_{9'}C_{H^+}^h \tag{7-101}$$

考虑式(7-88)与式(7-92)，式(7-101)可整理为式(7-102)：

$$\frac{\Delta L}{\Delta V} = \frac{\Omega\left(a_3\bar{k}_3 - a_9\bar{k}_{9'}C_{H^+}^h\right)}{j\omega - \Omega b_3\bar{k}_3} \tag{7-102}$$

由此，法拉第导纳表达式可改写为

$$Y_f = \frac{1}{Z_f} = \frac{\Delta i}{\Delta V} = A + B\frac{\Omega\left(a_3\bar{k}_3 - a_9\bar{k}_{9'}C_{H^+}^h\right)}{j\omega - \Omega b_3\bar{k}_3} + C\frac{\Delta C_{V_M}^L}{\Delta V} + D\frac{\Delta C_{M_i}^0}{\Delta V} + E\frac{C_{V_O}^0}{\Delta V} \tag{7-103}$$

假如阻挡层是 n 型半导体，其为铁/镍基合金表面氧化膜阻挡层的常见情况，则阻挡层内占优金属阳离子缺陷为阳离子间隙或氧空位，也就是说 $k_1$ 非常小，因此可以忽略式(7-103)中等号右侧涉及金属阳离子空位的第三项。此外，对于溶解氧量为微克每升级别的超临界水环境，假定阻挡层/膜外层界面处阻挡层释放的金属离子未被进一步氧化，即 $\delta = \chi$，式(7-103)中参数 $D$ 和 $E$ 接近于零。法拉第导纳表达式可简写为式(7-104)：

$$Y_\text{f} = \frac{1}{Z_\text{f}} = \frac{\Delta i}{\Delta V} = A' + B' \frac{\Omega a_3 \overline{k}_3}{\text{j}\omega - \Omega b_3 \overline{k}_3} \tag{7-104}$$

式中，

$$A' = \chi F\left(a_2 \overline{k}_2 + a_3 \overline{k}_3\right) \tag{7-105}$$

$$B' = \chi F\left(b_2 \overline{k}_2 + b_3 \overline{k}_3\right) \tag{7-106}$$

2. $C_{\text{M}_i}^0$ 弛豫

为了获得法拉第导纳完整形式而不是特定条件下简化式，需要继续考虑由施加扰动电压引起的点缺陷浓度变化。接下来，首先评估阻挡层/膜外层界面处金属阳离子间隙浓度变化随扰动信号的响应，记为 $\Delta C_{\text{M}_i}^0 / \Delta V$。

扰动电压 $\delta V$ 作用下，阻挡层内点缺陷浓度表示为

$$C_i = \overline{C}_i + \delta C_i = \overline{C}_i + \Delta C_i \text{e}^{\text{j}\omega t}, \quad i = \text{M}_i, \text{V}_\text{M}, \text{V}_\text{O} \tag{7-107}$$

金属阳离子间隙通量可由式(7-108)给出：

$$J_{\text{M}_i} = -D_{\text{M}_i} \frac{\partial C_{\text{M}_i}}{\partial x} - \chi K D_{\text{M}_i} C_{\text{M}_i} \tag{7-108}$$

式中，$K = F\varepsilon/RT = \gamma \varepsilon$，$\varepsilon$ 为阻挡层内电场强度，$\text{V} \cdot \text{cm}^{-1}$，$T$ 为热力学温度，K；

$D_{\text{M}_i}$ ——阳离子间隙的扩散系数。

依据式(7-108)，可获得金属阳离子间隙的连续性方程，见式(7-109)，

$$\frac{\partial C_{\text{M}_i}}{\partial t} = D_{\text{M}_i} \frac{\partial^2 C_{\text{M}_i}}{\partial x^2} + \chi K D_{\text{M}_i} \frac{\partial C_{\text{M}_i}}{\partial x} \tag{7-109}$$

将金属阳离子间隙的浓度表达式(7-107)代入式(7-109)，整理可得方程(7-110)：

$$\text{j}\omega \Delta C_{\text{M}_i} = D_{\text{M}_i} \frac{\partial^2 \Delta C_{\text{M}_i}}{\partial x^2} + \chi D_{\text{M}_i} K \frac{\partial \Delta C_{\text{M}_i}}{\partial x} \tag{7-110}$$

方程(7-110)的通解为式(7-111)：

$$\Delta C_{\text{M}_i} = A_1 \exp(r_1 x) + B_1 \exp(r_2 x) \tag{7-111}$$

式中，$A_1$ 和 $B_1$ 为中间参数，且

$$r_{1,2} = \frac{-\chi K \pm \sqrt{\chi^2 K^2 + 4\text{j}\omega / D_{\text{M}_i}}}{2} \tag{7-112}$$

中间参数 $A_1$ 和 $B_1$ 由阻挡层/膜外层界面($x = 0$)和金属基体/阻挡层界面($x = L$)处边界条件决定，如式(7-113)和式(7-114)所示：

$$-k_5 C_0^n C_{M_i}^0 - k_{5'} C_{M_i}^0 = -D_{M_i} \frac{\partial C_{M_i}^0}{\partial x} - \chi K D_{M_i} C_{M_i}^0, \quad x = 0 \quad (7\text{-}113)$$

$$-k_2 = -D_{M_i} \frac{\partial C_{M_i}^L}{\partial x} - \chi K D_{M_i} C_{M_i}^L, \quad x = L \quad (7\text{-}114)$$

因 $k_5$ 与施加电压、阻挡层厚度无关，且有

$$C_{M_i}^0 = \overline{C}_{M_i}^0 + \Delta C_{M_i}^0 e^{j\omega t} \quad (7\text{-}115)$$

$$k_{5'} = \overline{k}_{5'} + a_5 \overline{k}_{5'} \Delta V e^{j\omega t} \quad (7\text{-}116)$$

$$k_2 = \overline{k}_2 + a_2 \overline{k}_2 \Delta V e^{j\omega t} + b_2 \overline{k}_2 \Delta L e^{j\omega t} \quad (7\text{-}117)$$

将式(7-115)~式(7-117)分别代入式(7-113)和式(7-114)，式(7-113)和式(7-114)分别化为式(7-118)和式(7-119)：

$$-(k_5 C_0^n + \overline{k}_{5'}) \Delta C_{M_i}^0 - a_5 \overline{k}_{5'} \overline{C}_{M_i}^0 \Delta V = -D_{M_i} \frac{\partial \Delta C_{M_i}^0}{\partial x} - \chi K D_{M_i} \Delta C_{M_i}^0, \quad x = 0 \quad (7\text{-}118)$$

$$-\left(a_2 \overline{k}_2 \Delta V + b_2 \overline{k}_2 \Delta L\right) = -D_{M_i} \frac{\partial \Delta C_{M_i}^L}{\partial x} - \chi K D_{M_i} \Delta C_{M_i}^L, \quad x = L \quad (7\text{-}119)$$

将 $\Delta C_{M_i}$ 通解代入式(7-118)和式(7-119)重新整理，可得式(7-120)和式(7-121)：

$$\left[(r_1 + \chi K) D_{M_i} - \left(k_5 C_0^n + \overline{k}_{5'}\right)\right] A_1 + \left[(r_2 + \chi K) D_{M_i} - \left(k_5 C_0^n + \overline{k}_{5'}\right)\right] B_1 = a_5 \overline{k}_{5'} \overline{C}_{M_i}^0 \Delta V$$

$$(7\text{-}120)$$

$$\left[(r_1 + \chi K) D_{M_i} e^{r_1 L}\right] A_1 + \left[(r_2 + \chi K) D_{M_i} e^{r_2 L}\right] B_1 = a_2 \overline{k}_2 \Delta V + b_2 \overline{k}_2 \Delta L \quad (7\text{-}121)$$

此处，定义如下系列参数：

$$a_{11} = (r_1 + \chi K) D_{M_i} - \left(k_5 C_0^n + \overline{k}_{5'}\right), \quad a_{12} = (r_2 + \chi K) D_{M_i} - \left(k_5 C_0^n + \overline{k}_{5'}\right)$$

$$a_{21} = (r_1 + \chi K) D_{M_i} e^{r_1 L}, \quad a_{22} = (r_2 + \chi K) D_{M_i} e^{r_2 L} \quad (7\text{-}122)$$

$$b_{1V} = a_{5\text{-}1} \overline{k}_{5\text{-}1} \overline{C}_{M_i}^0, \quad b_{2V} = a_2 \overline{k}_2, \quad b_{2L} = b_2 \overline{k}_2 \quad (7\text{-}123)$$

依据式(7-120)和式(7-121)容易得到 $A_1$ 和 $B_1$ 的解如式(7-124)和式(7-125)所示：

$$A_1 = \frac{(a_{22} b_{1V} - a_{12} b_{2V}) \Delta V - a_{12} b_{2L} \Delta L}{a_{11} a_{22} - a_{12} a_{21}} \quad (7\text{-}124)$$

$$B_1 = \frac{(a_{11} b_{2V} - a_{21} b_{1V}) \Delta V + a_{11} b_{2L} \Delta L}{a_{11} a_{22} - a_{12} a_{21}} \quad (7\text{-}125)$$

从而，求得 $C_{M_i}^0$ 弛豫 $\Delta C_{M_i}^0/\Delta V$ 如式(7-128)所示：

$$\frac{\Delta C_{M_i}^0}{\Delta V} = \frac{A_1 + B_1}{\Delta V} = \frac{(a_{22}-a_{21})b_{1V}+(a_{11}-a_{12})b_{2V}}{a_{11}a_{22}-a_{12}a_{21}} + \frac{(a_{11}-a_{12})b_{2L}}{a_{11}a_{22}-a_{12}a_{21}}\frac{\Delta L}{\Delta V} \quad (7\text{-}126)$$

3. $C_{V_O}^0$ 弛豫

氧空位迁移通量如式(7-127)所示：

$$J_{V_O} = -D_{V_O}\frac{\partial C_{V_O}}{\partial x} - 2KD_{V_O}C_{V_O} \quad (7\text{-}127)$$

阻挡层内氧空位连续性方程如式(7-128)所示：

$$\frac{\partial C_{V_O}}{\partial t} = D_{V_O}\frac{\partial^2 C_{V_O}}{\partial x^2} + 2KD_{V_O}\frac{\partial C_{V_O}}{\partial x} \quad (7\text{-}128)$$

关于氧空位，阻挡层/膜外层界面($x=0$)和金属基体/阻挡层界面($x=L$)处边界条件，如式(7-129)和式(7-130)所示：

$$-\left(k_6 C_O^m + k_7 C_{H_2O}^p + k_8 C_{H_2O}^p\right)C_{V_O}^0 = -D_{V_O}\frac{\partial C_{V_O}^0}{\partial x} - 2KD_{V_O}C_{V_O}^0, \quad x=0 \quad (7\text{-}129)$$

$$-k_3 = -D_{V_O}\frac{\partial C_{V_O}^L}{\partial x} - 2KD_{V_O}C_{V_O}^L, \quad x=L \quad (7\text{-}130)$$

最终可得，阻挡层/膜外层界面处氧空位浓度变化量与施加电压扰动 $\Delta V$ 间的响应关系式，如式(7-131)所示：

$$\frac{\Delta C_{V_O}^0}{\Delta V} = \frac{(a_{22}-a_{21})b_{1V}+(a_{11}-a_{12})b_{2V}}{a_{11}a_{22}-a_{12}a_{21}} + \frac{(a_{11}-a_{12})b_{2L}}{a_{11}a_{22}-a_{12}a_{21}}\frac{\Delta L}{\Delta V} \quad (7\text{-}131)$$

式(7-131)中，

$$r_{1,2} = \frac{-2K \pm \sqrt{4K^2 + 4\mathrm{j}\omega/D_{V_O}}}{2} \quad (7\text{-}132)$$

$$a_{11} = (r_1 + 2K)D_{V_O} - \left(k_6 C_O^n + k_7 C_{H_2O}^p + \bar{k}_8 C_{H_2O}^p\right)$$

$$a_{12} = (r_2 + 2K)D_{V_O} - \left(k_6 C_O^n + k_7 C_{H_2O}^p + \bar{k}_8 C_{H_2O}^p\right)$$

$$a_{21} = (r_1 + 2K)D_{V_O}\mathrm{e}^{r_1 L}$$

$$a_{22} = (r_2 + 2K)D_{V_O}\mathrm{e}^{r_2 L}$$

$$b_{1V} = a_8 \bar{k}_8 C_{H_2O}^p \bar{C}_{V_O}^0, \quad b_{2V} = a_3 \bar{k}_3, \quad b_{2L} = b_3 \bar{k}_3 \quad (7\text{-}133)$$

4. $C_{V_M}^L$ 弛豫

金属阳离子空位 $V_M$ 通量表达式如式(7-134)所示：

$$J_{V_M} = -D_{V_M} \frac{\partial C_{V_M}}{\partial x} + \chi K D_{V_M} C_{V_M} \tag{7-134}$$

膜内 $V_M$ 连续性方程如式(7-135)所示：

$$\frac{\partial C_{V_M}}{\partial t} = D_{V_M} \frac{\partial^2 C_{V_M}}{\partial x^2} - \chi K D_{V_M} \frac{\partial C_{V_M}}{\partial x} \tag{7-135}$$

相应的边界条件如式(7-136)和式(7-137)所示：

$$k_4 C_0^n + k_{4'} = -D_{V_M} \frac{\partial C_{V_M}^0}{\partial x} + \chi K D_{V_M} C_{V_M}^0, \ x=0 \tag{7-136}$$

$$k_1 C_{V_M}^L = -D_{V_M} \frac{\partial C_{V_M}^L}{\partial x} + \chi K D_{V_M} C_{V_M}^L, \ x=L \tag{7-137}$$

最终，可得到如下 $\Delta C_{V_M}^L / \Delta V$ ：

$$\frac{\Delta C_{V_M}^L}{\Delta V} = \frac{(a_{22}b_{1V} - a_{12}b_{2V})e^{r_1 L} + (a_{11}b_{2V} - a_{21}b_{1V})e^{r_2 L}}{a_{11}a_{22} - a_{12}a_{21}} + \frac{-a_{12}b_{2L}e^{r_1 L} + a_{11}b_{2L}e^{r_2 L}}{a_{11}a_{22} - a_{12}a_{21}} \frac{\Delta L}{\Delta V} \tag{7-138}$$

式(7-138)及式(7-130)与式(7-137)中相关参数的定义见表 7-4。

表 7-4 正弦扰动电压 $\delta V$ 作用下估算各缺陷浓度弛豫相关参数的定义

| 参数 | $C_{M_i}^0$ | $C_{V_O}^0$ | $C_{V_M}^L$ |
|---|---|---|---|
| $r_{1,2}$ | $\dfrac{-\chi K \pm \sqrt{\chi^2 K^2 + 4j\omega/D_{M_i}}}{2}$ | $\dfrac{-2K \pm \sqrt{4K^2 + 4j\omega/D_{V_O}}}{2}$ | $\dfrac{\chi K \pm \sqrt{\chi^2 K^2 + 4j\omega/D_{V_M}}}{2}$ |
| $\Delta C_i$ | $A_1 e^{r_1 x} + B_1 e^{r_2 x}, \ x=0$ | $A_1 e^{r_1 x} + B_1 e^{r_2 x}, \ x=0$ | $A_1 e^{r_1 x} + B_1 e^{r_2 x}, \ x=L$ |
| $a_{11}$ | $(r_1 + \chi K)D_{M_i} - (k_5 C_0^n + \bar{k}_5)$ | $(r_2 + 2K)D_{V_O} - (k_6 C_0^n + k_7 C_{H_2O}^p + \bar{k}_8 C_{H_2O}^p)$ | $(r_1 - \chi K)D_{V_M}$ |
| $a_{12}$ | $(r_1 + \chi K)D_{M_i} - (k_5 C_0^n + \bar{k}_5)$ | $(r_2 + 2K)D_{V_O} - (k_6 C_0^n + k_7 C_{H_2O}^p + \bar{k}_8 C_{H_2O}^p)$ | $(r_1 - \chi K)D_{V_M}$ |
| $a_{21}$ | $(r_1 + \chi K)D_{M_i} e^{r_1 L}$ | $(r_1 + 2K)D_{V_O} e^{r_1 L}$ | $[(r_1 - \chi K)D_{V_M} + \bar{k}_1]e^{r_1 L}$ |
| $a_{22}$ | $(r_2 + \chi K)D_{M_i} e^{r_2 L}$ | $(r_1 + 2K)D_{V_O} e^{r_2 L}$ | $[(r_2 - \chi K)D_{V_M} + \bar{k}_1]e^{r_2 L}$ |
| $b_{1V}$ | $a_5, \bar{k}_5, \bar{C}_{M_i}^0$ | $a_8 \bar{k}_8 C_{H_2O}^p \bar{C}_{V_O}^0$ | $-a_4, \bar{k}_{4'}$ |
| $b_{1L}$ | 0 | 0 | 0 |

续表

| 参数 | $C_{M_i}^0$ | $C_{V_O}^0$ | $C_{V_M}^L$ |
|---|---|---|---|
| $b_{2V}$ | $a_2\overline{k}_2$ | $a_3\overline{k}_3$ | $-a_1\overline{k}_1\overline{C}_{V_M}^L$ |
| $b_{2L}$ | $b_2\overline{k}_2$ | $b_3\overline{k}_3$ | $-b_1\overline{k}_1\overline{C}_{V_M}^L$ |
| $A_1$ | | $\dfrac{(a_{22}b_{1V}-a_{12}b_{2V})\Delta V - a_{12}b_{2L}\Delta L}{a_{11}a_{22}-a_{12}a_{21}}$ | |
| $B_1$ | | $\dfrac{(a_{11}b_{2V}-a_{21}b_{1V})\Delta V + a_{11}b_{2L}\Delta L}{a_{11}a_{22}-a_{12}a_{21}}$ | |
| $M$ | $\dfrac{(a_{22}-a_{21})b_{1V}+(a_{11}-a_{12})b_{2V}}{a_{11}a_{22}-a_{12}a_{21}}$ | $\dfrac{(a_{22}-a_{21})b_{1V}+(a_{11}-a_{12})b_{2V}}{a_{11}a_{22}-a_{12}a_{21}}$ | $\dfrac{(a_{22}b_{1V}-a_{12}b_{2V})\mathrm{e}^{r_1L}+(a_{11}b_{2V}-a_{21}b_{1V})\mathrm{e}^{r_2L}}{a_{11}a_{22}-a_{12}a_{21}}$ |
| $N$ | $\dfrac{(a_{11}-a_{12})b_{2L}}{a_{11}a_{22}-a_{12}a_{21}}$ | $\dfrac{(a_{11}-a_{12})b_{2L}}{a_{11}a_{22}-a_{12}a_{21}}$ | $\dfrac{-a_{12}b_{2L}\mathrm{e}^{r_1L}+a_{11}b_{2L}\mathrm{e}^{r_2L}}{a_{11}a_{22}-a_{12}a_{21}}$ |

注：$\Delta C_i/\Delta V = M + N\Delta L/\Delta V, i = M_i, V_O, V_M$。

此处初步建立的超临界水环境下基于电化学阻抗谱的氧化膜诊断理论，将在未来原位获取超临界水环境电化学腐蚀特性数据，并抽取腐蚀微纳尺度过程信息的有关研究中发挥重要作用。

## 参 考 文 献

[1] Guan X, Macdonald D D. Determination of corrosion mechanisms and estimation of electrochemical kinetics of metal corrosion in high subcritical and supercritical aqueous systems [J]. Corrosion, 2009, 65(6): 376-387.

[2] Li Y, Jiang Z, Wang S, et al. Formation mechanism of the outer layer of duplex scales on stainless steels in oxygenated supercritical water [J]. Materials Letters, 2020, 270: 127731.

[3] Lister D H, Davidson R D, Mcalpine E. The mechanism and kinetics of corrosion product release from stainless-steel in lithiated high-temperature water [J]. Corrosion Science, 1987, 27(2): 113-140.

[4] Tapping R L, Davidson R D, Mcalpine E, et al. The composition and morphology of oxide-films formed on TYPE-304 stainless-steel in lithiated high-temperature water [J]. Corrosion Science, 1986, 26(8): 563-576.

[5] Kuang W, Wu X, Han E H, et al. The mechanism of oxide film formation on alloy 690 in oxygenated high temperature water [J]. Corrosion Science, 2011, 53(11): 3853-3860.

[6] Pourbaix M. Atlas of Electrochemical Equilibria in Aqueous Solutions [R]. Houston: National Association of Corrosion Engineers, 1974.

[7] Macdonald D D. The history of the point defect model for the passive state: A brief review of film growth aspects [J]. Electrochimica Acta, 2011, 56(4): 1761-1772.

[8] Macdonald D D, Urquidi-Macdonald M. Theory of steady-state passive films [J]. Journal of the Electrochemical Society, 1990, 137(8): 2395-2402.

[9] Macdonald D D. On the existence of our metals-based civilization: I. Phase-space analysis [J]. Journal of the

Electrochemical Society, 2006, 153(7): B213-B224.

[10] Chao C Y, Lin L F, Macdonald D D. A point defect model for anodic passive films: I. Film growth kinetics [J]. Journal of the Electrochemical Society, 1981, 128(6): 1187-1194.

[11] Logani R C, Smeltzer W W. Principles of metal oxidation [J]. Canadian Metallurgical Quarterly, 1971, 10(3): 149-163.

[12] Kritzer P. Corrosion in high-temperature and supercritical water and aqueous solutions: A review [J]. Journal of Supercritical Fluids, 2004, 29(1-2): 1-29.

[13] Zhang N, Yue G, Lv F, et al. Oxidation of low-alloy steel in high temperature steam and supercritical water [J]. Materials at High Temperatures, 2017, 34(3): 222-228.

[14] Li Y, Wang S, Sun P, et al. Early oxidation mechanism of austenitic stainless steel TP347H in supercritical water [J]. Corrosion Science, 2017, 128: 241-252.

[15] Zhu Z, Xu H, Jiang D, et al. Influence of temperature on the oxidation behaviour of a ferritic-martensitic steel in supercritical water [J]. Corrosion Science, 2016, 113: 172-179.

[16] Li Y, Wang S, Sun P, et al. Investigation on early formation and evolution of oxide scales on ferritic-martensitic steels in supercritical water [J]. Corrosion Science, 2018, 135: 136-146.

[17] Zhu Z L, Xu H, Jiang D F, et al. Temperature dependence of oxidation behaviour of a ferritic-martensitic steel in supercritical water at 600-700 degrees C [J]. Oxidation of Metals, 2016, 86(5-6): 483-496.

[18] Bischoff J, Motta A T. Oxidation behavior of ferritic-martensitic and ODS steels in supercritical water [J]. Journal of Nuclear Materials, 2012, 424(1-3): 261-276.

[19] Fromhold A T, Fromhold R G. Chapter 1 an Overview of Metal Oxidation Theory [M]//Bamford C H, Tipper C F H, Compton R G. Comprehensive Chemical Kinetics. Amsterdam: Elsevier, 1984.

[20] Atkinson A. Transport processes during the growth of oxide films at elevated temperature [J]. Reviews of Modern Physics, 1985, 57(2): 437-470.

[21] Macdonald D D, Sikora E, Sikora J. The Point Defect Model vs. the High Field Model for Describing the Growth of Passive Films [C]American: Proceedings of the 7th Intil Symp on Oxide Films on Metals and Alloys, 1994.

[22] Young L. Anodic Oxide Films [M].Palo Alto: Academic Press, 1961.

[23] Li Y, Macdonald D D, Yang J, et al. Point defect model for the corrosion of steels in supercritical water: Part I, film growth kinetics[J]. Corrosion Science, 2020, 163: 108280.

[24] Macdonald D D, Rifaie M A, Engelhardt G R. New rate laws for the growth and reduction of passive films [J]. Journal of the Electrochemical Society, 2001, 148(9): B343-B347.

[25] Tan L, Machut M T, Sridharan K, et al. Corrosion behavior of a ferritic/martensitic steel HCM12A exposed to harsh environments [J]. Journal of Nuclear Materials, 2007, 371(1-3): 161-170.

[26] Bischoff J, Motta A T, Eichfeld C, et al. Corrosion of ferritic-martensitic steels in steam and supercritical water [J]. Journal of Nuclear Materials, 2013, 441(1-3): 604-611.

[27] Macdonald D D. The point defect model for the passive state [J]. Journal of the Electrochemical Society, 1992, 139(12): 3434-3449.

[28] Zhang L, Macdonald D D, Sikora E, et al. On the kinetics of growth of anodic oxide films [J]. Journal of the Electrochemical Society, 1998, 145(3): 898-905.

[29] Macdonald D D. Passivity-the key to our metals-based civilization [J]. Pure and Applied Chemistry, 1999, 71(6): 951-978.

[30] Stellwag B. The mechanism of oxide film formation on austenitic stainless steels in high temperature water [J]. Corrosion Science, 1998, 40(2-3): 337-370.

[31] Robertson J. The mechanism of high-temperature aqueous corrosion of stainless-steels [J]. Corrosion Science, 1991, 32(4): 443-465.

[32] Sharifi-Asl S, Taylor M L, Lu Z, et al. Modeling of the electrochemical impedance spectroscopic behavior of passive iron using a genetic algorithm approach [J]. Electrochimica Acta, 2013, 102: 161-173.

[33] Macdonald D D, Sun A, Priyantha N, et al. An electrochemical impedance study of alloy-22 in NaCl brine at elevated temperature: Ⅱ. Reaction mechanism analysis [J]. Journal of Electroanalytical Chemistry, 2004, 572(2): 421-431.

[34] Lu P, Kursten B, Macdonald D D. Deconvolution of the partial anodic and cathodic processes during the corrosion of carbon steel in concrete pore solution under simulated anoxic conditions [J]. Electrochimica Acta, 2014, 143: 312-323.

[35] Barsoukov E, Macdonald J R. Impedance Spectroscopy : Theory, Experiment, and Applications [M]. Hoboken: John Wiley and Sons, Inc., 2005.

[36] Technology N I O S A. NIST Steam Algorithm [R].American: National Institute of Science and Technology, 1994.

[37] Roine A. HSC chemistry thermo-chemical database [Z]. Version, 2007.

[38] Yin K, Qiu S, Tang R, et al. Corrosion behavior of ferritic/martensitic steel P92 in supercritical water [J]. Journal of Supercritical Fluids, 2009, 50(3): 235-239.

[39] Yi Y, Lee B, Kim S, et al. Corrosion and corrosion fatigue behaviors of 9Cr steel in a supercritical water condition [J]. Materials Science and Engineering: A, 2006, 429: 161-168.

[40] Castle J E, Mann G M W. The mechanism of formation of a porous oxide film on steel [J]. Corrosion Science, 1966, 6(6): 253-262.

[41] Macdonald D, Englehardt G. The point defect model for Bi-layer passive films [J]. ECS Transactions, 2010, 28(24): 123-144.

[42] Sikora J, Sikora E, Macdonald D D. The electronic structure of the passive film on tungsten [J]. Electrochimica Acta, 2000, 45(12): 1875-1883.

# 第8章 多因素耦合作用下的合金腐蚀行为预测

金属或合金的腐蚀动力学规律通常表示为腐蚀增重或者氧化膜厚度随暴露时间的变化。这种规律与金属元素、氧化温度及时间有关。不同金属遵循的腐蚀动力学规律不同，同一金属在不同的温度下会遵循不同的腐蚀动力学规律，甚至在同一温度下，随氧化时间的延长及氧化膜的增厚，其腐蚀动力学规律也可以从一种类型转换成另一种类型。总结这些规律，可将金属氧化恒温动力学曲线大体分为直线型、抛物线型、立方型、对数型和反对数型五类。直线型一般用于氧化层开裂、剥落又无自愈能力的金属氧化过程。对数型适用于某些氧化层随时间增长速率慢得多的情况。立方型适用于一些合金氧化。一些金属在不同的温度范围内，以上几种氧化规律均可能出现。

已有研究表明，超临界水环境中绝大多数合金腐蚀动力学遵循抛物线型或者近抛物线型规律[1-6]。1933年，经典抛物线型腐蚀动力学模型由马普学会研究所Wagner等提出，其认为金属氧化膜生长为浓度梯度、电位梯度作用下带电荷阴/阳离子借助氧化膜内点缺陷进行扩散传质的过程[7,8]。该模型可表示为式(8-1)和式(8-2)：

$$\Delta w = \left(k_p \Delta t\right)^{1/2} \tag{8-1}$$

$$k_p = \Omega^2 \int_{a_{O_2,\mathrm{I}}}^{a_{O_2,\mathrm{II}}} \left(\alpha D_{\mathrm{M,eff}} + D_{\mathrm{O,eff}}\right) \mathrm{d}\left(\ln a_{O_2}\right) \tag{8-2}$$

式中，$k_p$——依赖于温度的氧化速率常数；

$D_{\mathrm{O,eff}}$、$D_{\mathrm{M,eff}}$——膜内氧离子、金属阳离子的有效扩散系数；

$\Omega$——膜内氧密度，$\mathrm{mg \cdot cm^{-3}}$；

$a_{O_2,\mathrm{II}}$、$a_{O_2,\mathrm{I}}$——氧化膜/超临界水界面、金属基体/氧化膜界面处氧逸度。

虽然Wagner抛物线型动力学方程饱受争议，因为其未能诠释一些基本参数，如离子跳跃距离，不能解释极小暴露时间下腐蚀速率的有限性，较长暴露时间下氧化膜厚度可能维持不变等实际腐蚀现象[9,10]。然而，该模型仍被广泛应用，因为其至少在现象上将氧化膜生长动力学与膜内离子的扩散特性关联了起来。

铁马氏体钢已被广泛用作大型火电机组结构材料，且是建造超临界水冷堆最有前途的候选材料[11,12]。已有许多文献报道了超临界水环境中铁马氏体钢的长周期(暴露时间>100h)腐蚀行为，包括氧化动力学[4,12-15]、环境参数的影响[4,6,12-14,16]

及氧化膜的增厚机理[4,17]等。温度升高往往加速基体氧化[4,12,14]，基体内高铬质量分数及氧化物弥散强化处理通常有利于增强其抗氧化性[6,15,16]。然而，对于溶解氧量(DO)、流速的影响，尚未有统一的认识。Zhang 等[18]指出铁马氏体钢氧化增重量随 DO(100~2000μg·L$^{-1}$)升高而增大；然而，Ampornrat 等[12]报道在 DO 为 10~2000μg·L$^{-1}$ 时所研究三种铁马氏体钢的氧化增重量较低，当 DO 为 150~200μg·L$^{-1}$ 时，所研究三种铁马氏体钢的氧化增重量最低。这些不一致很可能源自 DO 对氧化行为的影响，还很大程度上依赖于实验温度、介质流速。

腐蚀往往是受多因素影响的，以上提到的动力学模型并不能同时解释 DO、流速、超临界水物性参数(一定实验压力下由温度控制)等因素共同作用下的合金腐蚀行为规律。因此，有必要对传统的合金腐蚀行为动力学模型改进并对腐蚀行为进行新的预测。

## 8.1 原子级动力学模型对合金腐蚀行为的预测

### 8.1.1 基于点缺陷腐蚀理论的原子级动力学模型构建

超临界水环境合金腐蚀点缺陷模型从原子层面阐述了金属及合金表面氧化膜生长的微观界面反应及缺陷迁移过程。第 7 章以此为基础，构建了超临界水环境金属表面氧化膜生长理论及阻抗谱诊断理论。依据阻抗谱诊断理论，优化解析实验测得的 EIS 数据可以获得阻抗模型中的系列基本参数，该过程已被经典 PDM 广泛应用[19]。本章将首次尝试并利用构建氧化膜生长理论，分别从微观、宏观两个角度建立低密度超临界水中合金氧化的动力学诊断模型，并用获得的诊断结果(系列物理意义明确的基本参数，如反应 $R_1$~$R_{10}$ 的速率常数与传递系数等)来解释微观腐蚀过程与氧化膜特性，预测相应合金的长周期腐蚀行为。

低密度超临界水中溶液态阳离子几乎不存在，电化学反应 $R_9$ 可以被忽略，因此阻挡层厚度随时间变化的表达式(7-66)可以适当简化为式(8-3)：

$$L_{bl}(t) = \left\{L_{bl}^0 - \left(\frac{1}{b_3}\right)\ln\left[1 + \left(\frac{A_{bl}}{C_{bl}}\right)e^{b_3 L_{bl}^0}\left(e^{-b_3 C_{bl} t} - 1\right)\right] - C_{bl} t\right\}\rho_{0,bl}/\rho_{bl} \tag{8-3}$$

式中，$A_{bl}$——等同于式(7-66)中所示 $A'$，为阻挡层生长速率常数；

$C_{bl}$——阻挡层损坏速率，$C_{bl} = \Omega k_9 C_O^q$。

此时，氧化膜外层的净生长速率式(7-73)变为式(8-4)：

$$\frac{dL_{ol}}{dt} = \Omega_{bl}\left(k_1 C_{V_M}^{L_{bl}} + k_2 + k_9 C_O^q - k_{10} C_O^r\right)\rho_{0,ol}/\rho_{ol} \tag{8-4}$$

考虑阻挡层的等体积生长限定式(7-79)，则式(8-4)可改写为式(8-5)：

$$\frac{dL_{ol}}{dt} = \Omega_{ol}\left[(PBR-1)k_3 - PBR \cdot k_9 C_O^q + k_9 C_O^q - k_{10} C_O^r\right]\rho_{0,ol}/\rho_{ol} \tag{8-5}$$

超临界水环境合金表面氧化膜中往往存在诸多空洞，尤其是氧化膜外层，然而实验表明 500~600℃、25MPa 超临界水中 P92 钢的氧化增重量和氧化物厚度近似成线性比例，意味着氧化膜的平均密度几乎恒定[20]，因此可以假设一定暴露周期内 $\rho_{ol}$ 近似为常数。因此，在整个暴露时间 $t$ 内对式(8-5)进行积分，可以得到以暴露时间为自变量的氧化膜外层厚度动力学模型，如式(8-6)所示：

$$L_{ol}(t) = \left(\frac{A_{ol}}{A_{bl}b_3}\right)\ln\left(A_{bl}e^{b_3 L_{bl} t} - C_{bl}\right) - C_{ol}t + D_{ol} \tag{8-6}$$

式中，$A_{ol}$——膜外层生长速率常数；
$C_{ol}$——膜外层损坏速率常数；
$D_{ol}$——膜外层初始厚度。

$A_{ol}$、$C_{ol}$、$D_{ol}$ 分别如式(8-7)~式(8-9)所示：

$$A_{ol} = \Omega_{ol}(PBR-1)k_3^0 \exp(a_3 V)\exp(c_3 pH)\rho_{0,ol}/\rho_{ol} \tag{8-7}$$

$$C_{ol} = \Omega_{ol}\left[(PBR-1)k_9 C_O^q + k_{10} C_O^r\right]\rho_{0,ol}/\rho_{ol} \tag{8-8}$$

$$D_{ol} = -\left(\frac{A_{ol}}{A_{bl}b_3}\right)\ln\left(A_{bl}e^{b_3 L_{bl}^0} - C_{bl}\right) + (PBR-1)L_{bl}^0 \tag{8-9}$$

至此，获得了低密度超临界水环境分别针对氧化膜阻挡层与膜外层的原子级厚度动力学模型，分别见式(8-3)与式(8-6)，其微观过程清晰、物理意义明确。因此，可以以实验所得氧化膜各子层厚度数据为研究对象，①数值优化上述氧化膜厚度动力学模型，提取相关微观反应的基本参数，从而实现金属与合金氧化动力学的原子级诊断；②直接拟合式(8-3)与式(8-6)获得表观动力学参数($L_{bl}^0$、$b_3$、$A_{bl}$、$C_{bl}$、$A_{ol}$、$C_{ol}$、$D_{ol}$)，得到氧化膜厚度的宏观动力学方程，两种动力学模型应用实例见下文。

### 8.1.2 微观腐蚀过程的解析及预测

基于 8.1.1 小节构建的阻挡层/膜外层厚度动力学模型式(8-3)与式(8-6)，以及合金的氧化膜厚度动力学实测数据，采用遗传算法，可以提取超临界水环境腐蚀点缺陷模型中最佳基本参数集，如基本界面反应速率常数 $k_i$、传递系数 $\alpha_i$ 等。基于选择、交叉和变异三项基本规则，遗传算法可以解决各类约束/无约束型参数优化问题[21]。优化过程旨在实现各个暴露时间下氧化膜厚度实验数据与基于优化所得基本参数计算的厚度之间误差最小。准稳态下，合金氧化如同处于"开路电位"下的静态极化，此时"极化电流"近似为零，即满足式(8-10)：

$$i_{pol} = i_1 + i_2 + i_3 + i_4 + i_5 + i_6 + i_7 = 0 \tag{8-10}$$

因此,整个模型优化过程还应受到上述电流约束条件。

为了简便,根据超临界水环境中碳钢氧化实验结果[22],假定所有与溶解氧量相关的界面反应动力学反应级数皆近似为 0.5,即 $n = m = r = q = 0.5$。温度 $T$、溶解氧量、pH、阻挡层/膜外层界面电势降对 pH 的依赖性 $\beta$、阻挡层/膜外层界面处极化率 $\alpha$ 等参数不随暴露时间延长而改变,其取值根据实际暴露工况或者常压水相溶液中早期优化参数确定。暴露于 25MPa、500℃超临界水中铁马氏体钢 HCM12A 的氧化膜厚度实测数据及基于优化后模型所得氧化膜厚度计算值如图 8-1(a)所示。其显示了实验结果与所构建动力学模型计算值间良好的一致性[6,15,16],从现象上说明了通过优化所构建氧化膜厚度动力学模型来描述超临界水环境中合金腐蚀动力学的有效性。

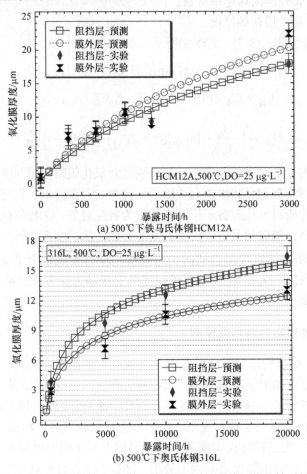

(a) 500℃下铁马氏体钢HCM12A

(b) 500℃下奥氏体钢316L

图 8-1 代表性耐热钢氧化膜厚度实测值和动力学模型优化结果的对比

表 8-1 给出了优化所得超临界水环境中，腐蚀点缺陷模型中关键基本参数的取值，以便于从以下四个角度进一步分析这些基本参数的合理性。表 8-1 中指出，①$k_1 C_{CV}^L$ 小于 $k_2$ 两个以上数量级，表明氧化膜阻挡层内金属阳离子主要以间隙形式向外迁移，而非依靠阳离子空位扩散机理。这与第 6 章中氧化膜内层的占优金属阳离子缺陷为阳离子间隙而非空位的结论是一致的。②速率常数 $k_2$ 控制着金属阳离子穿越阻挡层向外的传输速率，从而反映了氧化膜外层 $MO_{\delta/2}$ 氧化物的摩尔生长速率，而氧化膜阻挡层的生长速率直接由 $k_3$ 决定。因此，$k_2$ 与 $k_3$ 之和可以有效地表示金属基体/氧化膜界面处金属基体原子的总物质的量消耗速率，即 $k_2+k_3=1.97\times10^{-11}\text{mol}\cdot\text{cm}^{-2}\cdot\text{s}^{-1}$。Tan 等[15]指出 500℃超临界水下铁马氏体钢 HCM12A 氧化增重动力学的速率常数为 $8.31\text{mg}\cdot\text{dm}^{-2}\cdot\text{h}^{-0.497}$。由于膜阻挡层和外层的主要成分分别是 $Fe_{3-x}Cr_xO_4$ 和 $Fe_3O_4$，并且 $FeCr_2O_4$ 的摩尔质量($223.8\text{g}\cdot\text{mol}^{-1}$)接近于 $Fe_3O_4$。因此，氧化膜阻挡层和外层中氧化物均可表示为 $M_3O_4$，并且假定其摩尔质量与 $Fe_3O_4$($231.5\text{g}\cdot\text{mol}^{-1}$)相同。Tan 等所报道腐蚀速率常数可以被转换为平均摩尔速率常数，约为 $2.17\times10^{-11}\text{mol}\cdot\text{cm}^{-2}\cdot\text{s}^{-1}$，十分接近本书构建的动力学模型优化所得基体原子总摩尔消耗速率 $1.97\times10^{-11}\text{mol}\cdot\text{cm}^{-2}\cdot\text{s}^{-1}$。③根据阻挡层"恒体积"生长方程，可知($k_1 C_{CV}^L + k_2 + k_3$)/($k_3 - k_9 C_O^q$)=2.16，该值同阻挡层氧化物理论 BPR($FeCr_2O_4$ 为 2.05，$Fe_3O_4$ 为 2.10，见表 7-3)十分接近，从原子层面定量说明了氧化膜的阻挡层(内层)/膜外层界面通常位于合金原始表面的本质原因。④模型优化所得氧化膜外层的平均密度($4.99\text{g}\cdot\text{cm}^{-3}$)小于 $Fe_3O_4$ 的理论密度($5.15\text{g}\cdot\text{cm}^{-3}$)，而 $Fe_3O_4$ 几乎是外层的唯一组分，反映了系列文献中经常报道[23,24]的膜外层多孔性。

表 8-1 优化后模型中关键基本参数的取值

| 符号 | 名称 | 取值 | 说明 |
| --- | --- | --- | --- |
| $T/℃$ | 温度 | 500 | 已知 |
| $DO/(\text{mg}\cdot\text{L}^{-1})$ | 溶解氧量 | 0.025 | 已知 |
| pH | pH | 11 | 评估[25] |
| $\alpha$ | 阻挡层/膜外层界面极化率 | 0.78 | 假设[26] |
| $\alpha_2$ | $R_2$ 传递系数 | 0.11 | 优化 |
| $\alpha_3$ | $R_3$ 传递系数 | 0.12 | 优化 |
| $\alpha_9$ | $R_9$ 传递系数 | 0.16 | 优化 |
| $\alpha_{10}$ | $R_{10}$ 传递系数 | 0.15 | 优化 |
| $k_2^{00}/(\text{mol}\cdot\text{cm}^{-2}\cdot\text{s}^{-1})$ | $R_2$ 基本速率常数 | $8.93\times10^{-12}$ | 优化 |
| $k_3^{00}/(\text{mol}\cdot\text{cm}^{-2}\cdot\text{s}^{-1})$ | $R_3$ 基本速率常数 | $8.00\times10^{-12}$ | 优化 |

续表

| 符号 | 名称 | 取值 | 说明 |
|---|---|---|---|
| $k_9^{00}$ /(mol·cm$^{-2}$·s$^{-1}$) | $R_9$ 基本速率常数 | $8.59\times10^{-10}$ | 优化 |
| $k_{10}^{00}$ /(mol·cm$^{-2}$·s$^{-1}$) | $R_{10}$ 基本速率常数 | $3.08\times10^{-10}$ | 优化 |
| $k_9^{00}C_O^g$ /(mol·cm$^{-2}$·s$^{-1}$) | — | $2.40\times10^{-13}$ | 优化 |
| $k_1C_{CV}^L$ /(mol·cm$^{-2}$·s$^{-1}$) | $R_1$ 平均速率常数 | $5.32\times10^{-14}$ | 计算 |
| $k_2$ /(mol·cm$^{-2}$·s$^{-1}$) | $R_2$ 平均速率常数 | $1.04\times10^{-11}$ | 计算 |
| $k_3$ /(mol·cm$^{-2}$·s$^{-1}$) | $R_3$ 平均速率常数 | $9.32\times10^{-12}$ | 计算 |
| $\beta$ | 阻挡层/膜外层界面处电势降对 pH 的依赖性 | $-0.005$ | 假设[27] |
| $V$/V | 等效腐蚀电位 | 0.59 | 优化 |
| $E$/(V·cm$^{-1}$) | 膜内电场强度 | $1.12\times10^2$ | 优化 |
| $\rho_{bl}$ /(g·cm$^{-3}$) | 阻挡层平均密度 | 5.01 | 优化 |
| $\rho_{ol}$ /(g·cm$^{-3}$) | 膜外层平均密度 | 4.99 | 优化 |
| PBR | 平均 Pilling-Bedworth 比率 | 2.16 | 优化 |
| $n$、$m$、$q$、$r$ | 界面反应对氧摩尔浓度的动力学反应级数 | 0.5 | 假设[22] |

### 8.1.3 微观模型用于宏观腐蚀行为的预测

**1. 氧化膜厚度动力学**

氧化膜阻挡层和膜外层的氧化膜厚度动力学模型式(8-3)和式(8-6)不仅可以用作优化腐蚀点缺陷模型以提取基本参数的目标函数，而且还可以直接用于拟合实验数据以获得宏观动力学参数($L_{bl}^0$、$b_3$、$A_{bl}$、$C_{bl}$、$A_{ol}$、$C_{ol}$、$D_{ol}$)。根据 Behnamian 等[28]报道的 500℃超临界水环境中不锈钢 316L 分别暴露 500h、5000h、10000h 和 20000h 后氧化膜厚度数据，模型式(8-3)和式(8-6)拟合结果见图 8-1(b)。曲线拟合所得不锈钢 316L 宏观动力学参数见表 8-2；为方便比较，表 8-2 还列出了 500℃、25MPa 超临水环境中铁马氏体钢 HCM12A 表面氧化膜生长的宏观动力学参数，它们依据优化所得腐蚀点缺陷模型中基本参数(表 8-1)计算而来。

表 8-2 代表性钢种氧化膜厚度动力学参数[式(8-3)和式(8-6)]

| 动力学参数 | 钢种及工况 | |
|---|---|---|
| | 500℃下 HCM12A (基于表 8-1) | 500℃下 316L |
| $L_{bl}^0$ /cm | $4.98\times10^{-5}$ | $1.01\times10^{-7}$ |
| $b_3$ /cm$^{-1}$ | $-6.08\times10^2$ | $-7.81\times10^2$ |

续表

| 动力学参数 | 钢种及工况 | |
|---|---|---|
| | 500℃下 HCM12A (基于表 8-1) | 500℃下 316L |
| $A_{bl}$ /(cm·s$^{-1}$) | 3.15×10$^{-10}$ | 4.03×10$^{-10}$ |
| $C_{bl}$ /(cm·s$^{-1}$) | 3.66×10$^{-12}$ | 2.56×10$^{-12}$ |
| $A_{ol}$ /(cm·s$^{-1}$) | 3.66×10$^{-10}$ | 3.28×10$^{-10}$ |
| $C_{ol}$ /(cm·s$^{-1}$) | 4.25×10$^{-12}$ | 2.04×10$^{-12}$ |
| $D_{ol}$ /cm | −4.18×10$^{-2}$ | −7.83×10$^{-3}$ |

无论暴露于大气环境还是目标腐蚀性体系，达到目标测试/服役工况之前，金属及合金表面都会自动形成一层较薄的氧化膜，因此氧化膜的初始厚度不为零，即 $L_{bl}^0 > 0$。基体中较高质量分数的铬，有利于合金表面形成更薄、更致密的初始氧化膜。因此，相比于铁马氏体钢 HCM12A(初始氧化膜厚度为 0.49μm)，不锈钢 316L 初始氧化膜厚度(1.01nm)更小。需要注意，同一暴露温度下，除了模型参数 $b_3$，上述工况下铁马氏体钢 HCM12A 与不锈钢 316L 的其他动力学参数差异并不大。因此，$b_3$ 是决定合金腐蚀动力学的关键因素。由 $b_3$ 定义式，即 $b_3 = -\alpha_3 \chi \gamma \varepsilon$ 可知，$b_3$ 受到金属基体合金元素组成与阻挡层氧化物组分的影响，即其本质上由金属基体合金元素的组成与结构决定。$b_3$ 为负值，体现着阻挡层生长速率对其氧化膜厚度的依赖性。$b_3$ 绝对值越小，阻挡层生长速率对氧化膜厚度的依赖性越强。也就是说，随着暴露时间增加，氧化膜生长速率随其厚度增加而更快地减小。相对于铁马氏体钢 HCM12A，不锈钢 316L 的 $|b_3|$ 更小，意味着不锈钢 316L 的抗氧化性优于前者。

基于表 8-2 中铁马氏体钢 HCM12A 和不锈钢 316L 在 500℃下超临界水中的宏观动力学参数，图 8-2 给出了暴露时间长达 10a 上述两合金表面氧化膜的厚度预测值。美国橡树岭国家实验室的研究表明，对于 18Cr、9Cr 钢，触发其表面氧化膜开裂、剥落的临界氧化膜厚度往往分别为 100μm、200～500μm[29]。如图 8-2 所示，当前关注工况下，氧化膜厚度较低，因此未考虑氧化膜的剥落问题。He 等[30]报道了大型火电站过热器用材铁马氏体钢 T91 服役于 541℃下的氧化膜特性，指出暴露 1a、3a 后氧化膜总厚度分别为 125μm、218μm，分别是 500℃相同暴露时间下图 8-2 中氧化膜厚度预测值的 2.01 倍和 2.42 倍。这与现有文献中所报道的 550℃下铁马氏体钢氧化程度是 500℃时的 1.5～3 倍[4,12,31]是一致的，论证了本章开发的动力学模型所得厚氧化膜厚度预测值的准确性。此外，500℃下不锈钢 316L 氧化膜厚度预测值也与已有实验数据相吻合[29]。当暴露时间高于 3a，不锈钢 316L 表面氧化膜的增厚速率几乎可以忽略；暴露时间长达 10a 时，氧化膜总厚度约为37μm，其基体的总破坏厚度小于15μm。

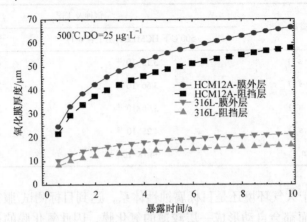

图 8-2 动力学模型预测长周期暴露后氧化膜厚度

**2. 氧化增重动力学**

依据式(7-75)，对暴露时间进行积分，然后将式(8-3)和式(8-6)代入积分结果，即可得到以氧化增重量为因变量的低密度超临界水环境合金氧化增重动力学模型，如式(8-11)所示：

$$\Delta w = r_{bl}\rho_{bl}\left\{L_{bl}^0 - \left(\frac{1}{b_3}\right)\ln\left[1 + \frac{A_{bl}}{C_{bl}}e^{b_3 L_{bl}^0}\left(e^{-b_3 C_{bl} t} - 1\right)\right] - C_{bl} t\right\}\rho_{0,bl}/\rho_{bl}$$
$$+ r_{ol}\rho_{ol}\left\{\left(\frac{A_{ol}}{A_{bl} b_3}\right)\ln\left[A_{bl} e^{b_3 L_{bl} t} - C_{bl}\right] - C_{ol} t + D_{ol}\right\} \tag{8-11}$$

式(8-11)可以改写为式(8-12)，依赖于7个宏观动力学参数($P_1 \sim P_7$)。

$$\Delta w = P_1 - P_2 \ln\left[1 + \frac{P_3}{P_4}e^{P_1/P_2}\left(e^{-P_4/P_2 t} - 1\right)\right] + \frac{P_5 P_2}{P_3}\ln\left(P_3 e^M - P_4\right) - \left(P_4 + P_6\right)t + P_7$$
$$\tag{8-12}$$

式中，

$$M = P_1/P_2 - \ln\left[1 + \frac{P_3}{P_4}e^{P_1/P_2}\left(e^{-P_4/P_2 t} - 1\right)\right] - P_4/P_2 t \tag{8-13}$$

$$P_1 = r_{bl}\rho_{0,bl}L_{bl}^0 \tag{8-14}$$

$$P_2 = r_{bl}\rho_{0,bl}/b_3 = -\frac{r_{bl}\rho_{0,bl}}{\alpha_3 \chi \varepsilon} \tag{8-15}$$

$$P_3 = r_{bl}\rho_{0,bl}A_{bl} = r_{bl}\rho_{0,bl}\Omega k_3^0 \exp(a_3 V)\exp(c_3 \text{pH}) \tag{8-16}$$

$$P_4 = r_{bl}\rho_{0,bl}C_{bl} = r_{bl}\rho_{0,bl}\Omega k_9 C_O^q \tag{8-17}$$

$$P_5 = r_{ol}\rho_{ol}A_{ol} = r_{ol}\rho_{0,ol}\Omega_{ol}(\text{PBR}-1)k_3^0\exp(a_3V)\exp(c_3\text{pH}) \tag{8-18}$$

$$P_6 = r_{ol}\rho_{ol}C_{ol} = r_{ol}\rho_{0,ol}\Omega_{ol}\left[(\text{PBR}-1)k_9C_O^q + k_{10}C_O^r\right] \tag{8-19}$$

$$P_7 = -\frac{P_5 P_2}{P_3}\ln\left(P_3 e^{P_1/P_2} - P_4\right) + P_1 \tag{8-20}$$

事实上，在某种程度上，$P_3$ 和 $P_5$ 分别反映了阻挡层向内生长、外层增厚引起的腐蚀速率。

以实验所得合金氧化增重量作为目标值，拟合动力学模型式(8-12)即可提取宏观动力学参数 $P_1 \sim P_7$，其中 $P_7$ 由 $P_1 \sim P_5$ 共同决定，如式(8-20)所示。图 8-3 给出了 500℃超临界水中铁马氏体钢 HCM12A 氧化增重量实验数据及所构建氧化增重动力学模型拟合曲线[14]，二者具有较好的一致性。氧化增重动力学模型中拟合曲线参数 $P_1 \sim P_7$ 的取值见表 8-3。此外，表 8-3 还列出了另一组 $P_1 \sim P_7$ 参数，它们基于优化后腐蚀点缺陷模型中基本参数(表 8-1)与阻挡层的估计密度 $\rho_{0,ol}$、氧质量分数 $r_{bl}$，由式(8-14)~式(8-20)计算而来。$\rho_{0,ol}$ 与 $r_{bl}$ 的评估方法如下：超临界水环境中铁马氏体钢氧化膜外层几乎全由 $Fe_3O_4$ 构成，而阻挡层为 $Fe_3O_4$ 和 $FeCr_2O_4$ 的混合物；考虑到 HCM12A 基体中 Cr 与 Fe 的原子分数比，理想情况下假设所有被氧化 Cr 仅以 $FeCr_2O_4$ 形式存在于阻挡层，则 HCM12A 氧化膜阻挡层(以摩尔分数计)由 45% $Fe_3O_4$ 与 55% $FeCr_2O_4$ 构成；$Fe_3O_4$ 和 $FeCr_2O_4$ 理论密度分别为 $5.15\text{g}\cdot\text{cm}^{-3}$ 和 $4.79\text{g}\cdot\text{cm}^{-3}$，因此可以估算得到阻挡层的密度 $\rho_{0,ol}\approx 4.98\text{g}\cdot\text{cm}^{-3}$、氧质量分数 $r_{bl}\approx 28\%$。

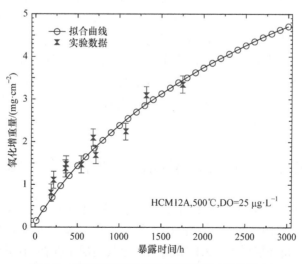

图 8-3 模型预测值及实验值随暴露时间的演变

表 8-3　优化所得增重动力学模型中宏观参数取值

| 参数 | 拟合曲线[①] | 计算值[②] |
| --- | --- | --- |
| $P_1$/(mg·cm$^{-2}$) | 0.25 | 0.223 |
| $P_2$/(mg·cm$^{-2}$) | −8.22 | −7.34 |
| $P_3$/(mg·cm$^{-2}$·s$^{-1}$) | 1.58×10$^{-6}$ | 1.41×10$^{-6}$ |
| $P_4$/(mg·cm$^{-2}$·s$^{-1}$) | 1.83×10$^{-8}$ | 1.64×10$^{-8}$ |
| $P_5$/(mg·cm$^{-2}$·s$^{-1}$) | 1.82×10$^{-6}$ | 1.65×10$^{-6}$ |
| $P_6$/(mg·cm$^{-2}$·s$^{-1}$) | 2.18×10$^{-8}$ | 1.97×10$^{-8}$ |
| $P_7^{[③]}$/(mg·cm$^{-2}$) | −2.05×10$^{2}$ | −1.86×10$^{2}$ |

注：① 直接拟合式(8-12)所得；② 由优化后腐蚀点缺陷模型中基本参数计算而来；③ $P_7$ 由参数 $P_1$~$P_5$ 决定。

表 8-3 指出，基于优化所得腐蚀点缺陷模型中基本参数计算而来的增重动力学宏观参数值，与直接拟合实验数据所得结果非常近似。该结果不但反映了基于腐蚀点缺陷模型所构建氧化增重动力学模型直接用于描述合金氧化行为的有效性，并且在一定程度上证明了以氧化膜厚度为目标值优化腐蚀点缺陷模型，从而提取微观反应基本参数的合理性与有效性。

尽管厚度动力学模型式(8-3)与式(8-6)及氧化增重动力学模型式(8-11)的建立，是基于低密度超临界水环境合金腐蚀的点缺陷模型。但是，其所反映的腐蚀过程本质为氧化膜阻挡层向内生长，于金属基体/阻挡层界面处产生氧空位，该界面处产生的金属阳离子穿越氧化膜阻挡层向外迁移引发氧化膜外层增厚。初步的文献调研分析发现，该微观腐蚀过程似乎存在于绝大多数腐蚀体系[17,27,32-34]。因此，本章建立的微观过程清晰且物理意义明确的氧化增重/膜厚度动力学模型可被推广应用于预测高温空气、高温蒸汽、混合气体氛围、液态金属等各类环境下铁/镍合金的高温腐蚀。此外，基于以上方法，可以建立与暴露时间无关的原子级腐蚀速率与氧化膜厚度、温度之间的氧化膜生长速率模型，可应用于非恒定温度环境或者已知合金当前氧化膜厚度和服役温度的合金腐蚀预测。

## 8.2　基于机器学习的多因素耦合作用下的合金腐蚀行为仿真

对于暴露于超临界水中数百小时后的铁马氏体钢，稳态氧化阶段时其表面氧化膜为三层结构：扩散层、内层、外层。随着暴露时间延长[4,15,35]及温度升高[15,36]，氧化膜外层增厚。3.1 节指出氧化膜内层中存在周期性分布的空洞聚集层(图 3-10)，这也许某种程度上暗示着氧化过程的某些周期性行为。尽管尚未见任何研究报道铁马氏体钢氧化动力学存在周期性波动现象,但并不能排除氧化膜快速地进行周期性生长的可能性。例如,膜内层、扩散层或者二者协同的周期性生长。为了验证该猜测,必须以较短的时间间隔观测氧化膜各层厚度随暴露时间的变化;或者借助国内外已有研究数据,利用具有容错机制的大数据学习算法,获得氧化膜厚度随暴露时间变化的整体规律。

此外,无论对于候选材料优化设计还是水化学调控,候选材料腐蚀行为与其自身化学成分和结构、服役工况(温度、DO 等)的定量关系都能提供重要的指导意义。由于合金腐蚀及多因素间耦合效应的复杂性,难以利用现有的材料、腐蚀、冶金等学科理论来全面、定量地描述腐蚀行为对合金化学成分、结构及各种影响参数的依赖性。因此,有必要以新的数学处理思路来解决该问题——人工神经网络(artificial neural network,ANN)仿真。ANN 是一种模拟大脑运行以期实现类人工智能的机器学习技术,其不需要对某一过程涉及的现象进行定量数学描述,却能够捕获高度复杂的非线性输入-输出关系[37,38],即掌握因变量对多个自变量的依赖性[39]。经过优化的人工神经网络,不仅可以识别出因变量和自变量间的内在隐藏关系(呈现事实真相)[38],而且可以预测输入/输出间先前未知的依赖关系(预测最有可能发生的事情)。ANN 已被成功而广泛地用于腐蚀行为预测研究[37-40]。

在铁马氏体钢早期成膜机理及氧化膜内部分点缺陷类型,以及早期(<120h)氧化动力学数据研究基础上,参考国内外研究所报道的中长期(100~3000h)实验数据,开展了铁马氏体钢腐蚀行为的人工神经网络仿真及鉴别影响因素重要性的模糊曲线分析,旨在达到以下目的:①优化得到分别以铁马氏体钢氧化增重量、氧化膜三子层厚度为因变量,温度、暴露时间、DO、介质流速、铬质量分数、氧化物弥散强化(ODS)处理、合金表面状态等 7 大主要因素为自变量的 ANN 仿真模型,获得铁马氏体钢氧化行为预测模型,以指导工程装备选材与设计、合金优化设计及水化学调控;②以模糊曲线分析为手段,弥补人工神经网络的"黑箱"特性,鉴别出 7 大因素中的关键因素,并探讨关键因素的作用机制。

## 8.2.1 人工神经网络反向传播方法

受生物神经网络结构与运作方式的启发,人工神经网络由按照一定拓扑结构互联的人工神经元组成,其作为一种仿真计算工具,能够捕捉系统中固有的、高度复杂的非线性输入/输出关系[37,38,41]。图 8-4(a)显示了一种三层前馈 ANN 的拓扑结构,其包含输入层、隐藏层和输出层。每层由一个或多个基本神经元组成,基本神经元作为微处理器,具有输入端($x$)、输出端($y$)、阈值($b$)及激励函数[$f(x)$],如图 8-4(b)所示。输入端类似于生物神经元的树突,其接收来自前一层神经元或原始数据库的信号,输出端等同于生物神经元的轴突。神经元的输出通常为下一层神经元的输入或者系统的目标输出。输入层为 ANN 第 1 层,其内每个神经元都只有一个输入端,用于直接接收来自自定义数据库的信号,并直接将该信号作为输出向后传输,不作任何处理。输出层(即 ANN 末层)的输出即系统的因变量。两个人工神经元之间的连接强度被定义为权重,其取值可正、可负,分别代表着传输信号的"激发""抑制";权重的绝对值位于区间[0,1],绝对值越高则对应的连接越强。假定一个神经元具有 $n$ 维输入端 $x=(x_1,x_2,\cdots,x_n)$,相应的各输入端信号的权重构成一个 $n$ 维权重向量 $w=(w_1,w_2,\cdots,w_n)$,分别以 $b$、$f(x)$ 为阈值与激励函数,则该神经元的输出 $y$ 的表达式如下:

$$y = f(x_1w_1 + x_2w_2 + \cdots + x_nw_n + b) \tag{8-21}$$

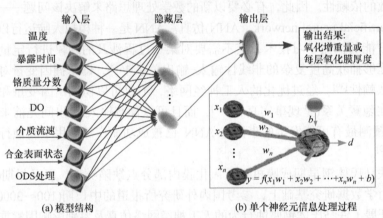

图 8-4　三层前馈人工神经网络示意图

事实上,优化所得权重和阈值组合即人工神经网络的"知识"。人类大脑具有惊人的学习能力,可以基于先前的知识经验及新的学习活动,自动形成或改善大脑神经元之间的连接,使自身变得更聪明,即能够更快地执行更复杂的任务。类似地,为了开发一个性能良好的 ANN 模型,就必须通过训练不断优化权重和阈值,即"让模型学习"。人工神经网络的学习算法分为监督式和非监督式[11,12]。反向传播(全称"误差反向传播")是对 ANN 模型进行监督式训练的一种通用性自适应优化算法[41],其利用实际输出与期望输出之差,对网络内神经元间连接权重由输出层向输入层进行逐层校正,即利用误差的负梯度来调整连接权重与阈值,使其输出误差单调减少,直到得到预定义的最小误差或达到某些其他终止准则(如达到目标迭代次数)。该方法又被称为梯度下降法。实际输出与期望输出之差通常以均方误差(mean square error,MSE)计算,见式(8-22)。训练阶段所采用输入-输出数据对为训练集(training dataset),从整个数据库中随机提取;剩余数据对用于构成验证集(validation dataset)与测试集(testing dataset)。验证集数据库对训练过程进行监控,必要时终止训练过程以避免过度拟合;测试集为原始数据库的第三部分,用于评估训练过程中网络的预测性能。

$$\text{MSE} = \frac{1}{N}\sum_{i=1}^{N}(e_i)^2 = \frac{1}{N}\sum_{i=1}^{N}(t_i - y_i)^2 \tag{8-22}$$

## 8.2.2 数据收集和预处理

关键因素的甄别及相应数据收集是人工神经网络建模的第一步,其对于能否最终优化出合适的 ANN 模型至关重要。本节考察的 7 个主要因素分为两大类:材料性质(基体铬质量分数、合金表面状态、是否采用氧化物分散强化处理),环境条件(温度、溶解氧量、介质流速、暴露时间)[4,6,12-16,18]。温度($T$)、铬质量分数、溶解氧量(DO)及暴露时间($t$)可以从已发表文献及报道中直接获得。然而,介质流速($v$)、合金表面状态(原始表面或者预处理后表面,SC)、是否存在氧化物弥散强化(oxides dispersion strengthening,ODS)往往以不同的形式隐含于文献资料中。根据 ANN 对输入参数的要求及原始资料包含的可用信息,本节对这三个因素进行了统一评估与定义。对于静态高压釜中开展的实验[42,43],定义其介质流速 $v$ 为 $0\mathrm{m\cdot s^{-1}}$;针对威斯康星-麦迪逊大学系列研究中采用的超临界水回路(SCW-loop),500℃时其内流速约为 $1\mathrm{m\cdot s^{-1}}$[7],从而可以估算其他温度下的 SCW-loop 流速。对于合金表面状态(SC),本节的主要关注点为合金表面层是否发生晶粒细化,如果存在晶粒细化,SC 被赋值为 1,否则 SC =0。采用相似的二元划分法,定义存在氧化物分散强化时 ODS = 1,否则 ODS = 0。本章 ANN 模型的输入变量及其数据分布如表 8-4 所示。

表 8-4 ANN 模型的输入变量及其数据分布

| 变量 | 数据分布 |
| --- | --- |
| 温度 $T$/℃ | 500~700 |
| 铬质量分数/% | 8.37~12.12 |
| 氧化物分散强化处理(ODS) | 存在(1),不存在(0) |
| 合金表面状态(SC) | 存在晶粒细化(1),不存在晶粒细化(0) |
| 溶解氧量 DO/($\mu\mathrm{g\cdot L^{-1}}$) | 10~8000 |
| 暴露时间,$t$/h | 120~3000 |
| 流速 $v$/($\mathrm{m\cdot s^{-1}}$) | 0~1.27 |

为了保证各自变量以同等重要的地位输入网络,需使用适当方式预处理原始数据。通常的做法为通过变换处理将网络的输入、输出数据限制在[0,1]区间,所采用变换式如式(8-23)所示:

$$X_i^k = \frac{x_i^k - \min_{i=1,\cdots,N} x_i^k}{\max_{i=1,\cdots,N} x_i^k - \min_{i=1,\cdots,N} x_i^k} \tag{8-23}$$

式中，$X_i^k$——7个自变量输入数据或因变量输出数据；

$\min_{i=1,\cdots,N} x_i^k$——数据的最小值；

$\max_{i=1,\cdots,N} x_i^k$——数据的最大值；

$N$——数据集的数据对总数目。

### 8.2.3 人工神经网络模型构建

分别以氧化增重量及氧化膜扩散层、内层、外层的厚度为因变量构建4个三层前馈 ANN 模型，分别记为氧化增重模型、扩散层厚度模型、内层厚度模型、外层厚度模型。经过筛选、统一和规范化处理，4 种模型各自对应数据库皆包含 254 个数据对，每个数据对包含一个输出(氧化增重量或者膜子层厚度)和七个自变量。数据库数据对被随机分配为三个子集：训练集(70%)、验证集(15%)和测试集(15%)。本小节采用 ANN 模型为含单隐藏层的三层前馈人工神经网络结构，通用逼近理论认为，具有足够数量神经元的单隐藏层人工神经网络可以解释任何输入-输出映射结构[44]。输入层、输出层的神经元数量由自变量、因变量的相应数目决定，分别为 7、1。尽管隐藏层结点数也对网络模型的精度有重要影响，但是其选取方法至今仍没有完整的理论依据。本节采用试凑法，从 10~36 逐渐增加隐藏层神经元数，采用同一样本集进行模型训练，最终选取 $R^2$ 最大(意味着预测误差最小)、神经元数目相对较少(暗示有足够的泛化能力)的人工神经网络。尽管该法比较耗时，但通常非常有效，尤其在处理大数据时。本节中隐藏层采用常用的 log-sigmoid 型激励函数，输出层为 purelin 型激励函数，训练算法采用 Levenberg-Marquardt 误差反向传播算法。模型优化在 Matlab 人工神经网络工具箱上执行。

根据试凑结果，优化所得氧化增重量 ANN 模型的隐藏层神经元为 30 个。ANN 预测值与目标值的对比表明，优化所得 ANN 模型很好地仿真了训练集/验证集，预测了测试集数据，相关系数 $R^2$ 分别高达 0.99、0.98，如图 8-5(a)所示。此外，图 8-5(b)给出了 ANN 预测值相对误差的统计分布，显示出了良好的高斯拟合结果。对于整个数据集中 90%以上的样本，ANN 预测值的相对误差皆在 ±12%以内，进一步确认了 ANN 模型所得氧化增重量的准确性。对于三个氧化膜厚度 ANN 模型，7:20:1 结构的三层 ANN 都表现出优异的性能。氧化膜各层厚度的实验测量值与 ANN 预测结果之间的比较，如图 8-6 所示。对于三个 ANN 厚度模型，ANN 预测厚度皆较好地拟合了对应的训练集/验证集数据，$R^2 \geq 0.99$。因此，优化所得三个 ANN 厚度模型同样以较高的准确度预测了不同工况下氧化膜的各子层厚度。

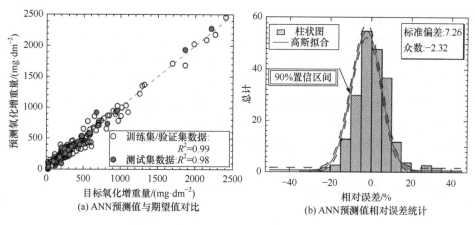

图 8-5  优化所得 ANN 模型准确性评估

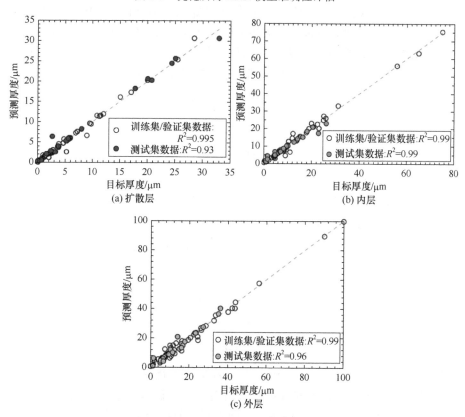

图 8-6  氧化膜各层厚度实测值与 ANN 预测值的对比

## 8.2.4 数据的模糊曲线分析

人工神经网络作为一种纯粹的数学经验模型，常因自身"黑箱"特性受到诟病：认为其无法揭示因变量依赖于自变量背后的物理过程[40]。因此，辨析以确定各个自变量对于因变量的重要程度十分重要，有助于展示优化所得 ANN 模型内的因变量-自变量逻辑关系。灵敏度分析、模糊曲线分析及均方误差变化三种方法，皆可以基于给定的数据对集合确定一系列自变量对某一特定因变量的影响程度[38,40,45]。Sung[46]对比分析了上述方法评估同一数据集的相对有效性，结果表明，在大多数情况下模糊曲线分析的评价性能优于其他两种方法。模糊曲线分析已得到较为广泛的应用，并被证明能够有效地识别各个自变量对因变量的贡献[38,40]。

基于模糊逻辑的概念，Lin 和 Cunningham[45]首次提出并使用模糊曲线分析来识别关键变量，进而指导确定多输入-单输出系统的理想模型结构。模糊逻辑十分接近人类的逻辑直觉行为，代表了一种多值逻辑，旨在处理部分真的概念(真实值往往介于完全真与完全假)，即描述模糊性。模糊性通常以隶属函数来表示，如高斯函数、三角形函数及梯形函数等，将输入数据集映射到模糊集[0,1]的过程即模糊化处理。模糊化处理是开展模糊曲线分析的基础。对于任一输入数据$[x_{i,j}\text{-}y_j, i=1,2,\cdots,K; j=1,2,\cdots,N]$，其中 $x_{i,j}$ 代表第 $j$ 个数据对的第 $i$ 项自变量输入，$y_j$ 为对应的因变量，以 $x_i$ 为隶属函数中心，则高斯模糊化转换式如式(8-24)所示：

$$\varphi_{i,j} = \exp\left[-\frac{(x_{i,j} - x_i)^2}{b}\right] \tag{8-24}$$

式中，$\varphi_{i,j}$——以 $x_i$ 为中心的 $x_{i,j}$ 所对应的隶属函数值；

$b$——$x_i$ 输入区间长度的 20%；

$\varphi_{i,j}\text{-}y_j$、$x_i\text{-}y$ 定义了 $N$ 条模糊规则。$\varphi_{i,j}$ 可以被看作是 $y = y_j$ 的精确度，若绝对真则 $\varphi_{i,j} = 1$；若绝对假，则 $\varphi_{i,j} = 0$。开展去模糊化计算即可获得 $x_i$ 为中心时的规范化因变量，记为 $C_i$。质心计算是一种评估 $C_i$ 的常用方法，如式(8-25)所示：

$$C_i = \frac{\sum_{j=1}^{N} \varphi_{i,j} \cdot y_j}{\sum_{j=1}^{N} \varphi_{i,j}} \tag{8-25}$$

因此，以输入变量 $x_i$ 为横坐标，以对应的规范化输出 $C_i$ 为纵坐标，便可得到该自变量的模糊曲线，该曲线可以清晰地刻画出输入变量总体数据对应的 $C_i$ 在纵坐标轴上的跨度，跨度范围越大，则表明当前自变量对因变量影响的显著性越高[38,45,46]。

### 8.2.5　多因素耦合作用下的关键腐蚀因素识别

为绘图简便，7 个自变量的输入参数均被线性归一化到区间[0,1]。对于超临界水中铁马氏体钢的氧化增重行为，图 8-7 指出 7 个自变量对其影响的重要性排序如下：温度>暴露时间>铬质量分数>合金表面状态>介质流速>ODS 处理>DO，温度和暴露时间较为重要。此外，除了排在末位的 ODS 处理和 DO，其他三个参数的重要性差异并不大。值得注意的是，对于当前所考察 DO 范围 10~8000μg·L$^{-1}$，DO 重要性排在末尾，这一定程度上验证了 Guan 等[47]的结论，即低溶解氧量超临界水中攻击不锈钢腐蚀的主要氧化剂不是 $O_2$ 而是 $H_2O$。下文将重点探讨三种首要因素的影响规律及作用机制，以及 DO、介质流速 $v$ 与温度的耦合效应。图 8-8 给出了每个输入变量对应的氧化膜各子层厚度的模糊曲线跨度及其累加值，从氧化膜总厚度来看，7 个自变量的相对重要性由强至弱依次为温度>暴露时间>ODS 处理>介质流速>合金表面状态≈DO>铬质量分数。温度和暴露时间对氧化膜总厚度的影响更显著，其次为 ODS 处理。从各氧化膜子层来看，温度和暴露时间仍然是决定氧化膜内外层厚度的重要因素。对于扩散层，ODS 处理为第一关键因素，暴露时间与温度紧随其后。可以推断，ODS 处理对超临界水中铁马氏体钢腐蚀行为的作用很可能源自其对扩散层厚度和成分的影响[6,35,48]。

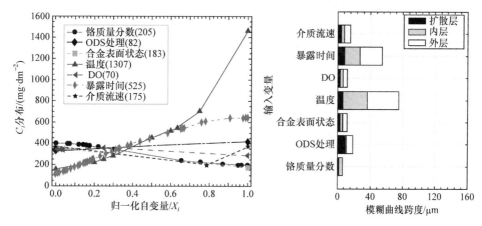

图 8-7 氧化增重的模糊曲线及其跨度图　　图 8-8 氧化膜各子层厚度模糊曲线的跨度及累加值

综上可知，影响耐热钢腐蚀行为的关键因素为温度、铬质量分数、ODS 处理。下文将分别从氧化增重行为、膜各层厚度分布两个角度探究上述关键因素的影响机理。

### 8.2.6 多因素耦合作用下的氧化增重影响

1. 温度及暴露时间的影响

温度是影响铁马氏体钢氧化增重行为最关键的因素，而暴露时间居第二位。

图 8-9 呈现了超临界中 500℃、600℃和 700℃三个典型温度下，ANN 模型预测所得铁马氏体钢氧化增重量随暴露时间的变化。ANN 模型预测所需的其他必要输入信息见图 8-9。700℃时氧化增重量是 600℃时的 2~3 倍，是 500℃时的 4~6 倍[49,50]，ANN 预测结果与实验数据吻合较好[3,5,20]。暴露时间<100h 时，所得 ANN 模型的预测能力较差，这是源于模型训练集数据库中暴露时间<100h 的实验数据较少。随着暴露时间增加，初始阶段氧化增重量 $\Delta w$ 显著增加，然后 $\Delta w$ 增长速率($d\Delta w/dt$)逐渐减小，500℃工况下暴露时间足够长时 $d\Delta w/dt$ 趋于恒定值。相同暴露时间下，$\Delta w$ 增长速率同温度成正相关。这与第 3 章超临界水中耐热钢早期氧化过程的实验研究[2,4]结果相一致，即氧化过程可分为快速氧化阶段（氧化物颗粒成核为主，$d^2\Delta w/dt^2 > 10^{-3} mg \cdot cm^{-2} \cdot h^{-2}$）、过渡阶段及扩散控制阶段的缓慢氧化过程。

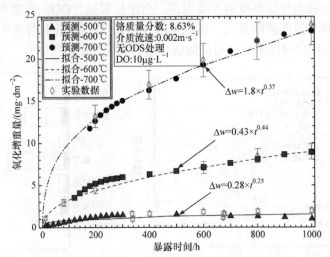

图 8-9 ANN 氧化增重量预测值与实验值随暴露时间的变化及拟合曲线

假定 $\Delta w$ 对暴露时间的依赖性遵循指数定律：

$$\Delta w = \sqrt{k_p} \cdot t^n \tag{8-26}$$

式中，$k_p$——给定温度下速率常数；
       $n$——时间指数。

基于上述假定，拟合所得 500℃、600℃和 700℃下的时间指数分别为 0.25、0.44 及 0.37，相应的氧化动力学方程见图 8-9。$k_p$ 随温度升高而增大，然而时间指数先增加(当温度从 500℃上升到 600℃)，然后下降至 700℃时的 0.37。1933 年，马普学会研究所的 Wagner 提出了经典的抛物线型腐蚀动力学方程[7,8]，指出时间指数 $n$=0.5，且 $k_p$ 仅是温度的函数，见式(8-27)。因此，指数定律不能解释极小暴露时间下腐蚀速率的有限性、非无穷大、较长暴露时间下氧化膜厚度可能维持不变等实际腐蚀现象，其作为宏观动力学模型难以解释合金基体/氧化膜界面处的微观过程，如离子跳跃等。

$$k_\mathrm{p} = \Omega^2 \int_{a_{\mathrm{O}_2,\mathrm{I}}}^{a_{\mathrm{O}_2,\mathrm{II}}} \left( \alpha D_{\mathrm{M,eff}} + D_{\mathrm{O,eff}} \right) \mathrm{d}\left( \ln a_{\mathrm{O}_2} \right) \tag{8-27}$$

事实上如Wangner所提出$k_\mathrm{p}$定义式可见，$k_\mathrm{p}$本质上由氧化膜内外侧界面处氧势$a_{\mathrm{O}_2,\mathrm{I}}$和$a_{\mathrm{O}_2,\mathrm{II}}$及膜内氧与金属的有效扩散系数$D_{\mathrm{O,eff}}$和$D_{\mathrm{M,eff}}$决定。实际氧化过程中尽管环境温度不变，但是由于①氧化层内空洞形成；②氧化膜与合金基体局部分离；③裂纹与快速散路径如晶界、错位等生成或者其分布密度变化；④氧化膜内外侧界面处氧势改变等问题受到暴露时间的影响，$k_\mathrm{p}$还应与暴露时间有关，假定其满足式(8-28)：

$$k_\mathrm{p} = k_{\mathrm{p},0} \times t^{2m} \tag{8-28}$$

式中，$k_{\mathrm{p},0}$——标准氧化速率常数，仅依赖于环境温度；

$m$——$k_{\mathrm{p},0}$对暴露时间的依赖指数，通常小于零。

依据图8-9中拟合所得动力学方程的时间指数$n$及$n-m=0.5$，可得出500℃、600℃下$m$分别为-0.25、-0.06。这意味着随着暴露时间延长$k_\mathrm{p}$减小，其可以归因于上述①~③等因素，该条件下有效扩散系数$D_{\mathrm{M,eff}}$和$D_{\mathrm{O,eff}}$减小。此处有效扩散系数为考虑体积扩散及晶界效应的总扩散系数[3,51]，反映了金属阳离子及氧离子在膜内的迁移速度。一方面，随着暴露时间的延长，氧化膜内氧化物晶粒尺寸增大，膜横截面上晶界比例下降，不利于离子晶界扩散[5]；另一方面，随着氧化膜的增厚，①、②等问题可能出现，将减弱氧化膜内离子体积扩散[8]。上述两方面因素在一定程度上合理地解释了$k_\mathrm{p}$随暴露时间延长而减小。金属阳离子和氧离子沿氧化膜内晶界的扩散，以及单位截面上晶界比例随氧化物晶粒尺寸增大而降低，在合金氧化动力学偏离理性抛物线定律中起着主要作用[3,8]。高温下，氧化膜内点缺陷浓度升高，膜内体积扩散增强，晶界扩散对总有效扩散率的贡献降低。因此，温度从500℃升高至600℃时，有效扩散系数对暴露时间的依赖性下降，即$-m$减小。有研究报道了600℃甚至更高温度下超临界水中，氧化膜内晶界对阳离子扩散的影响并不十分重要，最多与晶格体积扩散的贡献相当[24,48]。然而，当温度进一步由600℃升高至700℃，铬的选择性氧化增强，氧化膜(尤其是其内层)内低缺陷密度的富铬氧化物比例增加，体积扩散难度增加，短路径的晶界扩散再次占优，$m$从-0.06降至-0.13，即$k_\mathrm{p}$对暴露时间的依赖性增强，氧化动力学偏离理想抛物线型规律的程度增大。对于8.63Cr铁素体钢，700℃下其基体内的铬扩散系数(约为$10^{-18}\mathrm{m}^2 \cdot \mathrm{s}^{-1}$)比500℃下的约高4个数量级[52]，因此有较为充分的理由相信700℃高温下的氧化层中存在更多低缺陷密度的富铬氧化物(尤其是

$Cr_2O_3$)。需要注意的是,尽管本节对经典 Wagner 动力学模型中速率常数进行了修订,即提出 $k_p$ 对暴露时间的负指数依赖关系,可在一定程度上理解常见的腐蚀动力学方程往往偏离理想抛物线型规律,但是仍不能解释极小暴露时间下的腐蚀速率有限性等实际宏观腐蚀现象,不能从原子层面揭示离子跳跃距离、合金基体内金属原子向膜内金属阳离子转变的微观机理及内在驱动力等问题。

**2. 铬质量分数效应**

假定超临界水流速 $v = 0 m·s^{-1}$ 或 $1 m·s^{-1}$,所得 ANN 模型分别预测了 500℃、600℃ 和 700℃ 下铁马氏体钢的氧化增重量($\Delta w$)随基体铬质量分数(8%~12%)的变化,如图 8-10 所示。ANN 预测值与已报道的实验结果总体上一致[5,6,53]。与环境温度无关,$\Delta w$ 随铬质量分数增加而降低。相对而言,500℃时铬质量分数 8%~12%的铁马氏体钢具有非常相似的抗氧化性,相同暴露时间(约为 330h)下,各钢 $\Delta w$ 的差异小于 $0.2 mg·cm^{-2}$,见图 8-10(b);600℃时 9Cr 与 12Cr 铁马氏体钢的 $\Delta w$ 差值增大,温度升高至 700℃时该差异变得十分显著,见图 8-10(a)。另外,值得注意的是 DO 为 $10~25 \mu g·L^{-1}$ 时,流速由 $0 m·s^{-1}$ 升高到 $1 m·s^{-1}$ 加速了铁马氏体钢的氧化,而加速程度依赖于温度。

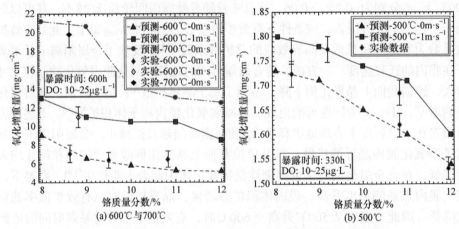

图 8-10 不同流速下氧化增重量预测值随基体铬质量分数的变化

暴露于超临界水中铁马氏体钢表面氧化膜的物相主要包括 Fe-Cr 尖晶石($Fe_{3-x}Cr_xO_4$, $0 < x < 3$)和 $Fe_3O_4$,其基本晶胞皆为 $n$ 个 $O^{2-}$ 紧密堆积成的面心立方结构,同时产生 $2n$ 个四面体配位和 $n$ 个八面体配位。其中,1/8 的四面体配位为金属阳离子晶格位,由 $Fe^{3+}$ 和 $Fe^{2+}$ 占据;1/2 的八面体配位由 $Fe^{3+}$、$Fe^{2+}$ 或 $Cr^{3+}$ 占据[54,55]。400℃及以下时 $Fe_3O_4$ 是反尖晶石结构,由 32 个 $O^{2-}$ 组成基本晶胞,8 个 $Fe^{3+}$ 离子占据四面体配位,八面体配位内含 8 个 $Fe^{2+}$ 与 8 个 $Fe^{3+}$;随着温度升高,一定比例的 $Fe^{2+}$ 进入四面体配位,使其类似正尖晶石结构[55]。氧化物成分偏

离其化学计量及氧化物内金属传输的基本理论认为，氧化物内主要缺陷为金属阳离子空位或者金属阳离子间隙，而氧晶格位因其缺陷能量较高通常保持相对固定[17,33,55,56]。然而，正如 6.2 节关于氧化膜内层直接供氧体的论述，氧化膜内层确实向内往基体方向生长，金属基体/氧化膜界面处的氧化物生成必然会产生氧空位(氧化物向外迁移，促使氧离子作为供氧体穿越氧化膜向内传输)并使其存在于氧化膜内层[57,58]，这也是动态生长中腐蚀氧化膜不同于普通块体氧化物之处。为简单起见，不显示任何缺陷，也不区分阳离子，图 8-11(a)显示了 $Fe_{3-x}Cr_xO_4$ 晶胞元素分布及部分八面体/四面体配位离子。动态生长中 $Fe_{3-x}Cr_xO_4$ 相的完整化学式可表示为$(Fe^{3+},Fe^{2+})(Fe^{3+},Cr^{3+},Fe^{2+},V_M)_2(Fe_i^{2+},V_M)(O^{2-},V_O)_4$，其呈现了可能存在的金属阳离子空位($V_M$)、金属阳离子间隙($Fe_i^{2+}$)、氧空位($V_O$)等点缺陷及其分布。完整化学式中从前往后第一项、第二项分别表示四面体晶格位、八面体晶格位；第四项表示 $O^{2-}$晶格位；第三项表示化学计量尖晶石中未被金属阳离子占据的八面体配位，可以看作固有的金属阳离子空位($V_M$)。如前文所述，$n$ 个氧离子构成的面心立方晶胞中存在 $n$ 个八面体配位，其中 1/2 被理想尖晶石氧化物的金属阳离子占据，剩余 1/2 即额外的八面体配位(固有空位)。这些固有

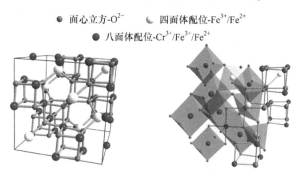

(a) $Fe_{3-x}Cr_xO_4(0 \leqslant x<3)$晶胞及其配位离子

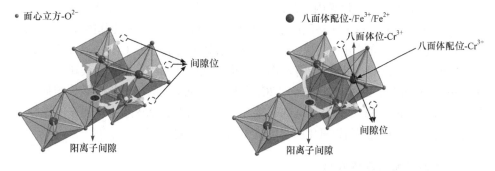

(b) $Fe_3O_4$内阳离子间隙迁移路径　　　(c) $Fe_{3-x}Cr_xO_4(0<x<3)$内阳离子间隙迁移路径

图 8-11　尖晶石晶胞及其内金属阳离子间隙迁移路径的示意图

的空置八面体配位提供了 $Fe_i^{2+}$ 的存在空间。

由前文的研究可知，氧化膜内层为保护性阻挡层，其阻碍着金属阳离子及氧空位向外迁移。此外，大量实验及理论证实超临界水中铁马氏体钢氧化增重的速率控制步骤是铁阳离子向外扩散[3,6,15,59]。在第 6 章已经指出，氧化膜内层中金属阳离子的主要点缺陷类型是金属阳离子间隙。因此，对于超临界环境中的耐热钢，提高其抗氧化性的基本途径为减小金属阳离子间隙穿越氧化膜内层的对外扩散率，取决于金属基体/氧化膜界面处阳离子间隙生成动力学、膜内阳离子间隙浓度及其扩散系数。金属离子间隙在其自身氧化物中的迁移方式通常遵循间接扩散机理：阳离子间隙将晶格阳离子 $M_M$ 推入临近空位 $V_M$，其净效应是一个阳离子从一个空位迁移至另一个空位，如图 8-11(b)所示。在此过程中需要足够的能量，以打破被推动晶格阳离子周围离子(主要为 $O^{2-}$)对其束缚，以及弥补移动过程引发的晶格畸变能。所需的能量越高，间隙传输越困难。氧化过程中，原始铁马氏体钢基体内的铬被氧化后进入氧化膜内层，其占据 $O^{2-}$ 紧密堆积晶胞中部分八面体配位，或者通过取代 $Fe_3O_4$ 晶胞中八面体晶格位的一些 $Fe^{3+}$ 和/或 $Fe^{2+}$，形成 $Fe_{3-x}Cr_xO_4$ 尖晶石[60]。相对于铁阳离子，$Cr^{3+}$ 与周围 $O^{2-}$ 的结合更为紧密，因此将 $Cr^{3+}$ 从周围 $O^{2-}$ 的束缚中解脱出来必然需要更多的能量，使得被 $Cr^{3+}$ 占据的八面体晶格位几乎不再参与金属阳离子间隙的传输。也就是说，氧化膜内层尖晶石中 $Cr^{3+}$ 的存在减少了可用的间隙扩散路径[图 8-11(b)、(c)]，抑制了阳离子间隙的向外迁移，从而减缓底部基体金属的继续氧化[56]。这与已有研究结果一致，即铁-铬尖晶石中阳离子间隙的扩散系数均随 Cr 质量分数的增加而减小[61]。另外，阳离子间隙向外迁移减少，导致阳离子间隙在金属基体/氧化膜界面处累积，从而抑制阳离子间隙生成。

从氧化膜内层组分来看，无论铁马氏体钢基体铬的质量分数为 9%还是 12%，500℃超临界水中形成氧化膜的内层组分皆为 $Fe_{3-x}Cr_xO_4$ 尖晶石相，基体铬质量分数在此范围的提高，仅仅使得内层中被 $Cr^{3+}$ 占据的八面体晶格位比例稍微增大，金属阳离子间隙穿越氧化膜内层的阻力有适当增大，铁马氏体钢的抗氧化性略有提高。然而，相对于 9Cr 铁马氏体钢，暴露于 650℃下 12Cr 钢的基体/氧化膜界面处生成一薄层铬的质量分数高达 35%的氧化物(其主要成分为 $Cr_2O_3$)，且其抗氧化性明显提高[62]。$Cr_2O_3$ 晶胞中所有八面体晶格位几乎被 $Cr^{3+}$ 占据，且其缺陷密度远低于 $Fe_{3-x}Cr_xO_4$ 相。因此，700℃时 12Cr 钢相对于 9Cr 钢的抗氧化性显著增强可归因为铬相对于 Fe、Ni 等具有显著的氧亲和优势，高温超临界水可增强铬的选择性氧化，促进了 12Cr 钢基体/氧化膜界面处 $Cr_2O_3$ 的形成[6,34,35]。

3. 溶解氧量与流速效应

分别在温度 500℃、600℃，流速(介质超临界水的流速)$0m \cdot s^{-1}$、$1m \cdot s^{-1}$、

$1.27m \cdot s^{-1}$下,ANN模型预测了铁马氏体钢氧化增重量随溶解氧量(DO)和暴露时间的变化,如图8-12所示。图8-12(a)与(d)表明流速为$0m \cdot s^{-1}$的500℃、600℃静态系统中,氧化增重量皆随着DO从$10\mu g \cdot L^{-1}$到$3mg \cdot L^{-1}$的升高而增加,这与Zhang等[13]获得的静态实验结果一致:在550℃、25MPa、DO为$100\sim2000\mu g \cdot L^{-1}$的超临界水中,铁马氏体钢P92的氧化增重量随DO增大而增加。静态体系下,

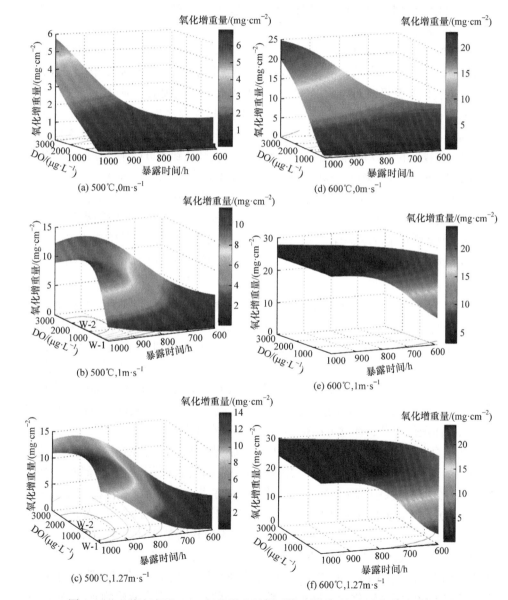

图8-12 三种流速下ANN氧化增重量预测值随暴露时间与溶解氧量的变化

金属氧化所释放的氢原子积累于氧化膜表面,氧化膜/超临界水界面处氧势通常低于主流体[4,62],因此提高主流体 DO 将提高氧化膜表面处氧势,从而加速氧化过程。600℃下 DO 的影响比 500℃时更明显。500℃、1000h 下,当流速增加至约 1m·s$^{-1}$时,DO 为 600～2400μg·L$^{-1}$氧化增重量获得最大值,见图 8-12(b)中 W-2 区。DO 从 1500μg·L$^{-1}$持续增加到 3000μg·L$^{-1}$时,氧化增重量有一定程度地减少,可能是因为额外的 $Fe_2O_3$ 层在氧化膜最外层表面的形成、氧化膜内空洞阻碍了阳离子向外迁移。已有研究表明,DO > 20mg·L$^{-1}$时金属抗氧化性将不可避免地迅速降低[63]。DO > 8mg·L$^{-1}$已超出目前所得 ANN 模型的适用范围,因此图 8-12 未包括相应的预测结果。随着流速从 1m·s$^{-1}$持续增加到 1.27m·s$^{-1}$,图 8-12(c)指出,最高氧化增重量时对应的 DO 减小,表明水力机械扰动增强可以促进氧化产生的氢原子从氧化膜表面被带走,提高氧化膜/超临界水界面处氧势,促进保护性 $Fe_2O_3$ 表面层与有益空洞(阻碍阳离子和阴离子的晶格运输)的形成,从而使得氧化增重量在较低的 DO 时即开始下降。然而,温度升高到 600℃时,溶解氧量(10～8000μg·L$^{-1}$)的影响几乎可以忽略不计,如图 8-12(e)和(f)所示。因此,可以推断氧化膜/超临界水界面处有效氧势由溶解氧量、超临界水流速及环境温度共同决定[64]。

铁基合金表面氧化膜的生长依赖氧化膜表面(通过阳离子向外扩散)及金属基体/氧化膜界面[65-67]。前者意味着外层 $Fe_3O_4$ 层主要生长在膜外层/超临界水界面,并伴随着膜外层表面阳离子空位的产生。溶解氧量(DO)与流速的增加可提高氧化膜表面氧势 $p_{s,O_2}$,促进外层表面阳离子空位的生成。然而,当 $p_{s,O_2}$ 增加到中等水平,根据环境温度及超临界水流速,此时 DO 通常为数百微克每升到数毫克每升时,合金腐蚀速率最小。该现象很大程度上源自氧化膜表面额外形成了连续、致密的保护性 $Fe_2O_3$ 层[34,49,68],降低了氧化膜外层表面(即 $Fe_2O_3$ 层底部)氧势,从而抑制了阳离子空位生成反应,并一定程度上抑制氧载体(尤其是水分子)向内运输。$Fe_2O_3$ 的生成往往源自氧化膜外层 $Fe_3O_4$ 的二次氧化[2,69]。前期工作和一些文献[34,57,70]表明,生成的 $Fe_2O_3$ 很可能为具有刚玉结构的 $\alpha$-$Fe_2O_3$,其所有的 $Fe^{3+}$ 位于八面体配位处[71],而立方结构 $\gamma$-$Fe_2O_3$ 不存在或者比例极低。

铁基合金暴露于 DO 为数毫克每升的超临界水[11,72]或者在含微克每升级 DO 的超临界水中暴露数千小时[73],XRD 检测表明其表面衍射特征峰位于 $2\theta \approx 33°$,依据两种 $Fe_2O_3$ 的理论 XRD 图见图 8-13(a)[54],可推断铁基合金表面氧化物为 $\alpha$-$Fe_2O_3$,而非 $\gamma$-$Fe_2O_3$。两种 $Fe_2O_3$ 晶胞结构及其常规生成途径,如图 8-13(b)所示。直接氧化金属铁即可得到 $\alpha$-$Fe_2O_3$,$\gamma$-$Fe_2O_3$ 通常来源于 $Fe_3O_4$ 的二次氧化[54]。后者见式(8-29),其本质为 $Fe_3O_4$ 八面体配位晶格上阳离子空位的产生伴随着两个电子空位($\delta=2$)的生成,即 2 个 Fe(Ⅱ)转化为 2 个 Fe(Ⅲ),上述过程最终将 $Fe_3O_4$ 完全转化为 $\gamma$-$Fe_2O_3$。然而,最终在氧化膜表面检测到的 $Fe_2O_3$ 为

α-$Fe_2O_3$ 而非 γ-$Fe_2O_3$，这可归结为 γ-$Fe_2O_3$ 极低的高温稳定性[74]。Goto[74]报道，450℃以上 1h 内 γ-$Fe_2O_3$ 即可完全转化为 α-$Fe_2O_3$。因此，氧化膜外表面 α-$Fe_2O_3$ 源自 $Fe_3O_4$ 的二次氧化，其中 γ-$Fe_2O_3$ 为中间产物。

$$\left(Fe_8^{III}\right)_{Tetra}\left(Fe_8^{II},Fe_8^{III}\right)_{Octa}O_{32} \longrightarrow \left(Fe_8^{III}\right)_{Tetra}\left(Fe_{40/3}^{III}V_{8/3}\right)_{Octa}O_{32} \quad (8\text{-}29)$$

式中，下标 Tetra、Octa——四面体、八面体；每个 $Fe_3O_4$ 分子由 32 个氧原子和 24 个铁原子构成，其中 8 个铁原子呈四面体配位排列，16 个铁原子呈八面体配位形式排列。

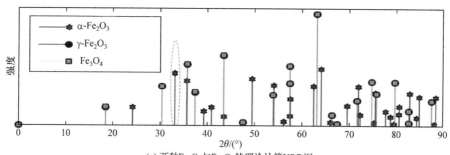

(a) 两种$Fe_2O_3$与$Fe_3O_4$的理论计算XRD图

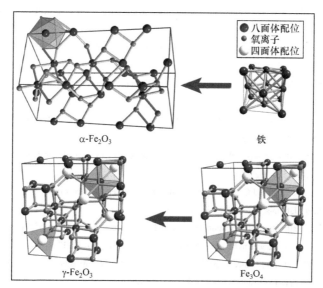

(b) 两种$Fe_2O_3$潜在生成途径及其涉及的物质晶胞结构

图 8-13 两种 $Fe_2O_3$ 生成途径示意图及其与 $Fe_3O_4$ 的理论计算 XRD 图

## 参 考 文 献

[1] Zhang N, Yue G, Lv F, et al. Oxidation of low-alloy steel in high temperature steam and supercritical water [J]. Materials

at High Temperatures, 2017, 34(3): 222-228.

[2] Li Y, Wang S, Sun P, et al. Early oxidation mechanism of austenitic stainless steel TP347H in supercritical water [J]. Corrosion Science, 2017, 128: 241-252.

[3] Zhu Z, Xu H, Jiang D, et al. Influence of temperature on the oxidation behaviour of a ferritic-martensitic steel in supercritical water [J]. Corrosion Science, 2016, 113: 172-179.

[4] Li Y, Wang S, Sun P, et al. Investigation on early formation and evolution of oxide scales on ferritic-martensitic steels in supercritical water [J]. Corrosion Science, 2018, 135: 136-146.

[5] Zhu Z L, Xu H, Jiang D F, et al. Temperature dependence of oxidation behaviour of a ferritic-martensitic steel in supercritical water at 600-700 degrees C [J]. Oxidation of Metals, 2016, 86(5-6): 483-496.

[6] Bischoff J, Motta A T. Oxidation behavior of ferritic-martensitic and ODS steels in supercritical water [J]. Journal of Nuclear Materials, 2012, 424(1-3): 261-276.

[7] Fromhold A T, Fromhold R G. Chapter 1 an Overview of Metal Oxidation Theory [M]//Bamford C H, Tipper C F H, Compton R G. Comprehensive Chemical Kinetics.Alabama: Elsevier, 1984.

[8] Atkinson A. Transport processes during the growth of oxide films at elevated temperature [J]. Reviews of Modern Physics, 1985, 57(2): 437-470.

[9] Macdonald D D, Sikora E, Sikora J. Describing the Growth of Passive Films[C]. Berkeley: Proceedings of the 7th Intil Symp on Oxide Films on Metals and Alloys, 1994.

[10] Young L. Anodic Oxide Films [M]. Palo Alto: Academic Press, 1961.

[11] Tan L, Yang Y, Allen T R. Oxidation behavior of iron-based alloy HCM12A exposed in supercritical water [J]. Corrosion Science, 2006, 48(10): 3123-3138.

[12] Ampornrat P, Was G S. Oxidation of ferritic-martensitic alloys T91, HCM12A and HT-9 in supercritical water [J]. Journal of Nuclear Materials, 2007, 371(1-3): 1-17.

[13] Zhang N Q, Zhu Z L, Xu H, et al. Oxidation of ferritic and ferritic-martensitic steels in flowing and static supercritical water [J]. Corrosion Science, 2016, 103: 124-131.

[14] Allen T R, Chen Y, Ren X, et al. 5.12 - Material performance in supercritical water[J]. Reference Module in Materials Science and Materials Engineering, 2012, 5: 279-326.

[15] Tan L, Ren X, Allen T R. Corrosion behavior of 9-12% Cr ferritic-martensitic steels in supercritical water [J]. Corrosion Science, 2010, 52(4): 1520-1528.

[16] Bischoff J, Motta A T, Eichfeld C, et al. Corrosion of ferritic-martensitic steels in steam and supercritical water [J]. Journal of Nuclear Materials, 2013, 441(1-3): 604-611.

[17] Sun L, Yan W P. Estimation of oxidation kinetics and oxide scale void position of ferritic-martensitic steels in supercritical water [J]. Advances in Materials Science and Engineering, 2017:1-12.

[18] Zhang N, Xu H, Li B, et al. Influence of the dissolved oxygen content on corrosion of the ferritic-martensitic steel P92 in supercritical water [J]. Corrosion Science, 2012, 56: 123-128.

[19] Sharifi-Asl S, Taylor M L, Lu Z, et al. Modeling of the electrochemical impedance spectroscopic behavior of passive iron using a genetic algorithm approach [J]. Electrochimica Acta, 2013, 102: 161-173.

[20] Yin K, Qiu S, Tang R, et al. Corrosion behavior of ferritic/martensitic steel P92 in supercritical water [J]. Journal of Supercritical Fluids, 2009, 50(3): 235-239.

[21] T B, Ck, Schwefel H. An overview of evolutionary algorithms for parameter optimization [J]. Evolutionary Computation, 1993, 1(1): 1-23.

[22] Liu C, Macdonald D D, Medina E, et al. Probing corrosion activity in high subcritical and supercritical water through electrochemical noise analysis [J]. Corrosion, 1994, 50(9): 687-694.

[23] Zhong X, Wu X, Han E H. The characteristic of oxide scales on T91 tube after long-term service in an ultra-supercritical coal power plant [J]. The Journal of Supercritical Fluids, 2012, 72: 68-77.

[24] Chen Y, Sridharan K, Ukai S, et al. Oxidation of 9Cr oxide dispersion strengthened steel exposed in supercritical water[J]. Journal of Nuclear Materials, 2007, 371(1-3): 118-128.

[25] Macdonald D D. Understanding the corrosion of metals in really hot water [J]. PowerPlant Chemistry, 2013, 6(15): 400-443.

[26] Chao C Y, Lin L F, Macdonald D D. A point defect model for anodic passive films: I . Film growth kinetics [J]. Journal of the Electrochemical Society, 1981, 128(6): 1187-1194.

[27] Macdonald D D, Sun A, Priyantha N, et al. An electrochemical impedance study of alloy-22 in NaCl brine at elevated temperature: II . Reaction mechanism analysis [J]. Journal of Electroanalytical Chemistry, 2004, 572(2): 421-431.

[28] Behnamian Y, Mostafaei A, Kohandehghan A, et al. Corrosion behavior of alloy 316L stainless steel after exposure to supercritical water at 500℃ for 20,000h [J]. Journal of Supercritical Fluids, 2017, 127: 191-199.

[29] Dooley R, Wright I, Tortorelli P. Program on Technology Innovation: Oxide Growth and Exfoliation on Alloys Exposed to Steam [R/OL].California: EPRI, 2007. https://www.epri.com/#/pages/ product/1013666/?lang=en-US.

[30] He Y S, Chang J, Lee J H , et al. On-site corrosion behavior of T91 steel after long-term service in power plant [J]. Korean Journal of Materials Research, 2015, 25(11): 612-615.

[31] Briceno D G, Blazquez F, Maderuelo A S. Oxidation of austenitic and ferritic/martensitic alloys in supercritical water[J]. Journal of Supercritical Fluids, 2013, 78: 103-113.

[32] Macdonald D D. The history of the point defect model for the passive state: A brief review of film growth aspects [J]. Electrochimica Acta, 2011, 56(4): 1761-1772.

[33] Backhaus-Ricoult M, Dieckmann R. Defects and cation diffusion in magnetite (VII): Diffusion controlled formation of magnetite during reactions in the iron-oxygen system [J]. Berichte der Bunsengesellschaft für Physikalische Chemie, 1986, 90(8): 690-698.

[34] Viswanathan R, Sarver J, Tanzosh J M. Boiler materials for ultra-supercritical coal power plants—Steamside oxidation[J]. Journal of Materials Engineering and Performance, 2006, 15(3): 255-274.

[35] Bischoff J, Motta A T, Comstock R J. Evolution of the oxide structure of 9CrODS steel exposed to supercritical water[J]. Journal of Nuclear Materials, 2009, 392(2): 272-279.

[36] Zhang Z, Hu Z F, Zhang L F, et al. Effect of temperature and dissolved oxygen on stress corrosion cracking behavior of P92 ferritic-martensitic steel in supercritical water environment [J]. Journal of Nuclear Materials, 2018, 498: 89-102.

[37] Kamrunnahar M, Urquidi-Macdonald M. Prediction of corrosion behaviour of alloy 22 using neural network as a data mining tool [J]. Corrosion Science, 2011, 53(3): 961-967.

[38] Shi J, Wang J, Macdonald D D. Prediction of primary water stress corrosion crack growth rates in alloy 600 using artificial neural networks [J]. Corrosion Science, 2015, 92: 217-227.

[39] Shi J, Wang J, Macdonald D D. Prediction of crack growth rate in Type 304 stainless steel using artificial neural networks and the coupled environment fracture model [J]. Corrosion Science, 2014, 89: 69-80.

[40] Cavanaugh M K, Buchheit R G, Birbilis N. Modeling the environmental dependence of pit growth using neural network approaches [J]. Corrosion Science, 2010, 52(9): 3070-3077.

[41] Rojas R. Neural Networks: A Systematic Introduction [M]. Berlin: Springer-Verlag, 1996.

[42] Kritzer P. Corrosion in high-temperature and supercritical water and aqueous solutions: A review [J]. Journal of Supercritical Fluids, 2004, 29(1-2): 1-29.

[43] Tan L, Machut M T, Sridharan K, et al. Corrosion behavior of a ferritic/martensitic steel HCM12A exposed to harsh environments [J]. Journal of Nuclear Materials, 2007, 371(1-3): 161-170.

[44] Cybenko G. Approximation by superpositions of a sigmoidal function [J]. Mathematics of Control, Signals and Systems, 1989, 2(4): 303-314.

[45] Lin Y H, Cunningham G A. A new approach to fuzzy-neural system modeling [J]. IEEE Transactions on Fuzzy Systems, 1995, 3(2): 190-198.

[46] Sung A H. Ranking importance of input parameters of neural networks [J]. Expert Systems with Applications, 1998, 15(3): 405-411.

[47] Guan X, Macdonald D D. Determination of corrosion mechanisms and estimation of electrochemical kinetics of metal corrosion in high subcritical and supercritical aqueous systems [J]. Corrosion, 2009, 65(6): 376-387.

[48] Gao W H, Guo X L, Shen Z, et al. Corrosion behavior of oxide dispersion strengthened ferritic steels in supercritical water [J]. Journal of Nuclear Materials, 2017, 486: 1-10.

[49] Brunner G. Supercritical process technology related to energy and future directions—An introduction [J]. Journal of Supercritical Fluids, 2015, 96: 11-20.

[50] Kruse A. Hydrothermal biomass gasification [J]. Journal of Supercritical Fluids, 2009, 47(3): 391-399.

[51] Gibbs G B. The influence of oxide grain boundaries on diffusion-controlled oxidation [J]. Corrosion Science, 1967, 7(3): 165-169.

[52] Zhong X, Wu X, Han E H. Effects of exposure temperature and time on corrosion behavior of a ferritic-martensitic steel P92 in aerated supercritical water [J]. Corrosion Science, 2015, 90: 511-521.

[53] Ampornrat P, Gupta G, Was G S. Tensile and stress corrosion cracking behavior of ferritic-martensitic steels in supercritical water [J]. Journal of Nuclear Materials, 2009, 395(1-3): 30-36.

[54] Robertson J. The mechanism of high temperature aqueous corrosion of steel [J]. Corrosion Science, 1989, 29(11-12): 1275-1291.

[55] Hallström S, Höglund L, ÅGREN J. Modeling of iron diffusion in the iron oxides magnetite and hematite with variable stoichiometry [J]. Acta Materialia, 2011, 59(1): 53-60.

[56] Töpfer J, Aggarwal S, Dieckmann R. Point defects and cation tracer diffusion in $(Cr_xFe_{1-x})_{3-\delta}O_4$ spinels [J]. Solid State Ionics, 1995, 81(3-4): 251-266.

[57] Chen Y, Sridharan K, Allen T. Corrosion behavior of ferritic-martensitic steel T91 in supercritical water [J]. Corrosion Science, 2006, 48(9): 2843-2854.

[58] Hiramatsu N, Stott F H. The effects of molybdenum on the high-temperature oxidation resistance of thin foils of Fe-20Cr-5Al at very high temperatures [J]. Oxidation of Metals, 2000, 53(5-6): 561-576.

[59] Tan L, Machut M T, Sridharan K, et al. Oxidation behavior of HCM12A exposed in harsh environments [J]. Transactions of the American Nuclear Society, 2006, 94: 745.

[60] Gillot B, FerrioT J-F, Dupré G, et al. Study of the oxidation kinetics of finely-divided magnetites. II - Influence of chromium substitution [J]. Materials Research Bulletin, 1976, 11(7): 843-849.

[61] Töpfer J, Dieckmann R. Point defects and cation tracer diffusion in $(Cr_xFe_{1-x})_{3-\delta}O_4$ spinels [J]. MRS Proceedings, 1994, 369: 319.

[62] Holcomb G R. High pressure steam oxidation of alloys for advanced ultra-supercritical conditions [J]. Oxidation of Metals, 2014, 82(3-4): 271-295.

[63] Choudhry K I, Mahboubi S, Botton G A, et al. Corrosion of engineering materials in a supercritical water cooled reactor: Characterization of oxide scales on alloy 800H and stainless steel 316 [J]. Corrosion Science, 2015, 100: 222-230.

[64] Macdonald D D. Viability of hydrogen water chemistry for protecting in-vessel components of boiling water reactors[J]. Corrosion, 1992, 48(3): 194-205.

[65] Gorman D M, Higginson R L, Du H, et al. Microstructural analysis of In617 and In625 oxidised in the presence of steam for use in ultra-supercritical power plant [J]. Oxidation of Metals, 2013, 79(5-6): 553-566.

[66] Payet M. Mechanism Study of CFC Fe-Ni-Cr Alloy Corrosion in Supercritical Water [D]. La Rochelle: Conservatoire National des Arts et Metiers, 2011.

[67] Sarrade S, Féron D, Rouillard F, et al. Overview on corrosion in supercritical fluids [J]. The Journal of Supercritical Fluids, 2017, 120: 335-344.

[68] Gao X, Wu X Q, Zhang Z E, et al. Characterization of oxide films grown on 316L stainless steel exposed to $H_2O_2$-containing supercritical water [J]. Journal of Supercritical Fluids, 2007, 42(1): 157-163.

[69] Xu H, Zhu Z, Zhang N. Oxidation of ferritic steel T24 in supercritical water [J]. Oxidation of Metals, 2014, 82(1-2): 21-31.

[70] Hu H L, Zhou Z J, Li M, et al. Study of the corrosion behavior of a 18Cr-oxide dispersion strengthened steel in supercritical water [J]. Corrosion Science, 2012, 65: 209-213.

[71] Zhang N, Zhu Z, Lv F, et al. Influence of exposure pressure on oxidation behavior of the ferritic-martensitic steel in steam and supercritical water [J]. Oxidation of Metals, 2016, 86(1-2): 113-124.

[72] Yang J Q, Wang S Z, Li Y H, et al. Study on Corrosion Behavior of Stainless Steel 316 in Low Oxygen Concentration Supercritical Water[C]// Proceedings of the 2nd Technical Congress on Resources, Environment and Engineering. Balkema: CRC Press, 2015.

[73] Hansson A N, Danielsen H, Grumsen F B, et al. Microstructural investigation of the oxide formed on TP347HFG during long-term steam oxidation [J]. Materials and Corrosion, 2010, 61(8): 665-675.

[74] Goto Y. The effect of squeezing on the phase transformation and magnetic properties of $\gamma$-$Fe_2O_3$ [J]. Japanese Journal of Applied Physics, 1964, 3(12): 739.

# 第 9 章 亚/超临界水环境在线腐蚀研究的基础方法及应用

高温高压工作条件下的金属腐蚀问题，表面观察或重量分析等离线表征技术应用广泛，但这些方法难以提供如界面反应微观动力学信息等腐蚀过程的详细信息。电化学方法，如线性极化(LP)、电化学阻抗谱(EIS)和电化学发射谱(EES)[又称"电化学噪声分析(ENA)"]，可用于在线监测和腐蚀过程研究。然而，对于亚临界和超临界水溶液等极端环境，不存在用于测量电位和阻抗谱等信息的通用、可靠技术[1]。本章总结了腐蚀电化学测试技术，讨论了电化学测试设备所需的核心部件(如参比电极和 pH 电极等)应用于高达 550℃的超临界水环境腐蚀问题研究的可能性。并基于热力学方法给出了亚/超临界水系统中铁、镍和铬的电位-pH(Pourbaix)图。最后，介绍了电化学噪声分析(ENA)法对亚/超临界水环境下合金腐蚀速率的在线测试技术。本章介绍了未来应用于高温腐蚀研究领域的电化学测试设备和技术方法，弥补了长期浸泡加称重表征等离线研究方法的不足，可以准确评估金属或合金在亚/超临界水环境中的腐蚀行为。

## 9.1 电化学在线测试电极

电极是电化学测试技术的基础组件。迄今为止，为测量亚/超临界水环境中的电化学电位而开发的最成功的参比电极是外压平衡参比电极(EPBRE)[2]或其变体，如流通式外参比电极(FTERE)[3,4]。此外，研究最多的 pH 电极是氧化钇稳定氧化锆电极[$ZrO_2(Y_2O_3)$]、含金属/金属氧化物的参比电极(如 Hg/HgO 或 Ni/NiO)的膜电极[2]和 $W/WO_3$ 电极[5,6]。

为了克服参比电极的热水解问题，EPBRE 通过在环境温度参比电极和高温环境中的液体之间设置一个可变形的 PTFE 内衬(即"盐桥")，将电活性元素(如 Ag/AgCl)置于环境温度下。盐桥包含热稳定的电解质(如 KCl)，在非常高的温度下作为活性元件和外部环境之间的离子传导路径。采用可变形的盐桥(如含 KCl 的聚四氟乙烯管)，目的是将来自外部环境(如使用正排量加压泵)的压力脉冲传送到盐桥中，以抑制热扩散趋势，从而在系统向 Soret 稳态发展时于盐桥中建立缓慢增加的电解质浓度梯度，将非等温盐桥保持在一个永久的 Soret 初始状态，在恶劣的超临界环境中，EPBRE 更稳定。然而，即使了解基本热扩散理论，压力脉冲传输也难以实施，事实证明，与一些不受热扩散困扰的内参比电极相比，EPBRE 的准确性较低，这是因为它不能抑制随时间变化的热液接电位(TLJP)[2]。开通过发一种消除 EPBRE 热扩散的流动技术，不断更新内衬来保持均匀的电解质浓度[4]。

### 9.1.1 三电极体系

三电极体系由工作电极、对电极和参比电极组成，是电化学研究中的常用装置。研究的反应发生在工作电极(work electrode，WE)，又称研究电极，作为研究对象。通常根据研究的性质来预先确定工作电极材料。采用固体电极时，为了保证实验的重现性，必须注意建立合适的电极预处理步骤，以保证氧化还原、表面形貌和不存在吸附杂质的可重现状态。对电极(counter electrode，CE)又称辅助电极，其与工作电极组成回路，使工作电极上电流畅通，以保证所研究的反应在工作电极上发生，但必须无任何方式限制电池观测的响应。参比电极(reference electrode，RE)的电位不受电解液成分变化的影响，具有恒定的数值，以精确控制工作电极的电极电位。

三电极体系选择的必要性在于排除电极电势因极化电流而产生较大误差。在常规的两电极体系(工作电极和对电极)基础上，三电极体系引入参比电极以稳定工作电极。三电极体系含两个回路，一个回路由工作电极和参比电极组成，用来测试工作电极的电化学反应过程，另一个回路由工作电极和对电极组成，起传输离子形成回路的作用。在这种情况下，电流在对电极和工作电极之间流动，可始终控制参比电极和工作电极之间的电位差。工作电极和对电极之间的电位无须测量，通过调整控制放大器使工作电极和参比电极之间的电位达到要求。这种两回路的配置可以同时测量工作电极的电位和电流，得到工作电极的稳态极化曲线。

### 9.1.2 经典高温参比电极

1. 氧化钇稳定氧化锆电极

氧化钇稳定氧化锆电极(YSZ)包括 $ZrO_2(9\% \ Y_2O_3)$ 陶瓷管、氧离子导体和金属/金属氧化物参比电极。因此，电极可以表示为

$$M/M_xO_y \quad | \quad ZrO_2(Y_2O_3) \quad | \quad H^+, H_2O$$
$$\varphi_{r,r} \quad \text{I} \quad \varphi_{z,r} \quad \varphi_{z,s} \quad \text{II} \quad \varphi_{s,s}$$

式中，$\varphi$——电动势，下标(r, r)、(z, r)、(z, s)和(s, s)分别表示参比界面(I)的参比电极侧、参比界面(I)的陶瓷侧、YSZ/溶液界面(II)的陶瓷侧及 YSZ/溶液界面(II)的溶液侧。

由于 YSZ 是一个氧离子导体，发生在界面 I 和界面 II 的反应可以分别写为

式(9-1)和式(9-2)：

$$(1/y)M_xO_y + V_{\ddot{O}} + 2e^- \rightleftharpoons O_O + (x/y)M \qquad (9\text{-}1)$$

$$V_{\ddot{O}} + H_2O \rightleftharpoons O_O + 2H^+ \qquad (9\text{-}2)$$

其中，$V_{\ddot{O}}$——YSZ 晶格中的一个氧空位(在 Kroger-Vink 符号中，带双正电荷)；

$O_O$——表示晶格中的一个氧离子。

在平衡状态下，电化学电位之和为式(9-3)：

$$\tilde{\mu} = \mu_i^0 + RT\ln a_i + z_i F\varphi \qquad (9\text{-}3)$$

两侧部分反应相等，得到式(9-4)或式(9-5)：

$$\varphi_{r,r} - \varphi_{z,r} = -\Delta\mu_1^0/2F + (RT/2F)\ln(a_{V_{\ddot{O}},r}) \qquad (9\text{-}4)$$

$$\varphi_{Z,S} - \varphi_{s,s} = -\Delta\mu_2^0/2F - (RT/2F)\ln(a_{V_{\ddot{O}},s}) - (RT/2F)\ln(a_{H_2O}) - (2.303RT/F)\text{pH} \qquad (9\text{-}5)$$

式中，$\Delta\mu^0$——标准化学势的变化量；

$a_{V_{\ddot{O}},r}$ 和 $a_{V_{\ddot{O}},s}$——分别为 YSZ 膜中氧空位 $V_{\ddot{O}}$ 在参比电极($M/M_xO_y$)和溶液两侧的活度；

$a_{H_2O}$——水的活度。

$\mu_i^0$ 是第 $i$ 种化合物的标准化学势。式(9-4)减去式(9-5)，得到 YSZ 电极电位与标准氢电极电位(SHE)的转化关系如式(9-6)所示：

$$E = E^0_{M_xO_y} - \left(\frac{RT}{2F}\right)\ln(a_{H_2O}) - \left(\frac{2.303RT}{F}\right)\text{pH} \qquad (9\text{-}6)$$

式中，标准势 $E^0_{M_xO_y}$ 与反应的标准化学势 $\Delta\mu_R^0$ 的变化有关，见式(9-7)和式(9-8)：

$$(1/y)M_xO_y + H_2 \rightleftharpoons (x/y)M + H_2O \qquad (9\text{-}7)$$

$$E^0_{M_xO_y} = -\Delta\mu_R^0/2F \qquad (9\text{-}8)$$

YSZ 参比电极有以下几个优点：其一，平衡电位与陶瓷膜的特性无关；其二，对于给定的水活度和 pH，平衡电位仅取决于参比电极的标准电位；其三，YSZ 电极不受系统氧化还原电位变化的影响。目前，YSZ 电极已被用于监测高达 528℃的超临界水 pH[7]。然而，水的活度不容忽视。此外，低温下陶瓷膜较高的电阻严重影响了 YSZ 电极的使用，其 pH 测量的温度下限约为 125℃[2]。

2. 钨/氧化钨电极

与 YSZ 电极相比，钨/氧化钨($W/WO_3$)电极可满足高/低温环境中的使用需求，且具有机械强度高、易于制造、小型化等优点，使其成为亚/超临界水环境研究领域中的理想候选电极。钨/氧化钨电极可用于 pH 检测,如果 pH 与电极电位的对应关系已知,也可用作参比电极[6,8]。虽然已有关于钨/氧化钨 pH 电极原理的报道,但其具体反应机制并未得到广泛认同。在之前的研究中讨论 pH 测量的机理时,考虑了 $WO_3$ 还原成 $W^{[6,9]}$,以及质子依赖的 $WO_3$ 还原伴随非化学计量的 W 氧化反应。在某些情况下[10,11],$WO_2$ 或 $W_2O_5$ 被认为参与了 pH 反应[12],甚至电极的尺寸也可能影响 pH 反应机制。因为 pH 反应发生在电极表面,所以表面特征分析对于理解反应机制至关重要[8]。Kriksunov[6]用丙烷喷枪在空气中加热直径为 3mm 的钨丝,直到它变红,持续 3~5min,制成钨/氧化钨电极。在 212~300℃的温度下,钨/氧化钨电极有令人满意的 Nernstian pH 反应(pH 为 2~11)。在研究的温度条件下,钨电极电位与 pH 呈线性变化,电位与 pH 曲线的斜率分别为 95mV/pH±5mV/pH(212℃)、97mV/pH±5mV/pH(250℃)和 104mV/pH±3mV/pH(300℃),都接近理论值 $2.303RT/F$。因此,钨/氧化钨电极与标准氢电极(SHE)的电位转化关系如式(9-9)所示:

$$E = E^0_{W/WO_3} - \frac{2.303RT}{F}\text{pH} - \frac{2.303RT}{2F}\log a_{H_2O} \tag{9-9}$$

式中,$a_{H_2O}$——水的活度;

$E^0_{W/WO_3}$——反应 $W + 3H_2O \longrightarrow WO_3 + 6H^+ + 6e^-$ 的标准电位。

在此基础上,当 $W/WO_3$ 被用作亚临界水中的参比电极时,其平衡电势可以简单地计算,如式(9-10)所示[13]:

$$E^e_T = E^0_T - 2 \cdot 10^{-4} \cdot T \cdot \text{pH} \tag{9-10}$$

式中,$E^0_T$ 是温度 $T$(K)下的标准电势,$E^0_T = -\Delta G^0/6F$,$F$ 是法拉第常数(1mol 电子的电荷,95484.56C·$mol^{-1}$),$\Delta G^0$ 是全反应的标准吉布斯自由能变化(如 $WO_3 + 6H^+ + 6e^- \longrightarrow W + 3H_2O$)。pH 的计算采用 Macdonald 等开发的 pH 代码 pH_Calc[14]。计算出的 pH 和 $W/WO_3$ 参比电极在不同温度下的参数见表 9-1。

表 9-1 溶液的计算 pH、$W/WO_3$ 参比电极的计算标准电位($E^0_T$)和平衡电位($E^e_T$)与温度的关系[13]

| 温度 $T$/℃ | pH | $\Delta G^0$/J | $E^0_T$/$V_{SHE}$ | $E^e_T$/$V_{SHE}$ |
| --- | --- | --- | --- | --- |
| 200 | 5.98 | 88300 | −0.1525 | −0.720 |
| 250 | 6.20 | 97292 | −0.1681 | −0.819 |
| 300 | 6.71 | 105740 | −0.1827 | −0.954 |

此外,Kolar 等[15]将纯钨丝在氧气流的作用下,在 800℃的烘箱中处理 30min,得到黄绿色的氧化层,在热处理之前,钨丝在去离子水和乙醇中彻底冲洗干净。电极在使用前存放在黑暗干燥的地方,适合在碱性环境(pH>12)中长期检测 pH。研究发现,通过不同机制的热处理或循环伏安法氧化制备的电极都具

有良好的pH响应。然而,化学氧化法制备的电极(在质量分数10%的$HNO_3$中老化24h)结构松散,溶解度高,不适合含B和Li的体系[8]。

## 9.2 电位-pH图

金属的腐蚀通常与溶液中的阴离子有关。若只考虑$OH^-$,电化学腐蚀系统所有可能的电极反应平衡条件可以在电位-pH图(Pourbaix图)上用垂直、水平或倾斜的线条从左上方到右下方表示。电位-pH图可用于评估金属-水系统中的热力学关系,因此有利于解释电化学平衡数据,也有利于在较小程度上解释腐蚀机制。电位-pH图提供了关于热力学稳定区域、可能的腐蚀区域和可能的钝化保护区域的基本信息[16],却无法解释系统的动力学行为。

选择$10^{-6}$ mol·kg$^{-1}$作为金属-溶液界面的溶解腐蚀产物浓度来绘制Pourbaix图[17]。图9-1显示了铁、铬和镍在亚临界条件下的Pourbaix图。电化学电位是相对于标准氢电极而言的(在所有温度下都是0)。在Nernst方程和平衡常数计算中,假定所有固体物种的单位活度,而水的活度被视为超临界条件下指定温度和压力下的逸度系数。氢的活度被设定为779μmol·kg$^{-1}$(1atm)。所有水的参数都是根据IAPWS-IF 97准则计算的。图9-1中用两条倾斜的虚线表示水的稳定上下

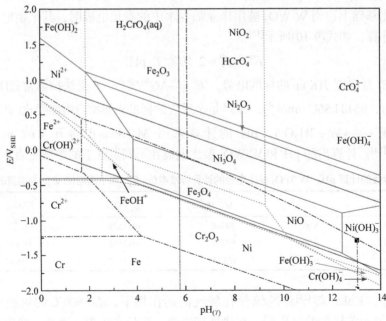

图9-1 铁、铬和镍在350℃、25MPa和离子浓度$10^{-6}$ mol·kg$^{-1}$时的Pourbaix图[18-20]

$pH_{(T)}$-特定温度下的pH计算值;实线部分表示Ni化合物的区域;虚线部分表示Fe化合物的区域;点划线表示Cr化合物的区域;虚点线分别表示一个大气压下氧和氢的平衡电位线

限。下限对应的是氢电极反应,而上限对应氧电极反应。在低于下限的电位下,会发生析氢反应,而在高于上限的电位下,会发生吸氧反应。在这些线之间的区域,水是热力学稳定的。虚线相当于该温度和压力下中性水的 pH,这是一个对使用纯水运行的超临界水反应设备(SCWRs)相当有意义的参数[18]。图 9-1 不包括可能形成的混合氧化物(如 $NiFe_2O_4$)。

镍在 350℃、25MPa、离子浓度 $10^{-6}mol \cdot kg^{-1}$ 的中性亚临界条件下耐蚀性较好,基体金属的稳定区域在所有 pH 的析氢反应线之上延伸,从略低于水的中性到强碱性的 pH 条件下,镍在没有氧气的系统中可能不会被腐蚀。镍在中性条件和氧气存在的情况下进入钝化区。如果系统酸性变得更强(杂质的引入),镍就会过渡到活性腐蚀体系。此外,镍向 NiO 的过渡线略高于氢平衡线,表明可能发生应力腐蚀开裂,因为这种相变通常与镍基合金在溶解氧或其他氧化剂存在下的腐蚀开裂机理有关[19]。弱酸或弱碱环境必须在还原性电位下,以维持 $Fe_3O_4$ 层,或者需要给水注入适量的溶解氧,以提高电位,促进 $Fe_2O_3$ 钝化膜层的形成[18]。然而,即使环境的氧化还原电位足够高,形成的 $Fe_2O_3$ 钝化膜作为热力学稳定相,一般会形成邻近金属的 $Fe_3O_4$ 阻挡层。对于铬来说,如图 9-1 所示,$Cr_2O_3$ 有一个很大的稳定区域,即在热力学上是稳定的[20]。

Pourbaix 图是热力学平衡条件下的结论,但水中金属腐蚀是一个非平衡系统。Macdonald 等[21]研究表明,氧化物阻挡层(bl)是亚稳态的,只有阻挡层厚度为 0 时体系处于稳态(即钝化膜形成和过钝化膜破坏速率相同),此时可用 Pourbaix 图进行分析。通常在钝化条件下,Pourbaix 图的使用有一定局限性。

## 9.3 基于电化学噪声分析的腐蚀速率原位测试

腐蚀浸泡增重量测量是常见的高温水环境中的合金腐蚀速率研究方法。主要的腐蚀产物是积累在金属表面的氧化物,而非低密度 SCW 中的溶解离子,所以除非氧化物从表面剥落,通常会观察到材料质量增加。为了获得金属的腐蚀损失数据,必须将试样从超临界环境中取出,清洗掉腐蚀产物,然后重新称重以确定金属的质量损失,或者用显微镜确定金属的损失。该方法需要离位测试且耗时耗力,无法提供实时的腐蚀速率($dm/dt$)信息,只能提供暴露期间的综合腐蚀损失质量($\Delta m$)。从机理分析的角度来看,微分腐蚀速率比综合腐蚀速率更有价值,因为微分腐蚀速率可以通过速率定律与当时的条件(如反应物浓度、pH、氧化还原电位等)关联,由此提出的任何机理都必须与之一致。从工程角度来看,综合速率更加常用,综合腐蚀速率可以从微分腐蚀速率中计算出来,计算方法是微分腐蚀速率对时间和主要条件进行积分。

基于上述原因,原位测量微分腐蚀速率逐渐成为研究热点,积极推动了基于

Stern-Geary 方程[22]的线性极化方法发展。例如，依据法拉第定律计算腐蚀电流密度，其与微分腐蚀速率呈线性关系。因此，测量微分腐蚀速率的关键是测量与腐蚀电流密度相关的一些线性参数，代表性的电化学噪声分析(ENA)方法即是如此[23,24]。电化学噪声分析(ENA)方法可以测量腐蚀电极的自发电位和电流波动，作为一种非扰动性技术，它是破坏性较小的原位腐蚀监测技术之一[25]。

图 9-2 显示了一种用于 ENA 的装置[26,27]。该装置包括两个由零阻电流表(ZRA)进行耦合的工作电极。输出的耦合电流噪声被过滤，包括特定带宽(如 0.1~1.0kHz)的部分，以及 RMS 模块计算过滤后的噪声得到的均方根(RMS)。有效值可作为微分腐蚀速率或瞬时腐蚀速率的衡量标准。

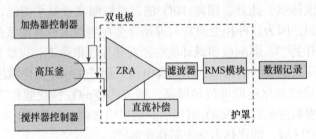

图 9-2　电化学电流噪声腐蚀监测器[26]

实验表明，两个相同试样之间的耦合电流噪声的有效值或标准偏差与电化学机制导致的瞬时腐蚀速率成正比

还有一种使用 I/O 卡(A/D 转换器，即模数转换器)与 ZRA 耦合，如图 9-3 所

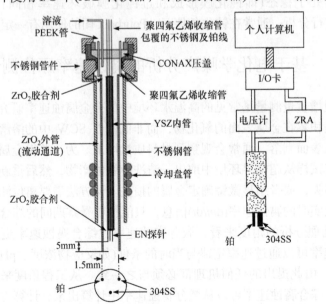

图 9-3　在超临界温度下使用的电化学电流/电位噪声探头[1,7]

PEEK-聚醚醚酮；EN-电化学噪声；CONAX——一种陶瓷材料品牌

示[1]。在这种情况下,过滤是在计算机内完成的。在后一种情况下,使用图 9-3 左侧显示的 EN 探针也监测了不锈钢(304SS)工作电极和铂参比电极之间的噪声。

Cottis[23]、Xia 等[28-30]和 Homborg 等[31]回顾了电化学噪声测量的电极系统和相应的信号处理方法。时域、频域及时频域都可以用来分析 ENA 数据。应该注意的是,在进行电化学噪声测量时,提出了以下三个假设[25]:①工作电极和对电极上的阳极、阴极反应应完全在活化极化的控制下进行,反应的动力学可以用 Butler-Volmer 方程来描述;②工作电极的腐蚀电位 $E_{corr}$ 远离阳极和阴极半反应的平衡电位,这使得部分反应可以忽略其相应的反向半反应;③阳极或阴极反应都处于稳态条件下,所以只考虑法拉第电流,界面电容的充放电可以忽略不计。这些条件只是为了方便数据计算而引用的,并不反映任何需要解决的物理-电化学条件。

图 9-4 给出了 304SS 在 400℃下 0.01mol·L$^{-1}$HCl 中的典型电位噪声和耦合电流噪声。这些数据的一个应用是定义噪声电阻,$R_n = \sigma_E / \sigma_I$,其中 $\sigma_E$ 和 $\sigma_I$ 分别是电位和电流记录的标准偏差[24,32]。

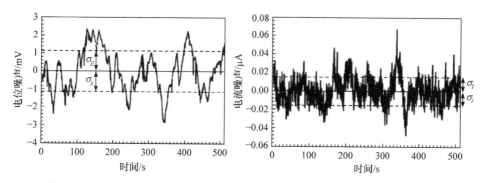

图 9-4 304SS 在 400℃的 0.01mol·L$^{-1}$ HCl 中典型电位噪声和耦合电流噪声[1,7]

在图 9-4 所示的情况下,计算所得的噪声电阻为 $7.19 \times 10^4 \Omega$。噪声电阻通常与 Stern-Geary 方程中包含的极化电阻 $R_p$ 同时确定,如果部分阳极($b_a$)和部分阴极($b_c$)过程的 Tafel 常数是已知的,则可以根据该方程式(9-11)计算出腐蚀电流密度($i_{corr}$)[7]。

$$i_{corr} = \frac{1}{R_p} \frac{b_a b_c}{2.303(b_a + b_c)} \tag{9-11}$$

然而,这个公式的实际应用有一些限制。公式(9-11)是基于 Butler-Volmer 方程的,所以它需要满足 Butler-Volmer 方程的一些假设,包括表面上部分反应的可获得性。因此,Butler-Volme 方程在某些情况下只适用于均匀腐蚀系统,不能准确评估局部腐蚀现象[30]。

ENA 对于 $R_n$ 表达式的假设存在理论不足，$R_p$ 是基于零频率严格定义的，而 $R_n$ 是由包含不同频率信息的时域记录(图 9-4)计算出来的。因此，$R_n$ 应该严格按照带宽的函数来计算，然后推算到零频率，但总工作量过大。假设 $b_a$ 和 $b_c$ 的典型值为 0.015V/a，计算出的腐蚀电流密度为 $4.53\times10^{-7}\text{A}\cdot\text{cm}^{-2}$。然后，根据法拉第定律计算出的腐蚀速率为式(9-12)：

$$\frac{\text{d}L}{\text{d}t}=\frac{M}{zF\rho}i_{\text{corr}} \tag{9-12}$$

当 $M=56\text{g}\cdot\text{mol}^{-1}$，$\rho=7.8\text{g}\cdot\text{cm}^{-3}$，$z=3$，$F=96487\text{C}\cdot\text{mol}^{-1}$，计算得到铁的微分腐蚀速率为 $\text{d}L/\text{d}t=1.12\times10^{-11}\text{cm}\cdot\text{s}^{-1}$ 或 $3.54\mu\text{m}\cdot\text{a}^{-1}$，这是一个非常合理的值。

ENA 已被用于研究各种超临界水系统中的合金腐蚀。Liu 等[27]研究了 1013 型碳钢在亚临界和超临界水中的腐蚀，体系温度550℃，压力238.2bar①，流速 $12.5\text{mL}\cdot\text{min}^{-1}$。腐蚀速率被监测为耦合电流带宽限制噪声的有效值，这是用图 9-2 所示的仪器测定的。电化学噪声均方根与微分腐蚀速率成正比。如图 9-5(a)所示，在 400～450℃，电化学噪声均方根随着温度的升高而增加，阿伦尼斯行为占主导地位。在更高温度下，由于腐蚀速率是氧摩尔浓度的函数，体系密度递减占主导地位。

$$R=kC_{\text{H}^+}^a C_{\text{O}_2}^b C_{\text{H}_2\text{O}}^c \tag{9-13}$$

式中，$C_X$——组分 X($\text{H}^+$、$\text{O}_2$、$\text{H}_2\text{O}$)的摩尔浓度；

$a$、$b$、$c$——各自的反应级数。

式(9-13)用体积(摩尔浓度=物质的量/体积)来标度，因为反应速率取决于碰撞频率，最好以摩尔浓度来表示。式(9-13)中包括了水的摩尔浓度，因为水也是一种反应物，它与材料表面的碰撞频率会影响反应的速度。因为式(9-13)中的浓度是基于体积的，其值取决于密度，速率 $R$ 也是如此，对于超临界系统来说，$R$ 是密度的函数，而密度又是压力的函数。因此，为了明确显示这种对密度的依赖性，以及对压力和温度的依赖性，用质量浓度来表示速率是有利的，摩尔浓度与质量浓度的关系为式(9-14)：

$$m=\frac{1000C}{1000\rho+CM} \tag{9-14}$$

式中，$m$——质量浓度；

$\rho$——密度；

$M$——溶质的摩尔质量。

---

① 1bar=$10^5$Pa。

对于充分稀释的溶液，$1000\rho \gg CM$，$C \approx m\rho$。因此，将其代入式(9-13)中，可以得到式(9-15)：

$$R = km_{H^+}^a m_{O_2}^b m_{H_2O}^c \rho^{(a+b+c)} \tag{9-15}$$

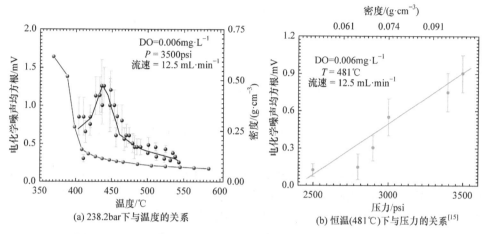

图 9-5  1013 型碳钢的电化学噪声振幅均方根与温度和压力的关系
1psi=6.985×10³Pa

速率常数 $k$ 既与温度有关也与压力有关，其与温度的关系由 Arrhenius 公式给出，见式(9-16)：

$$k = k_0 \exp(-\Delta G_T^{0,\#}/RT) = k_0 \exp(-\Delta H_T^{0,\#}/RT)\exp(\Delta S_T^{0,\#}/R) \tag{9-16}$$

式中，$\Delta G_T^{0,\#}$、$\Delta H_T^{0,\#}$ 和 $\Delta S_T^{0,\#}$ 分别为活化时的标准吉布斯自由能变化、标准焓变和标准熵变。对压力的依赖性表示为式(9-17)[33]：

$$\frac{\partial \ln(k)}{\partial P} = -\frac{\Delta V_T^{0,\#}}{RT} \tag{9-17}$$

式中，$\Delta V_T^{0,\#}$——活化的标准体积的变化[34]。

式(9-13)适用于无氧溶液，但通过增加溶解氧量项和密度项，可以很容易地进行修正。如图 9-6 所示，对于 DO> 0.3mg·L⁻¹ 时曲线的斜率约为 0.5，表明与氧气有关的反应级数为 1/2。考虑速率决定步骤将这一结果解释为氧气在金属表面的解离性吸附($O_2 + 2M \longrightarrow 2MO$)。然而，在较低的溶解氧量下观察到速率(耦合电流噪声的均方根)与 DO 无关；这一结果表明，在该系统中发生了两个反应，按照化学计量比可简单地表示为 $M + 1/2 O_2 \longrightarrow MO$(高氧)和 $M + H_2O \longrightarrow MO + H_2$(低氧)。在低高氧之间的过渡区域(即在 DO = 0.2mg·L⁻¹ 时)，这两个反应的速率是相等的。在较高溶解氧量时第一个反应占主导地位，较低溶解氧量时第二个反应控制了整个反应速率。

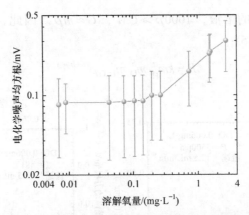

图 9-6　1013 型碳钢的电化学噪声的均方根与溶解氧量的关系
$T=410℃$；$P=238.2bar$

图 9-7 显示了 304SS 在 390℃ 和 250bar 的酸化盐水中的腐蚀速率信息。该研究中腐蚀速率用平均电流密度表示，是利用法拉第定律基于质量损失数据计算出来的，并与噪声电阻的倒数进行比较。从式(9-11)中可以得到腐蚀速率和噪声电阻的倒数之间的关系 $[i_{corr}/(1/R_p) = b_ab_c/2.303(b_a+b_c)]$。使用上面假设的数据，$i_{corr}/(1/R_p) = 0.0325$，通过比较图 9-7 中的标度显示为 0.0044，这种一致被认为是合理的。这是因为塔菲尔系数的值是假定的，而且噪声电阻被用来代替极化电阻，没有对 $R_n$ 的频率依赖性进行任何修正。

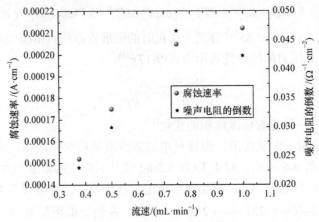

图 9-7　腐蚀速率和噪声电阻的倒数之间的比较[35]
腐蚀速率表示为平均电流密度，使用法拉第定律基于质量损失计算

Guan 和 Macdonald[1]采用 ENA 来研究 304SS 在 $0.01mol·L^{-1}$ HCl 中充气、除氧两种条件下的腐蚀情况，作为 250bar 时温度的函数。如图 9-8 所示，腐蚀速率出现一个最大值，容易联想到碳钢在纯水中的行为(图 9-5)，尽管最大值出现

温度(410℃)比纯水(350℃)高得多。腐蚀速率出现最大值的原因与前述内容相同；在 $T<350℃$ 时，腐蚀速率随着温度的增加而增加，因为在这个温度范围内，阿伦尼斯行为占主导地位。例如，式(9-13)所给出的腐蚀速率在更高的温度下是氧气摩尔浓度的函数，此时密度减小占主导地位。氧气对腐蚀速率只有很小的影响，因为主要的机制是酸腐蚀而不是氧腐蚀。

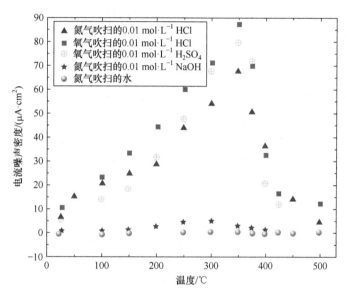

图9-8　304SS的腐蚀速率(电流噪声密度的标准偏差)与250bar时温度的关系[1]

图9-8比较了含 $0.01mol·L^{-1}$ HCl和 $0.01mol·L^{-1}$ $H_2SO_4$ 溶液中的腐蚀速率，证实了上述结论。由于介电常数低，$H_2SO_4$ 表现为单质酸($H_2SO_4 \longrightarrow H^+ + HSO_4^-$)，所以这两种介质中的腐蚀速率没有区别。换句话说，腐蚀速率只取决于 $H^+$ 浓度，而不取决于 $H^+$ 的来源。容易发现，最大的腐蚀速率在250~350℃时仍然存在，但该速率强烈地依赖于酸度，其机理与酸腐蚀一致。有趣的是，在非常高的温度下(500℃)，无论溶液的成分如何，腐蚀速率都会收敛到相同的数值。考虑到三种溶液中唯一的共同成分是水，这些数据支持以下观点：在极限高温下，溶质从超临界系统中分离出来，这样在所有情况下与试样接触的环境基本上都是纯水。

综上所述，电化学噪声技术可以有效地监测亚临界和超临界水系统中的腐蚀活性和速率。值得注意的是，可以在具有类似于稀密气体特性的超临界水介质(即密度小于 $0.1g·cm^{-3}$)中进行电化学实验。由于温度对活化(速率常数)、酸解离、密度，以及因此对反应物(如 $O_2$)摩尔浓度的竞争性影响，腐蚀速率在亚临界温度下存在一个最大值。在亚临界系统中，温度对反应速率的影响主要基于活化作用。然而，在超临界系统中，组分解离和密度的温度依赖性发挥着重要作用。实验数据表明，在极限高温下，溶质会从超临界环境中分离出来，这样在所有情况下与试样接触的环境都是纯水。

电化学噪声技术在腐蚀科学中的应用已超过50年。目前，EN最有吸引力的应用场所是腐蚀过程监测，如点蚀、应力腐蚀开裂(SCC)、微生物腐蚀和大气腐蚀[28]。尽管电化学噪声技术具有明显的优势和良好的发展潜力，但仍存在许多问题。从腐蚀科学的角度来看，由于极低的腐蚀速率($R_p>10^6\Omega \cdot cm^2$)和电极间的高欧姆电阻，在低湿度下测量金属材料的大气腐蚀速率仍然具有挑战性。从腐蚀工程的角度来看，对腐蚀速率的粗略估计就足够了。考虑到使用带有工作电极的探头时，不能检测工作电极面积较大的金属腐蚀，Xia等开发了一种基于不对称电极系统的大气电极，但它不再采用非干扰性或非破坏性的测量，而且存在一个问题，即噪声电阻不等于极化电阻，最好使用EIS技术来解决这个问题。EN测量过程中的噪声源包括仪器噪声、混叠噪声、热噪声及在金属/电解质界面产生的噪声[23]。通过使用模拟抗混叠低通滤波器，并将滤波器的截止频率与采样频率匹配，可以避免混叠噪声[36]。电磁干扰也可能是噪声源，但可以通过使用直流电源和法拉第笼来降低干扰。在现场测试之前，应使用虚拟单元来测量仪器的噪声[37]。由于篇幅所限，详细内容请参考Xia等[25,28,30]的研究成果，这里不再赘述。

## 参 考 文 献

[1] Guan X, Macdonald D D. Determination of corrosion mechanisms and estimation of electrochemical kinetics of metal corrosion in high subcritical and supercritical aqueous systems [J]. Corrosion, 2009, 65(6): 376-387.

[2] Macdonald D D, Hettiarachchi S, Song H, et al. Measurement of pH in subcritical and supercritical aqueous systems[J]. Journal of Solution Chemistry, 1992, 21(8): 849-881.

[3] Lvov S N, Gao H, Macdonald D D. Advanced flow-through external pressure-balanced reference electrode for potentiometric and pH studies in high temperature aqueous solutions [J]. Journal of Electroanalytical Chemistry, 1998, 443(2): 186-194.

[4] Danielson M J. Technical Note: A long-lived external Ag/AgCl reference electrode for use in high temperature/pressure environments [J]. Corrosion, 1983, 39(5): 202-203.

[5] Kriksunov L B, Macdonald D D, Millett P J .ChemInform abstract: Tungsten/tungsten oxide pH sensing electrode for high temperature aqueous environments [J]. Journal of the Electrochemical Society, 1994, 141(11): 3002.

[6] Kriksunov L B. Tungsten/tungsten oxide pH sensing electrode for high temperature aqueous environments [J]. Journal of the Electrochemical Society, 1994, 141(11): 3002-3005.

[7] Pyun S I. Progress in Corrosion Science and Engineering Ⅱ [M]. New York: Springer, 2012.

[8] Guo Q, Wu X, Han E H, et al. pH response behaviors and mechanisms of different tungsten/tungsten oxide electrodes for long-term monitoring [J]. Journal of Electroanalytical Chemistry, 2016, 782: 91-97.

[9] Macdonald D D, Liu J, Lee D. Development of W/WO$_3$ sensors for the measurement of pH in an emulsion

polymerization system [J]. Journal of Applied Electrochemistry, 2004, 34: 577-582.

[10] Yamamoto K, Shi G, Zhou T, et al. Solid-state pH ultramicrosensor based on a tungstic oxide film fabricated on a tungsten nanoelectrode and its application to the study of endothelial cells [J]. Analytica Chimica Acta, 2003, 480(1): 109-117.

[11] Drensler S, Walkner S, Mardare C C, et al. On the pH-sensing properties of differently prepared tungsten oxide films [J]. Physica Status Solidi a-Applications and Materials Science, 2014, 211(6): 1340-1345.

[12] Dimitrakopoulos L T, Dimitrakopoulos T, Alexander P W, et al. A tungsten oxide coated wire electrode used as a pH sensor in flow injection potentiometry [J]. Analytical Communications, 1998, 35(12): 395-398.

[13] Yang J, Li Y, Xu A, et al. The electrochemical properties of alloy 690 in simulated pressurized water reactor primary water: Effect of temperature [J]. Journal of Nuclear Materials, 2019, 518: 305-315.

[14] Pang J, Macdonald D D, Millett P J. Acid/Base Titrations of Simulated PWR Crevice Environments [C]//Proceedings of the Sixth International Symposium on Environmental Degradation of Materials in Nuclear Power Systems-Water Reactors.San Diego: Office of Scientific and Technical Information, 1993.

[15] Kolar M, Doliška A, Svegl F, et al. Tungsten - tungsten trioxide electrodes for the long-term monitoring of corrosion processes in highly alkaline media and concrete-based materials [J]. Acta Chimica Slovenica, 2010, 57(4): 813-820.

[16] Kriksunov L B, Macdonald D D. Potential-pH diagrams for iron in supercritical water [J]. Corrosion, 1997, 53(8): 605-611.

[17] Beverskog B, Puigdomenech I. Revised Pourbaix diagrams for nickel at 25-300 ℃ [J]. Corrosion Science, 1997, 39(5): 969-980.

[18] Cook W G, Olive R P. Pourbaix diagrams for the iron-water system extended to high-subcritical and low-supercritical conditions [J]. Corrosion Science, 2012, 55: 326-331.

[19] Cook W G, Olive R P. Pourbaix diagrams for the nickel-water system extended to high-subcritical and low-supercritical conditions [J]. Corrosion Science, 2012, 58: 284-290.

[20] Cook W G, Olive R P. Pourbaix diagrams for chromium, aluminum and titanium extended to high-subcritical and low-supercritical conditions [J]. Corrosion Science, 2012, 58: 291-298.

[21] Macdonald D D, Lu P C, Urquidi-Macdonald M, et al. Theoretical estimation of crack growth rates in type 304 stainless steel in boiling-water reactor coolant environments [J]. Corrosion, 1996, 52: 768-785.

[22] Stern M, Geary A L. Electrochemical polarization: I. A theoretical analysis of the shape of polarization curves [J]. Journal of the Electrochemicalsociety, 1957, 104(1): 56-63.

[23] Cottis R A. Interpretation of electrochemical noise data [J]. Corrosion, 2001, 57(3): 265-285.

[24] Mansfeld F, Xiao H. Electrochemical noise analysis of iron exposed to NaCl solutions of different corrosivity [J]. Journal of the Electrochemical Society, 1993, 140(8): 2205.

[25] Xia D H, Deng C M, Macdonald D D, et al. Electrochemical measurements used for assessment of corrosion and protection of metallic materials in the field: A critical review [J]. Journal of Materials Science and Technology, 2022, 112: 151-181.

[26] Jeong Y H, Park J Y, Kim H G, et al. Corrosion of Zirconium-Based Fuel Cladding Alloys in Supercritical Water[C]// Proceedings of the 12th International Conference on Environmental Degradation of Materials in Nuclear Power Systems-Water Reactors. Warrendale: The Minerals, Metals, and Materials Society ,2005.

[27] Liu C, Macdonald D D, Medina E, et al. Probing corrosion activity in high subcritical and supercritical water through electrochemical noise analysis [J]. Corrosion, 1994, 50(9): 687-694.

[28] Xia D H, Song S Z, Behnamian Y. Detection of corrosion degradation using electrochemical noise (EN): Review of

signal processing methods for identifying corrosion forms [J]. Corrosion Engineering Science and Technology, 2016, 51(7): 527-544.

[29] Xia D H, Behnamian Y. Electrochemical noise: A review of experimental setup, instrumentation and DC removal [J]. Russian Journal of Electrochemistry, 2015, 51(7): 593-601.

[30] Xia D H, Song S Z,Behnamian Y, et al. Review-electrochemical noise applied in corrosion science: Theoretical and mathematical models towards quantitative analysis [J]. Journal of the Electrochemical Society, 2020, 167(8): 081507.

[31] Homborg A M, Tinga T, Van Westing E P M, et al. A critical appraisal of the interpretation of electrochemical noise for corrosion studies [J]. Corrosion, 2014, 70(10): 971-987.

[32] Mansfeld F, Han L T, Lee C C, et al. Analysis of electrochemical impedance and noise data for polymer coated metals[J]. Corrosion Science, 1997, 39(2): 255-279.

[33] Macdonald D D. Effect of pressure on the rate of corrosion of metals in high subcritical and supercritical aqueous systems [J]. Journal of Supercritical Fluids, 2004, 30(3): 375-382.

[34] Macdonald D D, Guan X. Volume of activation for the corrosion of type 304 stainless steel in high subcritical and supercritical aqueous systems [J]. Corrosion, 2009, 65(7): 427-437.

[35] Zhou X Y, Lvov S N, Wei X J, et al. Quantitative evaluation of general corrosion of Type 304 stainless steel in subcritical and supercritical aqueous solutions via electrochemical noise analysis [J]. Corrosion Science, 2002, 44(4): 841-860.

[36] Bastos I N, Huet F, Nogueira R P, et al. Influence of aliasing in time and frequency electrochemical noise measurements[J]. Journal of the Electrochemical Society, 2000, 147(5): 671-677.

[37] Huet F, Ngo K. Electrochemical noise-guidance for improving measurements and data analysis [J]. Corrosion, 2019, 75(9): 1065-1073.

# 第10章 新型耐蚀高安全性超临界水氧化处理系统的开发

超临界水氧化(supercritical water oxidation，SCWO)技术可以在极短时间(几秒到几分钟)内，将有机废物完全降解为 $CO_2$、$H_2O$、$N_2$ 等无害的小分子化合物，有机废物去除率可达 99.9%[1-3]，特别适合处理废水、工业和市政污泥中的多种有机废物[4-10]。在处理有机废物质量分数高于 3%的原料时，可以实现热能回收，以确保经济效益[11]；同时，不会产生氮氧化物、二噁英等有毒污染物[11]。然而，亚/超临界水具有较高的温度和压力，加之可能受到腐蚀性酸、氯化物和/或氧化剂的侵蚀，因此反应器结构材料面临严重的腐蚀威胁[12-17]。特别地，换热器和 SCWO 反应器入口部分面临的腐蚀问题，对系统的安全性和可靠性提出了巨大挑战。

对于超临界水技术应用有关系统，潜在可用的腐蚀防控技术包括喷丸处理、选择具有良好耐蚀性的衬里材料、选择具有耐蚀性的涂层、加入适量碱性物质以中和腐蚀性酸、控制溶解氧量及在物料预处理阶段除氯等。能源、环保、材料合成等领域在研或者应用的超临界氧化、超临界水热燃烧、超临界水气化、超临界水热合成、超临界水循环发电等有关超临界流体技术，前三者以处理、利用有机废物或燃烧为目标，可以合并成为超临界水处理系统。由于有机废物或燃烧等组分的复杂多样性，超临界水处理系统，尤其是超临界水氧化系统往往面临着更为严重的设备腐蚀风险。本章将重点以超临界水处理系统中潜在腐蚀最为严重的超临界水氧化处理有机废物系统为对象，探讨超临界水处理系统可用或者已被应用实施的腐蚀防控技术措施。

采用超临界水氧化法处理有机废物时，反应发生于高温高压及强氧化性的强腐蚀性环境，而且废物本身成分具有复杂性及侵蚀性(存在或者反应过程中生成无机盐、酸等)，使得反应器及后续设备管道的用材极易发生快速腐蚀，甚至可能诱发点蚀等局部腐蚀。因此，这对于超临界水氧化反应设备的材料耐蚀性、耐高温和机械强度要求极高，这是对材料的一个挑战，是超临界水氧化技术发展迫切需要解决的问题，已成为限制该技术大规模产业化应用的关键问题[18,19]。针对超临界水氧化条件下材料腐蚀问题的研究，国际上最早可追溯到 20 世纪 80 年代。我国从 20 世纪 90 年代后期也开展了各主要耐蚀性合金在超临界水氧化环境下的耐蚀性实验[17-19]。

此外，在 SCWO 系统运行过程中，可能因紧急事故出现内部超温超压。SCWO 工业化装置通常安装适当大小的减压装置，以降低超压条件下的故障风险[20]，但可能引起操作和维护人员受伤、造成环境污染。在这种情况下，可用的紧急减压/释放保护装置(安装在泄压装置之后)非常重要，然而，目前还没有相关的设备可以安全、环保地控制和处理内容物的排放。此外，工业污泥中不可避免存在的不溶性无机物引起的管道和设备堵塞，也是开发可靠的 SCWO 新工艺中不可忽视的重大问题。

为了开发一种具有高可行性和安全性的新型 SCWO 工艺，本章首先探讨了换热器和 SCWO 反应器入口部分的高腐蚀风险，以及 SCWO 系统超压保护等关键挑战的原因和潜在解决方案；然后对进料的温度、压力、初始 pH 等工艺参数进行优化，既能保证工业污泥中有机污染物有足够高的去除率，又能尽可能防止腐蚀问题，通过实验研究和理论分析，得出避免沉积的输送固体的临界速度。最后，设计并讨论了一种新的 SCWO 工艺。

## 10.1 关键问题及解决思路

### 10.1.1 换热器和反应器的腐蚀

对于亚/超临界水环境，一般铁/镍基合金的腐蚀速率在 280～450℃ 达到峰值，且随系统压力的增大而增大[17,21]。相对于传统认知，腐蚀速率一般与温度正相关，上述现象的发生可归因于以下三个方面：第一，在压力为 28MPa，温度低于 450℃ 的水溶液中，水的密度和介电常数分别大于 $100kg \cdot m^{-3}$ 和 2，这足以支持合金基体(也可能是腐蚀层)和水环境界面上的电荷转移，进而在高密度水环境中达到较快的电化学腐蚀速率。然而，随着温度的升高，密度和介电常数继续降低，在密度小于 $100kg \cdot m^{-3}$ 的超临界水环境，腐蚀介质不能支持这种电荷转移，因此腐蚀主要是由化学反应引起的，而不是电化学反应。定义电化学和化学腐蚀的主要热力学状态如图 10-1 所示，其中过渡区内密度为 $100\sim200kg \cdot m^{-3}$ 的曲线表示固定介电常数 2，在一定程度上，这与识别主要腐蚀过程的第二个规则是近似的。第二，在密度大于 $100kg \cdot m^{-3}$ 的亚/超临界水环境等高密度水环境中，常见的腐蚀物质(如氯离子)以腐蚀性离子的形式存在，容易破坏钝化膜，进而加剧腐蚀[22]。然而，在低密度 SCW 条件下，无机盐一般以固体盐的形式析出(这里不考虑共晶盐的形成)，各种无机酸如 HCl 和 $HNO_3$ 的电离作用可忽略不计[23]，从而使其对防腐蚀保护层的攻击显著降低。Boukis 等研究了 Inconel 625 在含 $0.5mol \cdot kg^{-1}$ 溶解氧和各种无机酸(包括 HCl、$H_2SO_4$ 或 $HNO_3$)的低密度 SCW 中的腐蚀特性，发现无机酸的种类和浓度对平均腐蚀速率的影响不大[24,25]。第三，水的离子积在温度为 280~360℃时达到峰值，H⁺和 OH⁻的浓度高于常温环境水，加速了金属的电化学腐蚀[26]。综上所述，280~450℃是快速腐蚀的敏感温度范围。然而，在传统的 SCWO 工艺中，热交换器(从 SCWO 反应器获得高温流体来预热冷原料，同时进行自冷)和 SCWO 反应器的入口部分，正好暴露在这个敏感的腐蚀温度范围内。

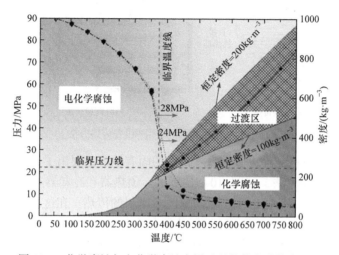

图 10-1　化学腐蚀与电化学腐蚀主导过程的热力学状态划分

## 10.1.2　换热器的堵塞

SCWO 反应是一种高温高压反应，只有将原料加压加热到特定的超临界状态才能触发；同时，由于 SCWO 反应的放热特性，当反应器温度高于原料预热温度时，还需要对反应出水进行冷却。因此，普通 SCWO 工艺一般采用双管换热器(直接换热器)，直接实现 SCWO 反应器高温废水到待处理原料的传热，如图 10-2(a)所示[2,27,28]。此外，由于待处理原料的预热温度一般不低于 410℃(由原料中有机物的浓度决定)，反应温度为 450~600℃，换热器内管内外表面及其外管内表面不可避免地暴露在上述敏感腐蚀温度范围。此外，原料中含有大量的强腐蚀性物质(如酸和氯化物)会加速腐蚀，从而进一步限制换热器的长期、可靠运行。为了保证有机污染物的氧化降解效果，SCWO 反应器中过多的氧化剂供给导致残留氧化剂浓度较高，同时含有由卤素、硫、磷等有机废物中杂原子产生的无机酸，反应出水对换热器的腐蚀更为严重[29]。因此，为了避免原料或反应流出物的影响，直接换热器的两根管道必须由昂贵的耐蚀性合金制成。此外，值得注意的是，由于原料污泥和 SCWO 反应废水中含有大量的不溶性固体，而直接换热器的外管存在局部直角弯折，容易发生不溶性固体的沉积，从而导致堵塞[1,30]。

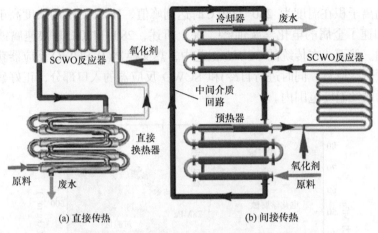

图 10-2 利用中间介质回路转变传热方法

为克服常规原料与反应出水直接传热的固有缺点，提出了一种借助中间介质回路的间接传热新方法，如图 10-2(b)所示。预热器和冷却器这两个双管换热器的联合运行，实现了反应出水、中间介质、原料的传热。在这一点上，强腐蚀性液体包括原料和反应流出物只通过预热器和冷却器(分别用于处理待处理的原料和 SCWO 出水)的内管，外管处均为弱腐蚀性的非固体介质，如清洁的软化水。因此，只需要预热器和冷却器的内管采用优良的耐蚀性合金，外管可采用廉价的碳钢或低合金钢代替，以降低 SCWO 工艺的预热及冷却设备的制造成本。此外，外管处有清洁的软化水，避免了堵塞的风险。

### 10.1.3 氧化剂加速腐蚀

氧气、氢气、氮气等非极性气体在水中的溶解度相对较小，如在 25℃和 101.325kPa(气体和蒸气总压)时，氧气的溶解度仅为 4.3g。在高于任何相应饱和压力的特定压力下，温度的升高通常会导致气体溶解度的轻微下降，而温度超过约 150℃时气体溶解度急剧上升[17]。电化学电位作为金属氧化态的重要指标，对水环境中的溶解氧十分敏感。在无氧亚/超临界水中，相对合适的电化学电位使以三价铬[$Cr(OH)_3$、$CrOOH$、$Cr_2O_3$]形式存在的铬钝化，形成保护性钝化膜，这是铬质量分数高的铁/镍基合金总表现出良好耐蚀性的原因。在高密度、高温的水溶液中，溶解氧量小于几百微克每升可加速钝化过程，提高耐蚀性。然而，随着溶解氧量的不断增加，电化学电位可能会超过过钝化电位，导致铬、钼等合金元素的过钝化和相应的溶解。例如，保护性的固态三价铬进一步氧化为可溶的六价铬酸盐(如 $CrO_4^{2-}$ 和 $Cr_2O_7^{2-}$)或挥发性的 $H_2CrO_4$，使覆盖在合金基体上的富铬($Cr^{3+}$)保护性氧化层变得薄而多孔，甚至完全消失[17,31]。Kritzer 等报道，在中性高温水溶液中，毫克每升级的溶解氧量足以将三价铬氧化形成六价铬[17]。待处理有机原料的化学需氧量(COD)一般在几至几万毫克每升。对于传统的 SCWO 工艺来说，为了保证有机污染物的去除效率，氧化剂的供给往往过高，以维持氧化系数(氧化剂供给与有机物氧化的理论消耗量之比)高达 1.1 及以上[32]。因此，SCWO 反应器的反应出水往往含有较高的氧化剂浓度(数万毫克每千克)，不利于三价铬固体的存在，使合金的耐蚀性变差。从提高保护性三价铬的稳定性、抑制腐蚀的角度来看，合理开发出水脱氧工艺对确保相关设备的安全、长期运行具有重要意义。

此外，在传统的 SCWO 工艺中，确保有机污染物完全氧化必需的氧化剂一般会在 SCWO 反应器的入口处与原料直接一次混合，从而触发快速的放热氧化反应。放热导致反应器入口区域温度急剧上升，服役环境恶化。综上所述，反应器入口部分恶劣的腐蚀性条件，如高温高压、基元反应产生的高浓度氧、氧化自由基、腐蚀性酸和无机盐等，不可避免地加剧了 SCWO 入口部分的腐蚀。Kritzer 等观察到，暴露在溶解氧量为 $1.44 mol \cdot kg^{-1}$ 的超临界水中的 Inconel 625 上有更厚的 NiO 腐蚀层，而合金元素 Cr 和 Mo 被氧化成+6 价，导致富 $Cr^{3+}$ 的保护膜无法自行形成。在 420~500℃的温度下，最大腐蚀速率约为 $0.5 mm \cdot a^{-1}$[24]。因此，为了提高反应器的可靠性和安全性，对进料和氧化剂在 SCWO 反应器入口的混合和预氧化进行有机控制是必要的。例如，与传统的单点注射氧化剂相比，可以考虑采用多点注射的方法，以避免局部高浓度的氧化剂，缓解放热引起温度升高过快的现象[27]。

### 10.1.4 超压保护和紧急泄压

SCWO 系统在高温高压条件下运行时，原料性质的异常变化、误操作、突然断电、停水等可能导致系统超压，会立即开始释放系统内部的高温高压流体[27]，造成安全事故和环境污染。此外，若将泄放液引入冷却水中，这些高温、高速、瞬时流量大的流体与冷却水混合产生的水击会使泄放管道发生振动，从而影响系统的安全运行。因此，研制一种能够及时、安全地对此类流体进行回收处理的应急泄放保护装置，具有重要意义。

为了解决上述问题，可以参考如图 10-3 所示含有固体的超临界水流体紧急排放保护装置的设计概念，释放速度应逐渐降低。当紧急排出的流体通过释放管道时，释放管道上有大量的释放孔，且释放孔的总释放面积远远大于释放管道本身的截面积，会初步降低流动速度。之后，流体进入圆筒，在正常液位与常温水进行热交换，借助水的缓冲作用，再次降低了流动速度。同时，罐内的水与液体混合后，确保温度低于沸点，从而避免气化。基于这一理念和专为 SCWO 系统设计的释放装置，可以避免释放过程中的水击，以实现温度和速度的及时安全下降，并对释放的液体进行回收和再处理，确保 SCWO 系统的安全运行。在流体释放过程中，允许流体通过的通道面积逐渐增加，即圆柱体的空间面积>释放孔的总面积>释放管道的截面积。这可以有效地降低流体速度，避免由于速度急剧变化而发生水击现象。液体释放瞬间气体排放不良导致释放装置超压时，可在紧急排放保护装置顶部设置防爆泄压元件，以避免二次超压引起爆炸。对于液体释放过程中的高温蒸汽和有害气体的处理，可以使用带有大量喷水孔的喷淋管道将水喷入气缸。喷淋的水进入布水器后可以更均匀地分配到气缸中，这可以加强高温蒸汽和有害气体的清洗和冷却。对于液体中含有的固体颗粒可能造成的沉积和堵塞问题，可在污水排放口上方设置冲洗管道，在液体释放后冲洗排放口和气缸下盖。

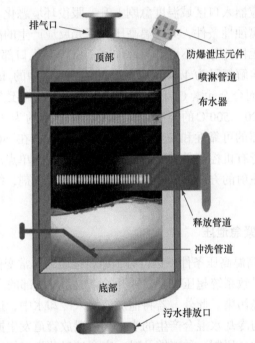

图 10-3　含有固体的超临界水流体紧急排放保护装置的设计概念

## 10.2　系统工艺的新型开发

　　污泥中常见的有机物包括烷烃、醇、烯烃和有机酸。与市政污泥相比，工业废水处理产生的工业污泥一般还含有芳香烃、卤代烃、胺、醚和硝基苯等[33]。石化废水处理池底污泥和印染废水处理厂的印染污泥两种工业污泥中相对主要的有机成分的占比如图 10-4 所示，其主要参数见表 10-1。以这两种工业污泥为例，探讨了 SCWO 法对它们的处理效果。基于两种污泥在各种 SCWO 条件下的降解特性，以及上述提高 SCWO 系统可靠性和安全性的方法，开展了 SCWO 工艺的创新设计和关键设备及子系统的开发。

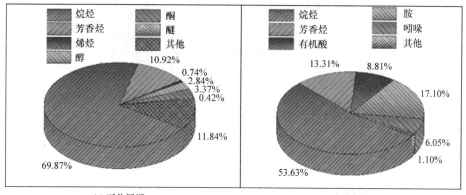

图 10-4　石化污泥和印染污泥中主要有机成分的占比

表 10-1　两种工业污泥的主要参数

| 原料 | COD/(mg·L$^{-1}$) | $c$(Cl$^-$)/(mg·L$^{-1}$) | pH | 含水率/% |
| --- | --- | --- | --- | --- |
| 石化污泥 | 47140 | 4600 | 7.6 | 93 |
| 印染污泥 | 46050 | 310 | 6.7 | 91.5 |

### 10.2.1　关键工艺参数的影响及优化

**1. 污染物的去除**

利用实验装置研究了温度、压力和氧化系数(OC，定义为实际提供的氧化剂量与理论上氧化原料中所有有机物的化学需氧量之比)等关键参数对所选工业污泥中有机污染物去除的影响，装置结构细节和操作方法见文献[6]。所使用的氧化剂为过氧化氢(质量分数为 30%)。图 10-5 显示了实验温度和压力对石化污泥 COD 去除率的影响。在 450~600℃，COD 去除率随着温度的升高而上升。当温度不低于 520℃时，COD 去除率超过 99%。实验压力在 24~28MPa 的变化对 560℃条件下的 COD 去除率有积极的影响，因为反应速率随压力的增加而增加，但 COD 去除率仅提高了 0.18%[34]。

印染污泥的 COD 去除率也随着实验温度和氧化系数的增大而增大，如图 10-6 所示。在氧化系数为 1.3 的实验条件下，当温度从 520℃上升到 560℃，COD 去除率迅速上升，当温度从 560℃上升到 580℃，COD 去除率只略微升高，达到近 99%。然而，在相对较低的温度(约 520℃)下，印染污泥与石化污泥的 COD 去除率相似，这意味着印染污泥中含有高浓度的酚类化合物，其降解难度高于石化污

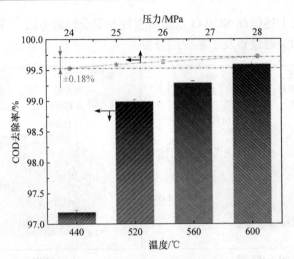

图 10-5 温度和压力对石化污泥内污染物 COD 去除率的影响

泥[35,36]。正如预期的那样，较高的氧化系数也提高了 COD 去除率，然而，在足够高的温度下，氧化系数的正效应并不显著。当氧化系数增加约 2 倍时，580℃时 COD 去除率增加不超过 1.2%。氧化系数(略大于 1，如 1.1~1.3)应相对经济，且足以保证工业污泥的去除效果。

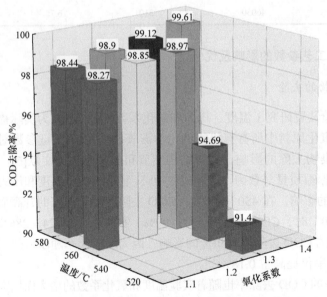

图 10-6 印染污泥 COD 去除率与实验温度和氧化系数的关系

2. 腐蚀行为和抑制

为了展现和评估含有工业污泥的亚/超临界水环境的强腐蚀性，这里以石化污泥为例，估算潜在材料的腐蚀速率[用于对比分析新型设计(如间接传热装置)和传统方法的经济性]，并从减少腐蚀和提高污染物去除率的角度确定合理的SCWO温度和压力，对几种镍基合金的腐蚀行为进行了表征，如Incoloy 800、Incoloy 825、Inconel 625(SCWO工业化装置使用的普通合金)和不锈钢316(316SS，参考材料)，其主要化学组成见表10-2。所采用的矩形试样是从商用热轧管上切割下来的，所使用的实验设备、检测设备和分析方法参照文献[26]、[37]、[38]。为了模拟待处理原料预热阶段发生的腐蚀问题，在350℃和450℃的含有石化污泥的亚/超临界水系统中进行了腐蚀实验；在溶解氧量约为9400mg·kg$^{-1}$，温度分别为520℃和580℃的超临界环境中进行的实验，代表了SCWO出水中的腐蚀行为。

表10-2 研究材料的化学组成(质量分数)　　　　(单位：%)

| 合金类型 | Ni | Cr | Fe | Mo | Ti | Al | Cu | 其他 |
| --- | --- | --- | --- | --- | --- | --- | --- | --- |
| Inconel 625 | 余量 | 22.08 | 1.96 | 9.05 | 0.35 | 0.16 | 0.05 | 0.12Si、0.03Co、0.11Mn |
| Incoloy 800 | 32.18 | 20.23 | 余量 | — | 0.49 | 0.52 | 0.41 | 0.23Si、0.69Mn |
| Incoloy 825 | 余量 | 22.05 | 31.15 | 3.38 | 0.96 | 0.12 | 2.03 | 0.23Si、0.67Co |
| 316SS | 10.21 | 17.01 | 余量 | 2.12 | — | — | — | 0.41Si、1.12Mn |

图10-7显示了25MPa，温度分别为350℃和450℃时，候选材料在含石化污泥的亚/超临界水中腐蚀60h后的SEM图。可以清楚地看到，316SS试样在350℃条件下受到了严重腐蚀，完全被大量复杂的腐蚀产物和黏土覆盖。EDS分析结果基本证实，暴露在316SS样品上的棒状颗粒可能是二氧化硅、氧化铝(黏土组分)，而大部分球状物的主要成分是氧化铁和/或硫化物。在这种高密度、高离子生成量的亚临界水环境中，铁不可避免地会由于较高的硫/氧电势被氧化，从而以离子的形式迅速进入水环境，然后通过逐渐生成氧化物、氢氧化物和/或硫化物，像一些黏土成分一样沉积到样品表面[26,39]。镍基合金中铬和镍的质量分数高于316SS，而Ni的氧亲和力低于Fe，因此Incoloy 825和Incoloy 800表面具有较好的耐蚀性。如图10-7所示，镍基合金在350℃高温亚临界水环境中的腐蚀要比在450℃超临界环境中的腐蚀严重得多，这与304SS在亚临界有机溶液中的腐蚀行为一致[26]。在超临界条件下，由于水密度和离子产物浓度显著降低，腐蚀明显减弱。镍基合金试样在制备过程中仍能观察到划痕，并可形成一层很薄的氧化保护膜。同时，316SS试样呈现晶间腐蚀形貌。

结合图10-7的结果，从图10-8可以看出，暴露温度从450℃升高到520℃时，9400mg·kg$^{-1}$溶解氧量的显著加重了Inconel 625、Incoloy 800和316SS的腐蚀。可以预见，316SS的试样被较厚的大型富铁氧化物颗粒覆盖，这意味着大量合金金属向外扩散，在试样/大气界面形成腐蚀产物，并在试样表面累积。

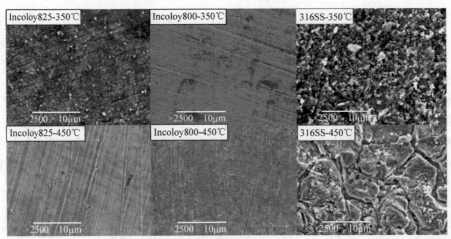

图 10-7 在 25MPa 下和两种温度下,材料暴露在含化石污泥的亚/超临界水中 60h 的 SEM 图

Inconel 625 和 Incoloy 800 表面形成致密、薄的氧化膜,无明显局部腐蚀。随着暴露温度从 520℃到 580℃的进一步增加,在候选材料上形成的氧化层厚度也增加,如图 10-9 所示。图 10-9 给出了候选材料在各种亚/超临界水环境下的平均腐蚀速率。由于氧化物的形成和溶解共存,特别是在亚临界水环境和高密度超临界环境中,无论是增重法还是失重法都不能准确估计腐蚀速率。图 10-9 所示的平均腐蚀速率是通过测量形成的腐蚀层厚度和合金基体局部损伤深度最大值之和获得的,定义为上述厚度之和与相应暴露时间的比率。对于暴露在石化污泥中的候选材料,其在 350℃时的腐蚀速率高于 450℃,这与图 10-7 非常吻合。316SS 试样在 350℃的平均腐蚀速率高达 $1.060\text{mm} \cdot \text{a}^{-1}$,超过 $0.5\text{mm} \cdot \text{a}^{-1}$ 的较高腐蚀速率也阻碍了 316SS 在残留溶解氧量为 $9400\text{mg} \cdot \text{kg}^{-1}$ 的 SCWO 废水中的可用性。

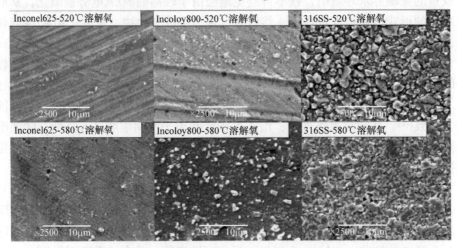

图 10-8 残余溶解氧量为 $9400\text{mg} \cdot \text{kg}^{-1}$ 的 SCWO 废水中候选材料的 SEM 图

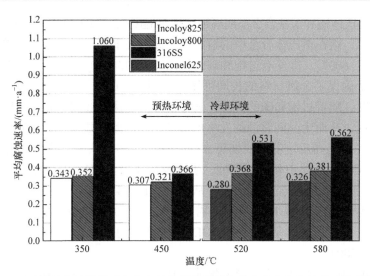

图 10-9 通过测量腐蚀层厚度和合金基体损伤深度的最大值之和估算的平均腐蚀速率

压力的增加通常会加剧反应堆材料的腐蚀。Watanabe 等报道了镍基合金样品暴露在亚临界和超临界水环境中的质量损失随着压力的增加而增加[40]。Krisksunov 和 Macdonald 根据模型计算，报道了含盐酸的超临界水在高压下盐酸的电离度增加，金属的溶解速率增加，从而腐蚀加剧[41]。Fujii 研究了超临界水中压力对 Inconel 625 腐蚀的影响[42]。结果表明，随着实验压力的增加，出水中溶解金属离子的浓度增大。因此建议尽可能降低 SCWO 压力，有利于延缓腐蚀，也有利于降低设备成本。在预定的恒定反应温度条件下，COD 去除率随压力增大而增大，如图 10-5 所示。然而，SCWO 装置的实际反应温度在一定程度上与系统压力有关。虽然反应混合物的密度随着压力的降低而降低，对反应产生不利的影响，但热容量随着压力的降低而降低，因此对于相同的原料浓度，在较低的压力下，较高的反应温度是符合预期的。也就是说，尽管压力降低，但当温度足够高时，压力降低对 COD 去除的负面影响可能会减弱。结合实验结果，考虑压力对合金腐蚀和有机物去除率的影响，工业污泥处理的反应压力为 23～25MPa 时较为合理。

SCWO 是一种高温高压反应，在反应温度的设定上，不仅要考虑污染物的去除效果，还要结合材料的高温性能，以保证 SCWO 反应器的长期可靠性。如果入口原料酸性不强，且不含大量低熔点盐碱(主要是碱金属硝酸盐和氢氧化物)，那么 SCWO 系统中最危险的材料损坏形式可能是晶间腐蚀和由此引起的应力腐蚀开裂。晶界是具有不同晶体取向晶粒之间的无序界面，是原子稀疏无序排列的区域，其中杂质原子容易富集，从而产生所谓的晶界吸附和晶界沉淀。普遍认为，不锈钢和镍基合金的晶间腐蚀主要是由碳化铬形成的晶间贫铬引起的[43]。大量研究表明，奥氏体钢和镍基合金晶间腐蚀的敏感温度范围为 600～900℃[44]。当温度高于 900℃，碳在奥氏体合金中的溶解度较高，几乎不产生碳化物形式的沉淀。当温度低于 600℃，即使有过饱和碳的析出，其向晶界的扩散速率也很低，这在一定程度上确保了金属材料的长期可靠性。当合金的使用温度在 600～900℃ 的敏感温度时，随着过饱和碳的析出，碳等杂质会迅速扩散到晶界，消耗晶界铬并形成贫铬区，从而为晶间腐蚀的发生创造条件。因此，建议 SCWO 温度应略低于 600℃，以提高反应器的长期可靠性。综上所述，从工艺优化的角度考虑，同时考虑 COD 去除率和材料腐蚀，确定反应压力为 23～25MPa。因此，为了避免发生更高速率的电化学腐蚀，从图 10-1 可以得出，反应温度不应低于 475℃。如图 10-5 和图 10-6 所示，需要不低于 520℃ 的温度来实现工业污泥的高效处理。综上所述，从防腐和 COD 去除率的角度分析，最佳的正常工作温度为 520～580℃。

溶液的初始 pH 对潜在材料的耐蚀性有显著影响[26]。在 pH 高于 6.5 的条件下，暴露于亚临界水系统的材料金属损失率通常可以显著降低；然而对于强氧化性高温亚临界溶液，当 pH>9 时，铬和钼会在一定程度上发生穿透溶解，导致普通镍/铁基合金的耐蚀性迅速降低。因此，建议对于 SCWO 系统中原料预热阶段发生的还原或弱氧化(溶解氧量低于毫克每升级)环境，初始原料的理论适宜 pH 范围为 8.4～12.5[26,45,46]。对于强氧化性高温亚临界水环境(SCWO 反应器反应出水中残留的过量氧气)，较强的氧化气氛和较高的 pH 导致铬、钼(防腐有效元素)在合金基体中的过度溶解，适宜的 pH 范围是 6.5～9。石化污泥的 SCWO 实验表明，反应产物的 pH 约为 5.4，从原始石化污泥的初始 pH 为 7.6 下降到 2.2。因此，为了避免在 SCWO 反应后向产物中添加碱以抑制腐蚀，简化工艺流程，在新优化的 SCWO 工艺中，待处理石化污泥的 pH 应调整为 9 左右，使用 NaOH 或 $Na_2CO_3$ 作为添加剂。

3. 沉积控制

石化污泥超临界催化氧化系统的管道和设备中不可避免地存在大量的不溶性无机物，造成了潜在的沉积风险。如果采用图 10-2 中所述的间接传热方式，固相流体总是在管道或管状设备中流动，如预热器、冷却器的管内侧及管式 SCWO 反应器。因此，保持输送流体中固体颗粒的悬浮状态，使其不沉积在设备(管道)内壁是有效防止结垢堵塞的关键。确保几乎所有不溶性固体颗粒处于良好悬浮状态的多相流体-固体混合物的最小速度被定义为临界速度，记为 $v_c$，它取决于固体颗粒的大小和浓度、流体黏度、管道的直径和结构。这种设计足够高的速度以避免潜在的不溶性物质沉积和相应的堵塞方法已被证明是有效的[47-49]。对于水力输送的临界流速，国内外研究人员和工程技术人员在实验结果的基础上提出了许多计算公式[50,51]。然而,由于输送流体的特性差异较大,影响因素较多,这些计算公式都有一定的适用范围和各种局限性。到目前为止,还没有一个公认的输送各种流体的公式。计算临界速度的经典公式是 R.Durand 公式[52]:

$$v_c = F_L \sqrt{2gD\frac{(\rho_s - \rho_L)}{\rho_L}} \tag{10-1}$$

式中,$v_c$——输送流体的临界速度,$m \cdot s^{-1}$;

　　　$D$——流道的等效直径,m;

　　　$g$——重力加速度($9.8m \cdot s^{-2}$);

　　　$\rho_s$、$\rho_L$——输送固体密度、液体密度;

　　　$F_L$——取决于固体颗粒大小和体积分数($C_v$)的流体系数。

用于获得式(10-1)的基本实验中使用的粒度相对较粗,也未考虑粒度 $d_p$ 对临界速度的影响,因此它仅适用于以下条件:管道直径为 19.1~584.2mm,临界速度为 0.61~6.1m·s$^{-1}$,粒径为 0.1~25mm。R.Durand 公式不适用于以细颗粒为主的浆液,如 SCWO 系统中含有工业污泥的超临界水溶液,通常不溶性颗粒的粒径保持在不超过 50μm。在考虑颗粒群和单个颗粒在沉降力、漩涡脉冲力等方面差异的基础上,Davies J T 对经典 R.Durand 公式的流体系数($F_L$)进行了修正,并通过附加的独立参数,如固体颗粒的粒径和浓度,得出式(10-2)。

$$v_c = 1.08(1+\alpha C_v)^{1.09}(1-C_v)^{0.55n} v_k^{-0.09} d_p^{0.18} D^{0.46} \left[2g\frac{(\rho_s-\rho_L)}{\rho_L}\right]^{0.54} \tag{10-2}$$

式中,$v_k$——运动黏度;

　　　$\alpha$——近似等于 4.6;

　　　$N$——取决于固体颗粒的雷诺数 $Re_p$,由单个颗粒的沉降速度决定,如果 $Re_p$ 在 4~10,$n$=4,如果 $Re_p$ 趋近于 100,$n$ 会下降至 3。对于初始固相颗粒质量分数为 7.46%、体积分数为 0.31%、固相颗粒密度约为 1890kg·m$^{-3}$ 的石化污泥,其固相颗粒粒径分布如图 10-10 所示。从图 10-10 中可以看出,超过 60%的固体颗粒(质量分数)的颗粒粒径大于 100μm,最大的大于 1000μm。因此,在将污泥泵入 SCWO 处理系统之前,有必要对污泥进行粉碎和研磨,以获得足够小的颗粒粒径,从而尽可能降低固体颗粒的沉积风险。结合以下 SCWO 工艺设计,假设在预处理(如破碎和研磨后)粒度小于 50μm,根据公式(10-2)估算出石化污泥的临界速度和处理能力为 100t·d$^{-1}$ 的 SCWO 工艺中的管道最小直径,以及温度的函数,如图 10-11 所示。由图 10-11 可知,计算得到的临界流速随温度的升高而增大,但管道最小直径先减小后增大。在反应温度小于 580℃的 SCWO 反应器中,反应速率应大于 3.8m·s$^{-1}$。结合上述实验得到的腐蚀速率,对拟设计的 SCWO 过程所发生的流体输送管道、换热管道进行了较为合理的选择,建议如下：在低于 450℃的温度下使用内径为 30mm 的 Incoloy 800 管，在温度为 450～600℃下使用内径为 40mm 的 Incoloy 800 管。

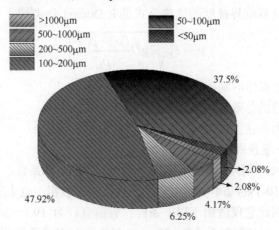

图 10-10　初始石化污泥中固体颗粒的粒径分布

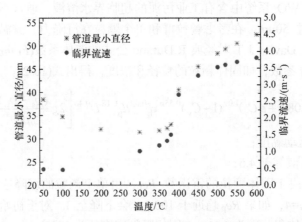

图 10-11　100t·d⁻¹ SCWO 工艺中石化污泥随温度变化的临界流速和管道最小直径估计

### 10.2.2　新型工艺设备及控制策略

**1. 流程和设备**

基于上述讨论和实验结果，本小节提出了一种由 SCWO 系统、中间介质回路和其他辅助管道组成的新型 SCWO 污泥处理工艺，如图 10-12 所示。经初级过滤器(用于去除金属丝、陶片、木材等散装材料)和研磨机预处理后的原料，被引入原料混合罐，在其中添加酸、碱和/或催化剂等添加剂，以实现 pH 约等于 9 的均匀进料。在通过高压隔膜泵加压至约 26MPa 后，待处理的原料进入套管预热器的内管，预热至目标温度(约 415℃)，然后流经减温器，注入混合预氧化装置(U1)。液氧通过液氧增压泵从液氧储罐中加压后,流经液氧气化器,然后以气态的形式进入气态氧储罐。作为氧化剂,氧气也被注入混合预氧化装置(U1),在该装置中,氧气与预处理后的原料接触,发生 SCWO 反应,实现一定程度的有机物降解,并且氧化反应释放的热量使超临界流体达到所需的反应温度(约 560℃)。混合预氧化装置的出口连接 SCWO 反应器,在该反应器中,原料中的所有有机污染物完全转化为无害的小分子。来自 SCWO 反应器的高温反应流出物进入套管冷却器的内管,将热量传递到套管冷却器外管中的中间介质(如脱盐水)。随后,通过减压装置将冷却后的废水减压至适当的压力,在气液固分离器中将其分离为无害气体(如氮气、残留氧)、外部排水(蒸汽)和无机黏土。紧急排放保护装置用于安全处理安装在SCWO反应器、套管冷却器、套管预热器等处的安全阀释放出的高温、高压液体。

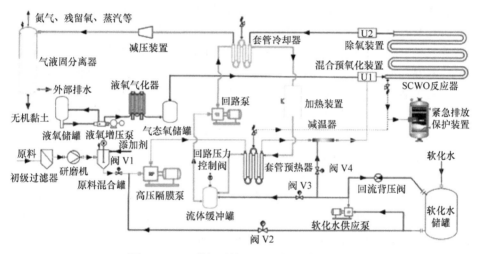

图 10-12　一种新型的 SCWO 污泥处理工艺

中间介质回路旨在将 SCWO 反应后高温流出物的热量回收利用。回路中的软化水供应泵推动软化水作为中间介质在中间介质回路中循环。软化水(除盐水)可以吸收流经套管冷却器内管反应流出物的热量,必要时在加热装置中补充热量(取决于原料的有机物浓度),最后流入套管预热器的外管,以预热内管中的原料。套管预热器和回路软化水供应泵之间的流体缓冲罐可以通过安装在中间介质回路最低点的回路软化水供应泵来加强泵吸入的稳定性。流体缓冲罐上方的回路压力控制阀用于调节中间介质回路的压力,该压力取决于 SCWO 反应器压力、沿热交换器的阻力降,其在 24~26MPa。此外,安装在中间介质回路中的加热装置旨在在系统启动阶段对整个系统进行加热,并在进入套管预热器之前为软化水补充热量,以调整待处理原料的预热温度。建议的热交换过程,由于可用的低合金钢(用于制造套管冷却器和套管预热器的外管)在软化水中的腐蚀速率为相同温度下 SCWO 废水中 Incoloy 800 的 10%，因此能够将热交换系统的投资成本降低 20%，具有较高的加热效率，同时系统具有良好的安全性和可靠性[14,15,53]。涉及软化水供应泵的其他辅助管道旨在为系统启动、停止和冲洗及必要的温降提供足够的水。安装在软化水供应泵出口和软化水储罐之间的回流背压阀实现了不间断运行，并使软化水供应泵的出口压力相对稳定。

2. 混合预氧化装置

针对上述 SCWO 反应器入口部分严重的腐蚀风险，本小节开发了一种缓蚀混合预氧化装置，系统控制原料与氧化剂的混合和初步反应。从而避免了反应器入口部分集中放热造成的超温损坏。在这种新型 SCWO 工艺中，混合预氧化装置安装在 SCWO 反应器的进口处，以保证反应器的可靠性和使用寿命。如图 10-13 所示，所开发的混合预氧化装置由多个混合预氧化器组成，这些混合预氧化器与一个弯管或一个侧支管串联，具有广泛应用于 SCWO 处理的潜力。以 3 台预氧化器组成的混合预氧化装置为例，有机原料从 N1 入口进入混合预氧化装置的核心管道，氧化剂从 N2 入口进入混合预氧化装置的外管道。然后，原料从核心管道程序中设置的 N4 入口逐渐输送至外部管道。为便于以下陈述，假设 3 个 N4 分别为 N4a、N4b 和 N4c。1/3 的原料从第一个入口 N4a 进入外部管道，然后与来自 N2 氧化剂入口的氧气混合进行氧化。尽管氧气过多，且涉及氧化反应的有机废物质量小于总原料的 1/3，但有机废物不太可能在有限的混合和氧化时间内被完全氧化和降解。因此，产生的热量非常有限，很难在密集的集中放热中使设备的局部急剧温升。随后，过量的氧气，以及来自 N4a 第一入口的未氧化有机废物，与流入 N4b 第二入口外部管道的另外 1/3 原料混合，发生第二次预氧化。同样，过量的氧气及来自 N4a 和 N4b 第一入口和第二入口未氧化的有机废物，与流入 N4c 第三入口外部管道剩余的 1/3 原料混合，然后发生反应。原料在混合预氧化装置中的停留时间约为 45s。最后，含有未反应氧气和有机废物的总流体从 N3 出口流出，用于反应流，随后进入 SCWO 反应器。

该装置可实现有机废物和氧化剂的分级混合，并在一定程度上触发 SCWO 反应，从而避免了有机废物与氧化剂一次直接混合发生剧烈反应，以及设备局部集中放热造成的潜在超温损坏，通过高浓度氧化剂减轻设备腐蚀。该装置置于 SCWO 反应器前，有机废物与氧化剂发生一定程度的反应，生成的反应流流出后进入 SCWO 反应器，缓慢氧化降低了 SCWO 反应器局部超温的威胁。同时，反应流中较低的氧化剂浓度显著降低了昂贵的 SCWO 反应器运行风险，从而有助于延长其使用寿命。与传统的一体式 SCWO 反应器进行一次混合和完全氧化相比，新开发的混合预氧化装置，将高腐蚀性环境限制在前端。因此，只需根据其后续运行情况进行必要的维修和更换，大大降低了 SCWO 反应器的更换成本[54]。

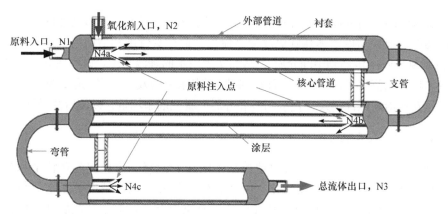

图 10-13 研发的一种连接 SCWO 反应器入口的缓蚀混合预氧化装置

**3. SCWO 反应器出水除氧工艺**

针对上述 SCWO 反应器出水中残留的氧化剂会加剧对该出水降温设施的腐蚀和破坏的问题，本节开发的 SCWO 反应器出水腐蚀降温除氧工艺(图 10-14)可广泛应用于重污染工业废水和污泥的 SCWO 处理领域。为表述方便，在这个过程中，除了除氧装置(U2)，还涉及一个套管冷却器的工艺，SCWO 反应器出口的废水流入混合器的第一个入口，而除氧剂通过高压计量泵从除氧剂缓冲罐进入混合器的第二个入口。根据此类废水的性质和成分，可考虑以二胺或亚硝酸盐为除氧剂。在混合器中快速均匀混合后，除氧剂和流出物进入除氧反应器，除氧剂在与流出物完全反应后清除流出物中残留的氧化剂。混合器实现了除氧剂和废水的快速均匀混合，而大容量的除氧反应器为废水中的除氧剂和残余氧化剂提供了足

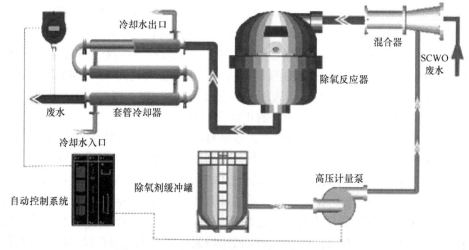

图 10-14 SCWO 反应器出水腐蚀降温除氧工艺

够的反应时间，内壁设置防腐钛衬里或氧化钇-氧化锆涂层，有效防止除氧反应器基体腐蚀。反应后的流体从除氧反应器流出，通过套管冷却器的内管进入减压装置(热量从外管中传递到中间介质)，从而实现出水的降温降压。设置在套管冷却器内管出口处的氧气计(DOC101)可以实时监测出水中的残余溶解氧量，然后将获得的信号发送给高压计量泵，直接调整混合器中脱氧剂添加量，以便后续操作。

### 4. 操作及安全控制

研究如何系统、安全、有效地控制中间介质回路、主反应流在整个系统启动与停止期间的压力和温度变化，以及在任何轻微波动的情况下正常运行，对于实现SCWO系统的高可靠性和安全性也有重要意义。对于系统启动，应在系统温度升高之前将其加压至适当的超临界压力。在这两个加压过程中，软化水被注入中间介质回路和主反应流，同时，为了匹配其工作压力，确保在随后的加热过程中，套管预热器/套管冷却器内外管中的流体之间进行有效的传热。针对SCWO工艺提出了一种循环加热方法的设计——由回路加压泵驱动的中间介质(即软化水)循环并持续从加热装置吸收热量以提高自身温度，同时将部分热量转移到主反应过程，从而实现整个系统的升温。此时，加热装置不需要一次性将中间介质加热到目标温度，因此可以降低加热装置的设计功率，以降低投资成本。

当预热器内管出口温度达到所需的原料预热温度时，高压隔膜泵入口处的输入流体将从软化水变为原料混合罐中的预热原料，同时启动气态氧储罐向混合预氧化装置供氧，以触发SCWO。在系统运行过程中，为了保证正常的反应压力和温度，如下一系列调整措施是可行的：①如果流体缓冲罐内的压力增加，则增加回路压力控制阀的开度进行减压；反之，打开阀V3，向液体缓冲罐中补水。②通过调节高压隔膜泵的阻力降，使反应压力保持在正常范围内。③如果SCWO反应温度低于下限，则增加加热功率；如果反应温度高于$T_1$，则降低加热装置的运行功率；如果SCWO反应器表面的最高温度达到$T_2$，则关闭加热装置；为了系统安全，如果反应器表面最高温度增加到$T_3$，则开始向减温器中注入软化水，这里的$T_3>T_2>T_1>$所需的正常反应温度。

当需要停止系统进行有计划的维护或维修时，应在压力降低之前降低温度。系统关闭具体包括以下步骤。停止供氧，将高压隔膜泵入口处的输入流体改为软化水后，有必要调整(降低)加热装置的运行功率，以达到SCWO反应器出口恒定冷却速率(小于50℃/h)，在此期间，通过调节回路压力控制阀和减压装置，中间介质回路和主流的工作压力保持在超临界压力，以确保套管预热器/套管冷却器内外管中流体之间的有效换热。当反应器出口温度降至水的沸点以下时，需要调整减压装置和回路压力控制阀，以逐渐将两个回路的压力降至大气压力。

## 参 考 文 献

[1] Wang S Z, Xu D H, Guo Y, et al. Supercritical Water Processing Technologies for Environment, Energy and Nanomaterial Applications [M]. Singapore: Springer Singapore, 2020.

[2] Li Y, Wang S. Supercritical Water Oxidation for Environmentally Friendly Treatment of Organic Wastes [M]//Pioro I L. Advanced Supercritical Fluids Technologies. London: Intechopen, 2019.

[3] Brunner G. Supercritical process technology related to energy and future directions—An introduction [J]. Journal of Supercritical Fluids, 2015, 96: 11-20.

[4] Zhang J, Wang S Z, Guo Y, et al. Co-oxidation effects of methanol on acetic acid and phenol in supercritical water [J]. Industrial and Engineering Chemistry Research, 2013, 52(31): 10609-10618.

[5] Xu D H, Wang S Z, Zhang J, et al. Supercritical water oxidation of a pesticide wastewater [J]. Chemical Engineering Research and Design, 2015, 94: 396-406.

[6] Li J, Wang S, Li Y, et al. Supercritical water oxidation of semi-coke wastewater: Effects of operating parameters, reaction mechanism and process enhancement [J]. Science of the Total Environment, 2020, 710: 1-11.

[7] Liu N, Cui H Y, Yao D. Decomposition and oxidation of sodium 3,5,6-trichloropyridin-2-ol in sub- and supercritical water [J]. Process Saf Environ Protect, 2009, 87(6): 387-394.

[8] Leybros A, Roubaud A, Guichardon P, et al. Supercritical water oxidation of ion exchange resins: Degradation mechanisms [J]. Process Saf Environ Protect, 2010, 88(3): 213-222.

[9] Kawasaki S I, Oe T, Anjoh N, et al. Practical supercritical water reactor for destruction of high concentration polychlorinated biphenyls (PCB) and dioxin waste streams [J]. Process Saf Environ Protect, 2006, 84(4): 317-324.

[10] Cui B C, Liu S Z, Cui F Y, et al. Lumped kinetics for supercritical water oxidation of oily sludge [J]. Process Saf Environ Protect, 2011, 89(3): 198-203.

[11] Veriansyah B, Kim J D. Supercritical water oxidation for the destruction of toxic organic wastewaters: A review [J]. Journal of Environmental Sciences, 2007, 19(5): 513-522.

[12] Sarrade S, Féron D, Rouillard F, et al. Overview on corrosion in supercritical fluids [J]. The Journal of Supercritical Fluids, 2017, 120: 335-344.

[13] Li Y, Wang S, Sun P, et al. Early oxidation mechanism of austenitic stainless steel TP347H in supercritical water [J]. Corrosion Science, 2017, 128: 241-252.

[14] Li Y, Macdonald D D, Yang J, et al. Point defect model for the corrosion of steels in supercritical water: Part I, film growth kinetics [J]. Corrosion Science, 2019,163: 108280.

[15] Li Y, Wang S, Sun P, et al. Investigation on early formation and evolution of oxide scales on ferritic-martensitic steels in supercritical water [J]. Corrosion Science, 2018, 135: 136-146.

[16] Tang X Y, Wang S Z, Qian L L, et al. Corrosion properties of candidate materials in supercritical water oxidation process [J]. Journal of Advanced Oxidation Technologies, 2016, 19(1): 141-157.

[17] Kritzer P. Corrosion in high-temperature and supercritical water and aqueous solutions: A review [J]. Journal of Supercritical Fluids, 2004, 29(1-2): 1-29.

[18] 陈娟娟, 杨海真. 超临界水氧化中设备腐蚀的研究现状 [J]. 四川环境, 2007, (2): 101-104, 112.

[19] 张丽, 韩恩厚, 关辉等. 超临界水氧化环境中材料腐蚀的研究现状 [J]. 材料导报, 2001, (5): 8-10.

[20] Roberts T A, Buckland I, Shirvill L C, et al. Design and protection of pressure systems to withstand severe fires [J].

Process Safety and Environmental Protection, 2004, 82(2): 89-96.

[21] Kim H, Mitton D B, Latanision R M. Corrosion behavior of Ni-base alloys in aqueous HCl solution of pH 2 at high temperature and pressure [J]. Corrosion Science, 2010, 52(3): 801-809.

[22] Tang X Y, Wang S Z, Qian L L, et al. Corrosion behavior of nickel base alloys, stainless steel and titanium alloy in supercritical water containing chloride, phosphate and oxygen [J]. Chemical Engineering Research and Design, 2015, 100: 530-541.

[23] Macdonald D D. Understanding the corrosion of metals in really hot water [J]. PowerPlant Chemistry, 2013, 6(15): 400-443.

[24] Kritzer P, Boukis N, Dinjus E. The corrosion of nickel-base alloy 625 in sub- and supercritical aqueous solutions of oxygen: A long time study [J]. Journal of Materials Science Letters, 1999, 18(22): 1845-1847.

[25] Kritzer P, Boukis N, Dinjus E. Corrosion of alloy 625 in aqueous solutions containing chloride and oxygen [J]. Corrosion, 1998, 54(10): 824-834.

[26] Li Y H, Xu T T, Wang S Z, et al. Characterization of oxide scales formed on heating equipment in supercritical water gasification process for producing hydrogen [J]. International Journal of Hydrogen Energy, 2019, 44(56): 29508-29515.

[27] Zhang S, Zhang Z, Zhao R, et al. A review of challenges and recent progress in supercritical water oxidation of wastewater [J]. Chemical Engineering Communications, 2017, 204(2): 265-282.

[28] Yang J, Wang S, Li Y, et al. Novel design concept for a commercial-scale plant for supercritical water oxidation of industrial and sewage sludge [J]. Journal of Environmental Management, 2019, 233: 131-140.

[29] Yang J, Wang S, Tang X, et al. Effect of low oxygen concentration on the oxidation behavior of Ni-based alloys 625 and 825 in supercritical water [J]. The Journal of Supercritical Fluids, 2018, 131: 1-10.

[30] Xu D H, Huang C B, Wang S Z, et al. Salt deposition problems in supercritical water oxidation [J]. Chemical Engineering Journal, 2015, 279: 1010-1022.

[31] Hojong K. An Invesgation of Corrosion Mechanisms of Constructional Alloys in Supercritical Water Oxidation(SCWO) Systems [D]. Cambridge: Massachusetts Institude of Technology, 2004.

[32] Brunner G. Near and supercritical water. Part II: Oxidative processes [J]. Journal of Supercritical Fluids, 2009, 47(3): 382-390.

[33] Qian L, Wang S, Xu D, et al. Treatment of municipal sewage sludge in supercritical water: A review [J]. Water Research, 2016, 89: 118-131.

[34] Bermejo M D, Bielsa I, Cocero M J. Experimental and theoretical study of the influence of pressure on SCWO [J]. Aiche Journal, 2010, 52(11): 3958-3966.

[35] Zhang J, Wang S Z, Li Y H, et al. Supercritical water oxidation treatment of textile sludge [J]. Environ Technol, 2017, 38(15): 1949-1960.

[36] Zhang Z, Hu Z F, Zhang L F, et al. Effect of temperature and dissolved oxygen on stress corrosion cracking behavior of P92 ferritic-martensitic steel in supercritical water environment [J]. Journal of Nuclear Materials, 2018, 498: 89-102.

[37] Li Y H, Wang S Z, Yang J Q, et al. Corrosion characteristics of a nickel-base alloy C-276 in harsh environments [J]. International Journal of Hydrogen Energy, 2017, 42(31): 19829-19835.

[38] Li Y H, Wang S Z, Tang X Y, et al. Effects of Sulfides on the Corrosion Behavior of Inconel 600 and Incoloy 825 in Supercritical Water [J]. Oxidation of Metals, 2015, 84(5): 509-526.

[39] Li Y H, Wang S H, Yang J Q, et al. Effect of salt deposits on corrosion behavior of Ni-based alloys in supercritical

water oxidation of high-salinity organic wastewater [J]. Journal of Environmental Engineering, 2019, 145(11): 04019080.

[40] Watanabe Y, Daigo Y, Sue K, et al. Characteristics and a few key parameters of corrosion of alloys in supercritical water environments [J]. Transactions Indian Institute of Metals, 2003, 56(3): 297-304.

[41] Kriksunov L B, Macdonald D D. Corrosion in supercritical water oxidation systems: A phenomenological analysis [J]. Chemphyschem A European Journal of Chemical Physics and Physical Chemistry, 1995, 142(12): 4069-4073.

[42] Fujii T, Sue K, Kawasaki S. Effect of pressure on corrosion of Inconel 625 in supercritical water up to 100 MPa with acids or oxygen [J]. Journal of Supercritical Fluids, 2014, 95: 285-291.

[43] MARRONE P A, HONG G T. Corrosion control methods in supercritical water oxidation and gasification processes[J]. The Journal of Supercritical Fluids, 2009, 51(2): 83-103.

[44] Tan L, Ren X, Sridharan K, et al. Corrosion behavior of Ni-base alloys for advanced high temperature water-cooled nuclear plants [J]. Corrosion Science, 2008, 50(11): 3056-3062.

[45] Cook W G, Olive R P. Pourbaix diagrams for the iron-water system extended to high-subcritical and low-supercritical conditions [J]. Corrosion Science, 2012, 55: 326-331.

[46] Cook W G, Olive R P. Pourbaix diagrams for the nickel-water system extended to high-subcritical and low-supercritical conditions [J]. Corrosion Science, 2012, 58: 284-290.

[47] Li Y H, Duan Y W, Wang S Z, et al. Supercritical water oxidation for the treatment and utilization of organic wastes: Factor effects, reaction enhancement, and novel process[J]. Environmental Research, 2024: 118571.

[48] Modell M. Design of Suspension Flow Reactors for SCWO [C].Takamatsu：Proceedings of the Proceedings of Second International Conference on Solvothermal Reactions, 1996.

[49] Schmieder H, Abeln J. Supercritical water oxidation: State of the art [J]. Chemical Engineering Technology: Industrial Chemistry-Plant Equipment-Process Engineering-Biotechnology, 1999, 22(11): 903-908.

[50] Kökpınar M A, Göğüş M. Critical flow velocity in slurry transporting horizontal pipelines [J]. Journal of Hydraulic Engineering, 2001, 127(9): 763-771.

[51] Turian R, Hsu F, Ma T. Estimation of the critical velocity in pipeline flow of slurries [J]. Powder Technology, 1987, 51(1): 35-47.

[52] Robert H P, Don W G. Perry's Chemical Engineers' Handbook [M].New York: Mc Graw-Hills , 1997.

[53] Li Y H, Wang S Z, Tang X Y, et al. Predictions and analyses on the growth behavior of oxide scales formed on ferritic-martensitic in supercritical water [J]. Oxidation of Metals, 2019, 92(1): 27-48.

[54] Okoh P, Haugen S. A study of maintenance-related major accident cases in the 21st century [J]. Process Safety and Environmental Protection, 2014, 92(4): 346-356.

# 第 11 章 展 望

面向世界科技前沿、面向人民生命健康及国家重大需求，为推动我国能源低碳变革、有机废物安全高效处理、新型纳米材料合成及绿色化工升级，先进超(超)临界燃煤火电机组、超临界水冷核电机组、超临界水氧化降解有机废物等先进/新型超临界水技术是未来发展趋势。材料腐蚀问题是制约各类超临界水技术发展的关键共性问题。本书瞄准超临界水环境下材料腐蚀问题，揭示了各类亚/超临界水环境典型铁/镍基合金的腐蚀微纳尺度过程，创建了超临界水环境合金腐蚀行为描述与诊断的统一理论，开发了耐蚀性、高可靠性的超临界水技术应用的新装备、新工艺，对于推动先进/新型超临界水技术的安全革新升级、成熟工业化落地等具有重要意义。在本书研究的基础上，未来潜在研究方向及拓展领域概述如下。

1. 研究方法

国内外已经采用腐蚀暴露测试结合 SEM、XPS 及称重等离线表征的研究方法，对亚/超临界水环境中典型镍/铁基合金的腐蚀形貌、腐蚀层结构与组分、腐蚀动力学展开了大量研究。该研究方法虽然在一定程度上能够揭示典型合金的腐蚀特性及机理，但是却无法捕获合金腐蚀的在线原位信息，以及腐蚀速率受微纳尺度腐蚀过程影响的敏感响应。

电化学腐蚀原位测试作为一种腐蚀过程信息的在线实时捕获手段，使得揭露宏观腐蚀行为背后的微纳尺度动力学等信息成为可能。尤其是电化学阻抗谱(EIS)，其蕴涵了电化学腐蚀行为背后微观机理、微纳尺度过程动力学等方面丰富的信息。然而，工作电极、参比电极的制作难度较大，亚临界水乃至超临界水环境中在线电化学腐蚀原位研究不易开展。当前高温高压水环境中电化学阻抗谱测试通常被限制在 300℃以下，已无法满足目前先进压水堆(一回路最高温度已达 330℃)乃至各类超临界水技术装备对更高温度下电化学腐蚀测试的迫切需求。

面向多个行业，各类亚/超临界水环境中的合金腐蚀电化学原位测试及电化学保护技术研究是未来本研究领域的重点工作。本书作者依托于中国博士后科学基金首批站前特别资助项目等，于 2022 年开发建成了先进的亚/超临界水环境电化学腐蚀在线研究平台，使用温度可达 450℃以上，为实现更加苛刻的复杂亚/超临界水环境中合金的电化学腐蚀在线研究奠定了硬件基础。

## 2. 理论拓展与深化

近年来，随着腐蚀科学研究不断深入，合金腐蚀微纳尺度行为及过程仿真成为新的研究热点。腐蚀微纳尺度过程动力学模型是开展微纳尺度腐蚀过程数值模拟工作的重要基础。然而，在亚/超临界水环境中合金腐蚀领域，鲜有报道腐蚀微纳尺度过程动力学模型。本书有关成果为未来研究获取温度、关键水化学参数等各因素作用下合金腐蚀微纳尺度过程信息，以及构建腐蚀微纳尺度过程动力学模型，提供了一条可行的途径。

此外，超临界水环境合金腐蚀点缺陷理论的深化及应用拓展，是电力装备可靠性提升、微纳尺度腐蚀学科发展的迫切需求。

1) 非常规服役条件下装备的腐蚀微纳尺度过程动力学及可靠性预测

超(超)临界火电机组灵活性改造技术，以及老旧燃煤机组的延寿升级将是未来先进燃煤发电技术的重点研发方向。然而，对于深度调峰燃煤锅炉及延寿运行的老旧机组，其大部分受热面服役于多变、复杂的非常规条件(服役温度频繁变化、受热面已有一定程度的腐蚀损伤)，更容易造成受热面超温、爆管等重大安全隐患。目前，国际上仍缺少适用于非常规服役条件的腐蚀预测模型来指导装备的安全运行。

本书所建立的超临界水环境合金腐蚀点缺陷理论，反映了腐蚀微纳尺度过程动力学对当前温度、已有腐蚀损伤程度等的依赖关系，有望解决非常规服役环境下装备材料腐蚀的机理性、长周期预测。基于超临界水环境合金腐蚀点缺陷理论的非常规服役条件下装备腐蚀预测、安全预警，以及该理论在高温蒸汽、空气、烟气、液态金属、熔融盐等腐蚀环境下的拓展应用，将是重要的研究方向。

2) 电化学腐蚀行为的微纳尺度解析理论

针对亚临界及高密度超临界水环境中电化学腐蚀为主的腐蚀环境，开展该环境下电化学腐蚀特性数据的深度解析，是剖析腐蚀微纳尺度过程、深化腐蚀学科发展的必然需求。考虑到高/低密度超临界水环境的复杂性、腐蚀机理的二重性，在本书第 7 章成果的基础上，进一步发展完善以电化学阻抗谱为主的电化学腐蚀数据的解析理论，开发超临界水环境电化学腐蚀微纳尺度过程诊断理论模型及算法，进而构建机理性腐蚀预测模型是未来研究的重点，对于推动亚/超临界水环境腐蚀装备的电化学腐蚀模拟计算、应力腐蚀开裂风险预警、应力腐蚀开裂速率预测及点蚀萌生预测等相关研究的发展具有重大意义。

## 3. 模型验证升级及研究领域拓展

对于本书中所提出的系列多尺度腐蚀预测模型、腐蚀防控技术与新工艺，部分已被应用于或者指导超(超)临界燃煤锅炉的腐蚀预测与氧化膜脱落预警、新型超临界水处理技术装备的开发设计与示范建设。随着更多实际工程装备运行结果的呈现，相应的腐蚀预测模型、防控装置与工艺的迭代完善升级将是一个持续的必要工作。

此外，随着超临界多元热流体辅助超井深稠油热采、海底原生亚/超临界热液矿床的规模化开采、超临界水热合成新材料、亚/近临界水环境绿色化学转化等新型亚/超临界水技术的涌现，出现了更多新型亚/超临界水环境。新涌现亚/超临界水环境下材料腐蚀的行为特性、预测诊断、防调联控的研究需求，有望推动亚/超临界水环境腐蚀与防护学科理论更广、更深、更快发展。

# 编 后 记

"博士后文库"是汇集自然科学领域博士后研究人员优秀学术成果的系列丛书。"博士后文库"致力于打造专属于博士后学术创新的旗舰品牌,营造博士后百花齐放的学术氛围,提升博士后优秀成果的学术影响力和社会影响力。

"博士后文库"出版资助工作开展以来,得到了全国博士后管委会办公室、中国博士后科学基金会、中国科学院、科学出版社等有关单位领导的大力支持,众多热心博士后事业的专家学者给予积极的建议,工作人员做了大量艰苦细致的工作。在此,我们一并表示感谢!

"博士后文库"编委会